U0227963

环境科学与工程系列教材

环境通识教育教程

宋小飞　牛晓君　刘昕宇　等　编

科学出版社

北　京

内 容 简 介

本书从环境教育的起源、环境教育的历程以及现代环境教育的发展方向三个方面进行阐述。主要内容包括 12 个章节：环境教育概述、环境污染、环境的变迁、环境与生态、自然资源、节约能源与新能源、生物多样性、环境健康、环境伦理、环境保护运动、环境保护现状与政策和环境的可持续发展。本教程旨在通过对具体环境事件、环境变迁现象及环境政策的编写宣传环境保护基本知识、提高民众的环境素质、加强环境保护意识。

本书可作为高等院校开展环境通识教育的学习教材，也可供面向普通民众开展环境宣传教育的各级科研及政府管理部门人员工作参考。

图书在版编目（CIP）数据

环境通识教育教程/宋小飞等编. —北京：科学出版社，2016.11

（环境科学与工程系列教材）

ISBN 978-7-03-050371-8

Ⅰ．①环… Ⅱ．①宋… Ⅲ．①环境教育–教材 Ⅳ.①X-4

中国版本图书馆 CIP 数据核字（2016）第 259024 号

责任编辑：朱 丽 杨新改 / 责任校对：张小霞
责任印制：张 伟 / 封面设计：耕者设计工作室

科 学 出 版 社 出版
北京东黄城根北街 16 号
邮政编码：100717
http://www.sciencep.com

北京凌奇印刷有限责任公司印刷

科学出版社发行 各地新华书店经销

*

2016 年 11 月第 一 版 开本：720×1000 1/16
2019 年 1 月第三次印刷 印张：15
字数：300 000
定价：**58.00 元**
（如有印装质量问题，我社负责调换）

丛 书 序

环境教育的兴起是 20 世纪以来人们对环境问题的严重性、资源的有限性以及生态环境破坏的难以恢复性的体验与认知的结果。1948 年托马斯·普里查德（Thomas Pritchard）提出了"环境教育"一词，但真正现代意义上的"环境教育"起源和发展于 20 世纪 60 年代西方发达国家的"生态复兴运动"。环境教育的历史演进，从 20 世纪 60 年代出现在学校教育后，便常被视为是自然研习（nature study）、户外教育（outdoor education）、环境修复教育（environmental conservation education）的传承者。然而环境教育的特质与内涵，在社会、科学、技术三者的交互作用中，特别重视有关环境危机的问题，所以环境教育虽然继承于自然研习、户外教育及环境修复教育，但也有别于它们。而今进入 21 世纪，环境教育又蜕变为永续发展教育（sustainable development education）。

环境教育是国际环境界的新事物，是历史的产物，是随着公众社会的发展，为解决新出现的环境问题而产生的。随着经济社会的发展，公众的生产能力不断提高，规模不断扩大，致使许多自然资源被过度利用，生态环境日益恶化。面对全球日益严重的环境问题，国际社会达成了共识：通过宣传和教育，提高人们的环境意识，是保护和改善环境的重要治本措施。但是对环境教育的定义、性质、目标该当如何确定，由于个人的学术背景不同、观点兴趣各异，而产生了不同的见解。通过对环境教育定义的界定，能帮助我们进一步认识环境教育的本质。

环境教育的未来发展趋势，一是公众的环境教育，包括中小学的环境教育，旨在使广大人民群众养成自觉保护环境的道德风尚，提高全民族的环境与发展意识。通过环境通识教育，能够使人们更好地理解地球上的生命都是相互依赖的，提升公众的经济、政治、社会、文化及科技认识水平，加深人们对环境问题影响社会可持续发展的理解，使得公众能够更加有效地参与地方、国家和国际层面上有关环境可持续发展活动，推动整个社会向着更为公正和可持续发展的未来前进。二是专业性的环境教育，主要目的是培养和造就消除环境污染和防治生态破坏，改善和创造高质量的生产和生活环境所需的各种专门人才，培养和造就具有环境保护与持续发展综合决策和管理能力的各层次管理人才。

《环境科学与工程系列教材》丛书是华南理工大学环境学科多年从事环境科学与工程类课程的教学和实践经验的总结。这套丛书涵盖了目前较为缺乏的《环境物理学》《环境生态学》《环境统计学》《城市水工程概论》《固体废物处理与处置工程》等专业理论课程教材,《水质分析实验》《环境科学综合实验》实验类教材,以及《环境通识教育教程》《环境科学与工程通识教程》环境通识类教材。

　　该丛书的内容丰富翔实,是作者们多年教学实践和相关科研成果的结晶,是环境科学与工程类教材的有益补充和丰富,必将从全局上有力推动环境教育的发展,值得同行重视和参考。

　　该丛书结构严谨、语言通俗、内容科学、案例经典,推荐环境科学与工程及相关领域的教师、学生、环保人员阅读使用。

2016 年 2 月

前　言

环境通识教育既是国际环境界的新事物，又是历史的产物，是随着人类社会的发展，为解决新出现的问题而产生的。随着经济社会的发展，人类的生产能力不断提高，规模不断扩大，致使许多自然资源被过度利用，生态环境日益恶化。面对全球日益严重的环境问题，国际社会形成了共识：通过宣传和教育，提高人们的环境意识，这是保护和改善环境重要的治本措施。

《环境通识教育教程》从环境教育的起源、环境教育的历程以及现代环境教育的发展方向三个方面进行阐述。主要内容包括 12 个章节：环境教育概述、环境污染、环境的变迁、环境与生态、自然资源、节约能源与新能源、生物多样性、环境健康、环境伦理、环境保护运动、环境保护现状与政策和环境的可持续发展。本教程旨在通过对具体环境事件、环境变迁现象及环境政策的编写宣传环境保护基本知识、提高民众的环境素质、加强环境保护意识。

本书由宋小飞负责最终统稿，各章编写分工如下：宋小飞、牛晓君、刘昕宇编写环境教育概述、环境污染、环境保护运动、环境保护现状与政策部分，施召才编写环境的变迁部分，马伟文编写环境与生态部分，刘胜玉编写自然资源部分，张荧编写节约能源与新能源部分，朱海敏编写生物多样性部分，马力、郑铮编写环境健康部分，洪玮编写环境伦理部分，兰青编写环境的可持续发展部分。本书编写过程中还得到很多同仁的关心和提点，在此一并表示感谢。

由于作者水平所限，书中难免有不完善之处，欢迎读者提出批评和建议。

编者

2016 年 6 月

目　　录

第1章　环境教育概述

1.1　环境教育的定义、性质与目标

环境教育是国际环境界的新事物，是历史的产物，是随着公众社会的发展，为解决新出现的环境问题而产生的。随着经济社会的发展，公众的生产能力不断提高，规模不断扩大，致使许多自然资源被过度利用，生态环境日益恶化。面对全球日益严重的环境问题，国际社会达成了共识：通过宣传和教育，提高人们的环境意识，是保护和改善环境的重要治本措施。但是对环境教育的定义、性质、目标该当如何确定，由于个人的学术背景不同、观点兴趣各异，而产生了不同的见解。通过对环境教育定义的界定，能帮助我们进一步认识环境教育的本质。本节就当前国内外一些重要学者及专家对环境教育所提出的定义、性质与目标，略述如下。

1.1.1　环境教育的定义

国际自然及自然资源环境保护联盟（International Union for Conservation of Nature and Natural Resource，IUCN）于1970年在美国内华达州举办的"学校课程中的环境教育国际工作研讨会"上，率先揭示了环境教育的定义。会上形成的共识认为："环境教育，是以达到改善环境为目标的教育过程。它是建立价值、澄清概念的所有过程，也是培养了解及重视公众、自然环境、社会文化三者间相互关系所应具有的专业技术水平和正确的立场、观点；同时环境教育也教导人们在面对实际的环境质量问题时，该如何做出决策及建立约束自我行为的规范。"同年，美国《国家环境教育法》指出："环境教育是探究公众与周围自然和人为环境之间关系的教育过程，这种关系包括人口、污染、资源的分配和枯竭、自然环境保护、交通运输、产业技术开发、城乡开发计划对公众环境的影响。"从那以后，IUCN陆续在英国、印度、尼日利亚、加拿大、肯尼亚及阿根廷等国家举行过多轮研讨会，为环境教育定义的最终确立做出了积极的贡献。

1974年，联合国教科文组织（United Nations Educational，Scientific and Cultural Organization，UNESCO）在环境教育讨论会中认为："环境教育是达成环境保护目标的方法；它是一种行动的过程，同每一个人密切相关；它既不是科学的一个分支，也不是一种独立的学科，而是建立在其它相关领域基础之上形成和发展起

来的；关注人与自然间的交互作用，致力于改善所有生物的生存环境。"

1975 年在前南斯拉夫贝尔格莱德（Belgrade）举行的国际会议上，《贝内格莱德宪章》（Belgrade Charter）对环境教育的定义为："环境教育是认识和关心经济、社会、政治的生态在城乡地区的相互依赖性，为每个人提供获取保护与提高环境领域相关知识，并促使每个人都具有相应的价值取向、立场、责任心和工作技能，以推进个人、群体和整个社会环境行为的新模式。"

1977 年，联合国教科文组织和环境规划署在前苏联第比利斯召开了政府间环境会议，在其发表的《第比利斯宣言》（Tbilisi Declaration）中，联合国教科文组织再次重申环境教育乃是一种教育过程，是教育整体的一部分，具有跨科技整合的特性，强调价值观的建立，致力于社会福祉和公众生存的改善。同时，以现在和未来关心的议题为指引唤起学生公众关心和参与实际行动。

英国环境教育专家亚瑟·卢卡斯（M. A. Lucas）对于环境教育则有另类精辟的见解。他认为可从内容、目的及教学方法等三个方向加以考虑，将环境教育分为"有关环境的教育（education about the environment）"、"为了环境的教育（education for the environment）"及"环境中的教育（education in the environment）"。"有关环境的教育"从环境的背景内容出发，教导有关环境的知识，以促进学生认知上的了解，发展认知所需的一些技能；"为了环境的教育"从环境教育的目的性入手，促进环境得到改善及保护；"环境中的教育"也可说是在实际现场中教学，强调环境教育中的教学方法、具体情况与应对技术方案，这里的"环境"通常指教室外，包括自然环境及社会环境。

综上所述，各种定义关于环境教育的最终目标的分歧并不大，我们可以认为环境教育是以达成改善环境为目标的教育过程，它是观点澄清、形成相应价值观的教育过程，是培养具备了解与认知人与文化、生物物理环境间相互影响时所必需的技能与态度，也是教育公众在面对现实的环境质量问题时，如何决定及改善自身的行为准则。

1.1.2 环境教育的性质

环境教育是户外教育、环境修复教育的扩大，是科学教育。综合 UNESCO 拟定的"国际环境教育计划"（International Environment Education Program，IEEP）及各家论述，环境教育具有多种特性。

1）环境教育是全面教育

环境教育人人有责。人是环境的一部分，也是环境问题的一部分，因此环境教育的对象应是各个阶层，包括教师、企业、社会团体和政府组织等。任何人、任何领域、从事任何行业者，都应具备相关的环境保护知识与素养。为了建设可持续发展的共同未来，人人都应接受环境教育。

2）环境教育是终身教育

环境问题因公众社会活动而发生，环境问题的种类、状况也因时空背景的不同而有所差异。故不仅学校要推广环境教育，公众也应在不同场所、社区接受环境教育。通过不断宣传，促进环境与发展的教育，以充实、更新公众环境认知。

3）环境教育重视环境的整体性

环境教育是一个整体的概念，局部的环境问题甚至会对整个地球产生影响。环境包括了自然环境和人工环境，当中存在许多环境影响因子，人与环境影响因子之间存在着直接和间接的综合性相互影响。环境教育涉及多学科和文化艺术的各个方面，在知识结构上具有整体性。此外，在环境教育的目标人群上也体现出整体性。因而，从事环境教育时，应通过整体全景式的方式开展，以体现出环境的整体性。

4）环境教育是价值教育

环境教育是伴随公众对以往社会发展思想和发展模式以及公众文明的反思而产生的。然而环境问题之所以发生，最根本的原因在于当公众面对大自然、运用自然资源的时候，持有的态度、价值观偏颇与狭隘。经过反思，公众逐渐认识到以环境为代价换取经济快速增长的传统发展模式会把公众社会引向无路可走的境地。因此要彻底解决环境问题，只有从改变人们面对环境的态度与行为着手才能成功，所以，环境教育应强调大自然的价值教育。

5）环境教育是科技整合的教育

环境教育绝不只是一门课程，而是一门几乎涉及所有的学科，也就是说各个学科都可以从有关方面出发，与环境教育交叉渗透。

环境事件的发生、环境问题的本质往往是复杂而牵连广泛的，要有效地解决环境问题，需考虑其影响因素的完整性与多元性。对一个环境问题的认知，牵涉的知识概念层面可能会包括生态、经济和科学层面，一些环境问题甚至会牵涉社会、政治与法律层面，因此环境教育也必然是跨学科的。

6）环境教育强调环境行动及问题解决

环境教育的目的在于通过改善、解决环境问题以提高公众的生存质量。调查环境问题产生的原因与严重性，当然是解决环境问题的第一步，但若只知论道而不付诸行动，环境问题是依旧存在的，因此环境教育的作用还在于不仅要强调从事环境保护行为的重要性，而且还要积极推动环境问题的解决。

7）环境教育是政策导向的教育

环境教育致力于公益事业的进步及公众生存环境的改善，但是，环境问题因各国具体情况与时空背景的不同而有所差异。环境教育的繁荣与进步必须同政策、规划相衔接。考虑国家发展现状及能力，让经济发展与环境保护能在和谐共赢的氛围下达成共识。

8）环境教育须重视专业人员的教育

环境问题固然人人有责，所牵涉的领域层面也相当广泛，但不可否认，除了应加强全民环境保护基本素养的提升之外，更应重视对环境专业类人员的培养，促使相关责任单位从事研究、调查的专业人员具备为公众提供高质量专业服务能力。

9）环境教育强调主动参与

环境质量维护、问题的解决，虽然会有法令规章加以规范，环保部门负责监督核查，例如垃圾分类与回收、污染物的排放等，但这还是消极的做法。应透过环境教育，积极培养公众的环境保护意识及主动参与公益服务的意愿，通过个体或者集体的具体行为，展现积极的环境保护态度及行为以推进生态环境的保护和改善。

10）环境教育应具有全球视野，重视国际性的合作

受地球自转影响，气流、洋流、季风的运动，产生的许许多多环境问题都是洲际性或全球性的，例如酸雨、臭氧空洞、温室效应、生物多样性的消失等环境问题的存在，都要依赖于国际的共同研究，采取一致行动以推进这些问题的改善。

11）环境教育的实施应重视本地资源的利用

环境教育倡导全球化的视野和全民的参与，环境教育的实施可以先从周围环境资源的认识及解决自身的环境问题开始。坚持以全球化的视野推动全民参与环境保护的具体行动，通过对本地资源（包括人、事、物）的保护及国际合作，将环境问题的关注扩展到对于本地的交通物流、能源输送、食物链、居民生活污染物排放等与我们日常生活息息相关的实际问题上，激发教师的关注度和参与环境保护工作的积极性，培育公众强烈的环境保护责任意识。

12）环境教育是一门通用型科学

环境教育主要是以问题为导向,探讨当前及未来区域性或全球性的环境议题,对于改善或解决当前的环境问题,预防未来环境问题的发生都有非常重要的积极的推动作用,被认为是一门通用型的科学教育。

1.1.3　环境教育的目标

随着环境教育的发展及逐步深化,在演进过程中,有许多机构组织与学者提出过他们对环境教育目标的看法。

在 Stapp 的研究报告中提及环境教育的目标,他认为环境教育的目标是培养有知识、关心环境及相关问题、知道如何协助解决且主动参与的公民。1975 年在前南斯拉夫首都贝尔格莱德（Belgrade）举行的国际会议揭示了环境教育的目标:培养并发展熟悉且关心环境及其相关问题的公民;使他们具有相关知识、立场、技能、动机及使命感,以从事个别或团体的行动,以解决目前的环境问题并防止新问题的产生。

1992 年联合国环境与发展大会后,环境教育转化为可持续发展教育。环境教育的目标是使人们理解地球上的生命都是相互依赖的,提升公众的经济、政治、社会、文化及科学技术的认识水平,提高人们对环境问题影响社会可持续发展的理解,使得公众能够更加有效地参与地方、国家和国际层面上有关环境问题的可持续发展活动,推动整个社会向着更为公正和可持续发展的未来前进。

环境教育的目标主要包括五个方面:情感、知识、态度、技能和参与。

（1）情感（emotion）:是教育过程的基础。环境教育要使人建立亲近自然、同情生命的高尚情感。

（2）知识（knowledge）:人们要获得有关生态学、环境学、环境管理学等方面的基础知识。不只是对概念和原理的掌握,还要对环境的复杂结构、能量流动和生物化学循环过程、生态系统的概念以及公众活动对生态系统影响的了解,特别是对身边环境问题的深刻认识。

（3）态度（attitude）:环境教育使人们树立起科学的环境价值观、环境法纪观和可持续发展观,使人们产生对提高环境质量、促进社会可持续发展的深刻责任感和内在动力。正确的态度可以获得完整的价值观,并对周边环境问题的改善产生关心的意愿。

（4）技能（technique）:在解决环境问题的过程中,培养教师有利用、综合相关资料辨别环境问题的技能。具备掌握调查环境问题的方法,能评价这些方法的作用；具备综合分析文化与生态环境问题的能力，能积极地参与环境问题的调查与评价。

（5）参与（participation）：环境教育最后要落实在人们对于环境的友好行为上，促进提高保护环境的技能，主动参与环境问题的解决。提供社会团体及个人机会，使其积极主动参与环境问题的监督，参与环境保护宣传，参与环境影响评价、环境决策和环境建设等能解决环境问题的各项工作。

Hungerford 等曾拟定了环境教育课程发展目标以提供作为环境发展课程及实施环境教育的参考。其总目标是协助公众具备环境保护知识，有技能和知识素养，愿意参与环境保护工作。环境教育课程发展的总目标分为四个目标阶层，每个目标阶层也包括一些子目标。四个目标阶层如下所述。

1）生态基础阶层

使学生获得足够的生态基本知识，能对有关环境问题的议题作出以生态知识为基础的明智抉择。生态基本概念通常包括：个体与群体、环境影响因子、能量流动与循环等。

2）概念、议题的认知阶层

帮助社会各阶层人士具备对环境问题的敏感度，能够觉察并重视环境问题的存在，了解个人或团体与环境问题间的交互作用关系。包括：从生态观点看个人与公众活动（包括：宗教、政治、经济和社会）如何影响环境，了解各种环境问题以及这些问题具备的生态与文化含义；了解公众价值观在环境问题上所扮演的角色；通过对环境问题的研究、评估，以利于建设项目的科学决策。

3）调查及评估阶层

此阶段注重培养环境保护人士调查环境问题及评估各种不同的解决方案所需的知识与技能，同时学生的价值观也有机会在此阶段得以建立。包括：培养学生辨认及研究问题、综合数据所需的知识与技能；能辨认、分析问题以及与问题解决策略有关的价值观的构建，给学生提供机会以参与环境问题的研究和评估。

4）环境行动技能阶层：训练与应用

此阶段要求达到环境质量要求与公众生活质量要求的平衡与互动，以及满足相关要求需要的素质。包括：着力培养具有环境保护行为技术水平的各阶层人士，通过大家共同的环境行动，有效达成环境目的；提供采取环境行动相应的实践机会；提供评估环境行动对环境影响的机会。

综上所述，环境教育的最终目标是培养具有环境素养的公民，使他们具备正确的环境保护意识、展现负责任的环境行为，积极主动地参与环保事务，协助改善与解决环境问题，从而最终达到环境质量与生活质量要求相互平衡的目的。

1.2　环境教育的历史

环境教育的兴起是 20 世纪以来，人们对环境问题的严重性、生态资源的有限性及难以恢复性的体验与认知的结果。1948 年托马斯·普里查德（Thomas Pritchard）提出了"环境教育"一词，但真正现代意义上的"环境教育"起源和发展于 20 世纪 60 年代西方发达国家的"生态复兴运动"。

有关"环境教育"一词的说法一直存在分歧。就英国而言，"环境教育"一词最早出现于 1965 年基尔大学举办的一次会议中，会议研讨了与"乡村学习"、"自然教育"有关的乡村环境保护及其相关的教育问题，并就教育与环境给出了许多结论和建议。例如：利用积极的教育方式鼓励人们认识和理解自然环境，使每个公民拥有保护环境的责任感；扩大基础和操作性的教育研究，通过教师的参与，更准确地决定环境教育的内容和现代最需要的教学方法等。在这次环境修复乡村环保教育调查会议中，Yapp 认为环境问题与教育之间的关系相当密切，建议将环境（environment）与教育（education）结合起来，组合成"环境教育"（environmental education）。此外，就美国而言，Disinger 指出"环境教育"一词是 Brennan 于 1964 年在美国科学促进协会（American Association for the Advancement of Science，AAAS）的演讲中首次使用到的。但就全球而言，Disinger 则认为是由 Thomas Pritchard 在国际自然及自然资源环境保护联盟于 1948 年在巴黎召开的会议上首次使用的。对此，Wheeler 则持有不同的看法，他认为该词最早应是出现在由 Paul 及 Precival Goodman 所著，1947 年出版的 *Communitas* 一书中。以上说法虽各有不同，但是可以肯定的是环境教育是教育界的新领域，它的兴起与发展在短时间内就受到教师、学者及社会大众的关注与重视。

环境教育的历史演进，从 20 世纪 60 年代出现在学校教育后，便常被视为是自然研习（nature study）、户外教育（outdoor education）、环境修复教育（environmental conservation education）的传承者。然而环境教育的特质与内涵，在社会、科学、科技三者的交互作用中，特别重视有关环境危机的问题，所以环境教育虽然继承于自然研习、户外教育及环境修复教育，但也有别于它们。而今进入 21 世纪，环境教育又蜕变为永续发展教育（sustainable development education）。以下将环境教育的演进，各阶段的教学目的、内容、方法等方面做简略的阐述。

1）自然研习（nature study）

19 世纪中叶，人们渐渐关心生活的环境状态。美国外交家 George Perkins Marsh 于 1864 年发表了《人与自然》（*Man and Nature*），明确指出公众对自然世界所该负有的责任，使人们深刻体会、认识到公众是自然的一部分，公众不能脱离大自然而独自存在环境修复。

到 19 世纪末 20 世纪初期，亲近大自然的观念在欧美国家和地区已被普遍认同。他们主要是倡导亲近大自然并开展实际观察，将科学调查与自然世界的经验相结合，主张儿童阶段的环境教育应主要源于大自然而非课本，透过细心的观察、思考，让儿童了解真实的自然世界，熟悉大自然的运行过程，在面对自然灾难时，就不会显得惊慌失措。培养儿童丰富的想象力以及欣赏、喜爱自然之美的情操。美国大自然研习及观察者的先驱 Wilbur Samuel Jackman 认为，亲近大自然应强调自然界的生物，儿童经过对周边环境的细致观察，进而了解并喜爱自己的生存环境；在教学过程中，我们应该鼓励儿童提出自己身边的环境问题，教学场所应是学生熟悉的户外场所或周边的小区设施，例如动物园、植物园、博物馆、自然公园等。

> *亲近大自然的先驱者：Wilbur Samuel Jackman
>
> Wilbur Samuel Jackman（1855—1907），美国的教育家及发起亲近大自然的先驱者之一。出生于俄亥俄州，儿童时代在加利福尼亚州成长，由于孩提时的生活经验，燃起了他对户外大自然的热爱。Jackman 于 1884 年从哈佛大学取得学士学位，而后任教于一所高中，教导自然科学。在此期间，去户外开展对大自然的观察理念在他脑海中成形。他于 1891 年出版了 *Nature Study for Common School* 一书，并于 1904 年担任 *Elementary School Teache* 期刊的编辑，因而成为小学自然研习运动的先驱者。

2）户外教育（outdoor education）

自然研究固然强调学生应该接近自然、体会自然、欣赏自然、了解自然，但是其教学的场所都属学生生活周边的环境，终究较缺乏新鲜感与吸引力，因此，开展大自然户外教育的领导者之一——Anna Botsford Comstock 在 1911 年出版了《亲近大自然手册》（*Handbook of Nature Study*），倡导环境教学的场所应拓展至户外。

户外教育的兴起，较为普遍的观点是在 19 世纪末叶，首次出现有学校正式的宿营活动。20 世纪初则出现了童子军的活动，美国社会的普遍看法是户外教育始于 20 世纪的 20~30 年代。

户外教育是发生在户外的有组织、有系统的学习活动。学生可以参与各种充满挑战与冒险的户外活动,例如登山、远足、泛舟、露营、滑雪等活动,其教学实施的场所是在荒野、露营地、风景区和名胜古迹等处。学生活动以野外生存训练,地质、生物辨认及人文史迹查勘为主,也包括了一些休闲娱乐及野外求生的技能等,从户外亲身的观察、体验中,学生们得以认知大自然的生态状况及各项环境的影响因子,获得多种生存的技能及顺应自然的能力。自 20 世纪 50 年代以来,户外教育就强调在户外进行传统科目的教学,目的是加强和补充学校教育,增进学习的效果。

3)环境修复教育(environmental conservation education)

20 世纪 30 年代,由于生态环境的破坏、自然资源的枯竭造成世界经济的大萧条,人们也渐渐体会到自然资源的有限性,于是兴起了环境修复的观念。也由于 1962 年 Rachel Carson 女士《寂静的春天》(Silent Spring)一书的问世,使得民众对生存环境的污染及资源的滥用更加关注,将环境修复的观念由土壤扩展到水、空气、野生动物等。

有关环境修复的教育偏重在自然环境及资源修复的教育,其目的在于使学生了解环境污染、土地利用对环境的影响,自然资源枯竭及自然生态平衡的重要性,其教学场所除了在国家公园、风景区、森林游乐区等环境良好的地区外,也包括受到环境污染的区域、土地利用不当区域及自然资源受破坏的地区。时至今日,环境修复教育已拓展成为公众明智利用自然环境的主要组成部分。自然资源经过观察查勘、开发利用、环境修复及生态文明建设各个阶段,将有助于形成满足现代及未来对自然资源在物质及文化层面上的众多需求。此书的问世,立即引起了公众热烈的争论与反响,促使人们重新思考面对自然及资源的方式,对是否选择"顺应自然"的发展战略提出了严肃的拷问。

---

*《寂静的春天》

作者 Rachel Carson (1907—1964),约翰·霍普金斯大学生物科学硕士,是蜚声国际的自然文学作家,更是不畏权势的环境保护主义者的先驱。毕生有四部重要作品: Under the Sea-Wind (1941)、The Sea Around US (1951)、The Edge of the Sea (1955)、《寂静的春天》(Silent Spring)(1962)。《寂静的春天》主要描述了美国伊利诺伊州春田市滥用致命的"万灵丹"——DDT 所造成的景象。春天原本该是万物复苏、生机盎然、鸟语花香的季节,但为了增加粮食作物的产量，人们大量使用化学药剂，尤其是 DDT，虽然短期内成效似乎不错，农作物害虫减少了，粮食作物增加了，但长期以来，由于食物链的关系，生物浓缩效应的影响，水、土壤、空气及许多其他生物，包括公众在内，终于受到了连带的伤害。

4）环境教育（environmental education）

20 世纪 60～70 年代由于生态环境的日益恶化，引起了人们对环境问题的恐慌与高度关心。虽然也有环境问题得到改善与解决，但没有教育的辅助也不能保障环境保护问题的完全解决。

环境教育不但包括自然研习、户外教育、环境修复教育三个阶段的教育观念、方法及目标，同时也在环境问题国际化的概念之下，将教育的主体内涵扩大至整个地球环境，包括自然环境、社会及人为的问题上。有关造成环境破坏及公众生存危机的问题，如人口、营养、贫穷、粮食安全、种族歧视、人权、滥用药物、性别歧视、交通物流、政治经济、社会治安等都可成为环境教育涉及的内容。开展环境教育活动的场地也由过去户外大自然扩及城镇、工商业密集区、农业种植区等区域内。

1.3　环境教育的内涵

环境教育希望借由教育的过程，传达环境相关的概念、态度、技能，以达到环境保护的目的。环境本质上是一个动态的系统，会因时空、地域的不同而变，因此环境教育的内涵该当如何，严格说来，应是因时、因地、因人而异的。1956年 Bloom 就将教育的目标分为认知领域（cognitive domain）、情意领域（affective domain）、技能领域（psychomotor domain）。1977 年联合国教科文组织和环境规划署在第比利斯（Tbilisi）召开的国际环境会议上，指出环境教育的目标包含感知（awareness）、知识（knowledge）、态度（attitude）、技能（skills）及参与（participation）五方面。

在 2003 年我国颁布的《中小学生环境教育专题教育大纲》中，对环境教育大纲及环境教育目标进行了明确的分类。大纲将环境教育课程分为四阶段。第一阶段主要针对 7～10 岁的儿童，此阶段的儿童对周围的事物都充满好奇，因此此阶段的教学目标是让儿童亲近自然与爱护自然，通过活动感知身边的环境，能够在学习和生活中简单了解环境保护的规章制度。第二阶段针对 10～13 岁的儿童，此阶段儿童已可以主动认识周边环境，具备判断事物的能力，经过几年的学习，处理及看待事情也从感性过渡到具备一定的理性。此阶段的教育目标是使学生了解自己周围的环境，知道环境问题是由于人类的活动产生的，并对自己的行为做出判断，养成爱护环境的良好习惯。第三阶段是对环境问题的探究阶段，此阶段的认知特点是从感性认识过渡到了理性认识，以自己的判断从长远利益解释和看待问题，会运用批判的眼光看待环境问题。第四阶段环境教育的目标是使学生能够通过现象了解环境问题的成因，关注全球性的环境问题，了解人类社会的发展要受到环境条件的制约，自觉地要为环境保护事业做贡献。

1）认知领域的环境教育内涵

认知领域内环境教育内涵应包括环境教育基本概念与环境主题内容，希望学生获得充实的生态、环境知识，能对有关环境的议题做出符合生态与环境的明智抉择。1970 年在美国内华达州举行的"学校课程中环境教育国际工作研讨会"拟定的环境教育内容有九大主题：地形土壤与矿物、宇宙与大气环境、社会组织、美学与伦理和语言、经济发展水平、区域范围、植物与动物、水环境、人群。

Roth 指出在环境教育中重要的概念课分为四类：生态系统、社会文化、环境变化、环境管理。1976 年美国联邦教育委员会制定了环境教育的基本原理，建议环境教育主题应涵盖：地球环境原理、有关公众作为生态系统成员的原理、使公众活动与生态系过程和谐的原理。Allman 利用调查法收集资料，编制了环境教育的概念化提纲，将环境有关概念分为 11 项：一般概念、自然平衡、空气污染、噪声污染、土地资源维护、森林和木材环境修复、水资源环境修复、野生动物环境修复、理智运用矿物和矿物质、人力资源环境修复、城市问题。联合国教科文组织"国际环境教育计划"（IEEP）所列的环境主题有：实体阶层（level of being），包括岩圈、水圈、生物圈、气圈、科技圈及社会圈；循环；复杂系统；族群生长与负荷力；环境永续发展；社会永续发展等。日本国立教育研究所环境教育研究会所编制的环境教育概念组织的中心概念有地球、国土、身边的环境、资源、人口、粮食、污染、生物等。

综合上述的内容可以知道，认知领域的环境教育内涵除了包括环境教育基本原理外，其相关的环境主题内容横跨了生态学、环境科学、应用生态学、环境修复学等多门学科。

2）情意领域的环境教育内涵

情意领域的教育目标关注于兴趣、态度、价值观、品德、情感、欣赏、喜厌、信念等方面的学习，期望学生在学习的过程中，从社会化及内化过程中，建立自我的信念、塑造个人的态度，形成价值观，并把价值观组成个人价值体系，最终成为个人的品格特质。

　　情意领域是多元笼统的，即环境态度、环境敏感度、环境伦理价值观、环境典范等，其中心理念强调的是，使学生对环境具备敏感度，能觉察并重视环境问题的存在，对环境抱持正确的态度，了解个人或团体与环境彼此间的交互作用关系，与环境和谐相处。因此环境教育情意领域的积极目标应是：协助个人了解自己与他人的、社会的、环境的价值观及其对行为的影响；协助个人自我实现，发展成为有环境素养的人，能关切并参与促进社会与环境福祉。欲达到上述目标，教师应考虑教师本身的能力、学生的发展阶层、策略的性质及教学的资源，在教学过程中结合各种有价值的教育策略，如：道德发展（moral development）、教诲（inculcation）、价值观分析（values analysis）、价值观澄清（values clarification）、行动学习等共同运用。

　　综上所述，情意领域的环境教育内涵包括两个方面：一是要协助学生建立符合环境伦理的价值观；二是要提供给学生行动的机会，使其能够采取负责任的环境行为。

3）技能领域的环境教育内容

　　开展环境保护工作应具备：①了解环境问题的基本概念；②了解现实环境问题；③关心环境质量状况；④知道解决问题的办法；⑤有促进环境问题改善的强烈愿望；⑥具有采取行动的实际经验。

　　环境行动技能必须建立在环境感知、环境概念及环境价值观等基础上，环境行动经验则必须透过真实的参与、体验累积形成。

　　环境教育技能领域的内涵包含两大部分，即研究环境问题的技能和解决环境问题的技能。其目的一方面在教导学生应具有发现环境问题、收集资料、研究环境问题、提出可能解决策略、评估可能解决策略的能力；另一方面则训练学生进行环境行动并提供机会参与实际行动。

　　环境教育技能领域的教学内涵强调在学习中运用各种科学技能及社会研究的技能，开展实际问题、议题的调查研究，对环境问题、议题持有正确的认识，并将环境行动经验融入学习中，使得教学内容更加生动，以培养学生解决问题及采取负责任的环境行动的能力。

4）环境教育的教学

　　为达到环境教育目标，解决与改善环境问题，联合国教科文组织"国际环境教育计划"（IEEP）建议环境教学必须考虑环境教材内容与教学目标、学生的特质、学习心理、教学资源、老师能力等因素，采用室内、室外各种不同的教学方式来进行，例如小组讨论、野外探查、班级讨论、辩论会、角色扮演、模拟游戏等。就其核心理念的差异，可将环境教学所采取的方式分为以感知为中心和以行动为中心两大类。

以感知为中心的支持者认为，环境知识将能导致环境行为的改变，从而能够解决与改善环境问题，因此在环境过程中强调环境问题的感受及环境知识的获得。而从《第比利斯宣言》衍生而来的另一相对观点则认为知识与环境间仍有着遥远的距离，环境知识并不保证环境行为的改变，若要改变环境行为，解决环境问题，唯一的方式是透过行动技能的训练，因此主张有效的环境教学策略应是以行动为中心。

1.4　环境教育的教学

为达到环境教育目标，解决与改善环境问题，IEEP 建议环境教育必须考虑环境教材内容与教学目标、学生的素质、学习心理、教育资源、老师的能力等因素。环境教育的教学方法，既要考虑其作为教育科学的一般特点，同时也要以环境教育自身的性质、内容和目标为基本出发点。新课程改革强调从学生的兴趣出发，强调多种手段，学生积极探索、参与的教学理念。环境教育的教学，应该是丰富多彩的。采用室内、室外各种不同的教学方式来进行。例如：小组讨论、野外探查、班级讨论、步道行走、头脑风暴、辩论会、角色扮演、模拟游戏等。

国外近年来对环境教育的教学，强调通过多种途径知识的建构来提高认知、思维能力，如图 1-1。

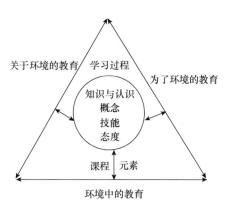

图 1-1　环境教育的教育模型

这种教育模型，强调了学生在教学过程中的参与和亲身体验，在有效实现教学的目标和全面培养学生的素质方面，比简单的课堂讲授有明显的优势。教师应该对课程的教学有更大的自主权，根据实际的情况去设计教学的策略、方案甚至内容。环境教育的教学一般有讲授与讨论法、活动参与法、问题探究法、实验与演示模拟法、野外观察法、游戏法等。但不管使用何种教学方法，按其核心理论的差异，环境教育采用的方式大致上可分为两大类：一类以感知为中心，另一类以行动为中心。

1) 以实际感知为中心——案例研究

一个有关环境的案例研究乃是一个以人为中心的生态环境议题的分析研究。通过许多累积的记录及其他从社会、生物、地质、环境等各个方面所收集而来的证据，阐释该问题的现状。在案例研究中，教师从各方面搜集与环境问题有关的信息，运用各种教学技能协助学生对问题获得相当的认识与了解。案例研究能够增进对环境问题的感知，其教学过程包括三个部分：系统传递（delivery system）、技术分析（analysis techniques）、归纳总结（summary synthesis）。

（1）系统传递。

系统传递的目的在于提供学生合理的信息。传递信息的方式虽有许多种，但大部分都有赖于负责任的教师，从各个向度，以公正忠实的态度，对各种信息加以评估抉择，务求将最适切的信息传达给学生。教学使用的数据信息可来自最新的期刊、适宜的电视节目录像带、市面上贩卖的影片及录像带、报章专栏、原始数据及记录、田野调查、实验、示范等。

（2）技术分析。

尽管咨询的传达是一重要组成，然而庞大分歧的数据本身却可能造成学生的迷惑而无所适从。因此，案例研究的第二个步骤乃是教导学生分析问题的技巧。经由分析技巧的学习、运用，学生在面对众多的信息时，将能加以过滤，并组织成一个概念框架。这一过程包含的方法有：分析问题（即确认一个问题中相关当事人的身份、立场、价值观、信念论点等）、探究问题发生的历史背景原因（即界定一个问题的五个"W"：who，when，what，where，why）及确认由此问题所可能导致的生态、社会、文化的冲击及结果。

（3）归纳总结。

归纳是将所研究的问题本质作一简要的描述，其有效的方法包括：角色扮演、情景模拟、书面及口头报告、辩论及其他形式的学生作品，如录像带、幻灯片、海报等。在此综合阶段应该教育学生有机地将片段的、不相互关联的一些问题信息组成一个有意义的全貌，以证实他们对于议题的了解。

而案例研究的最大优点是教师能够轻易地将环境问题的教学融入现有的课程中。使用此种方法，教师必须注意：随时搜集、补充并更新与研究有关的信息，信息出现的时间先后顺序，分析判断问题解决的可行性。

2）以行动为中心——行动技能发展模式

行动技能发展模式是以行动为中心的教学模式，使学生能够针对环境问题主动展开调查，并采取负责任的行动。虽仍以对问题的感受为出发点，却是以行动的展现为主。

此模式由对问题的分析开始，以发展学生确认并辨别环境问题及议题的能力。有关问题分析的技巧包括：①确认当事人的身份、职位及其对环境问题所持的信念、主张和价值观；②由各不同向度针对问题加以分析，并形成研究问题。在此问题分析阶段，学生必须以客观、公正的态度来分析问题，学习如何有效利用数据资料来研究问题。

要使学生能够针对环境问题作出合理的抉择，并积极参与公民行动，事前充分的调查乃是先决条件，因而学生必须要接受训练，使他们能够针对自我选择的环境问题或议题展开详细调查。紧接着便是资料的搜集与解释；教学时，教师必须特别教导学生，根据资料而非个人喜好或情绪，以得出结论及推论，并提出合理的建议。

在针对问题展开详细调查之后，学生必须拟定行动计划。为了使学生在面对环境问题的补救工作时有意愿、也有能力选择并采取负责任的行为，必须进行环境保护的技能训练。

在此行动技能发展模式中，一般学生将具有以下各项基本能力：①能够搜集评估环境问题的信息；②对于生态环境的保护及补救能够做出明智的抉择；③能采取负责任的行为以帮助解决环境问题。

行动技能发展模式是渐进的发展模式，最大的优点在于非常适合小组教学活动，同时也超越了教室的局限，能促进发展自动自主的个体。此模式也有一些限制，例如教学策略的运用与排序必须小心谨慎、要有充足的时间、不易融入现有的课程教学大纲中。

1.5　案例分析（美国中小学环境教育新举措——
"绿丝带学校计划"）

美国联邦教育部启动的"绿丝带学校计划"是其有关学校环境、健康和教育的综合性联邦政策。该计划推出了校园环境美化、户外探索、健康发展和自然课堂四个行动方案，制定了统一灵活的评估标准，坚持差异性及全员参与的原则，激励全美中小学在环境影响及能源有效利用、校园环境美化和学生环境与健康素养方面采取行动。

1.5.1　"绿丝带学校计划"启动的背景

1）环境教育受到美国各级政府和教育部门的重视

20 世纪 30~40 年代以来，由于美国不断受到环境问题的侵扰，社会生活受到严重的威胁，所以，美国开始在学校范围内开展环境教育。1970 年美国颁布了《国家环境教育法》，致力于环境教育的开发、实施、评价和普及。通过几十年的探索和实践，美国中小学的环境教育成效显著，不仅具有较完善的环境教育实施机构和多层次的环境教育人员结构，还有一套较为全面、详细的环境教育法律法规体系和管理保障制度，环境教育的观念已深入人心。此次"绿丝带学校计划"的启动是美国中小学环境教育发展进程中的一项重要举措，为中小学环境教育进入新的发展阶段提供了行动纲领和评估标准。

2）该计划是推动绿色学校运动的重要发展战略

美国绿色校园运动涵盖中小学所有学校层面，通过绿色教育、绿色空间、绿色联盟等全方位实践，席卷与校园相关的学生、教师、校长、家长、政府等各种利益群体，具有更强的操作性和实践性。

1.5.2　"绿丝带学校"的评估标准、目标领域与评估程序

通过启用校园环境美化、户外探索、健康发展和自然课堂四个行动方案，由各州教育当局首次评估并推荐环保节能标杆学校，再经联邦教育部的再次评估认证，对参与学校在能源有效利用、健康学习环境和优质的环境与健康教育方面的创新举措授予荣誉称号。

1）评估标准及目标领域

（1）强调环境设施的零污染，提倡良性的环境影响与能源有效利用。学校是否减少或者消除了温室气体的排放，是否存在使用节能审查排放清单和节约计划，在成本有效利用的基础上能源利用率是否提高，是否采取了节能和资源可循环的处理措施；是否提高水资源质量，有效使用以及节约水资源；是否减少了固体和有害废弃物的制造和排放；是否通过提高回收利用，减少了消耗和浪费；是否提高了公共交通的可达性，对学校选址、交通方式的替换方面是否有支持项目和配套的实施政策。

（2）学校师生健康环境（净值），即健康学校环境的构建。学校是否通过学校环境、教师行为、教学方式以及群体意识等方式对学生在环境意识和环保行为方面施加了影响。

（3）对毕业生在环境和健康发展素养方面的培养。是否将环境、能源和公众之间的关系融入各个学科的课程中；是否强调了跨学科性和综合性；是否提高了公众对环境保护的参与意识、知识与技能；是否利用社区培养了学生的环境保护意识。此外，健康的生活方式、营养饮食等方面的健康教育也是该目标的内容。

（4）除符合以上评估标准外，美国联邦教育部明确规定参选的学校还必须遵守民权法案以及与健康、环境和安全相关的制度。

2）评估程序

"绿丝带学校计划"面向全美公立和私立的中小学，根据评估标准（综合美国"绿丝带学校计划"官网的资料整理而成），各州的提名学校不得多于 4 所，联邦政府鼓励各州选评一所私立学校。在项目实施的第一年，美国政府预计评选出 50 所"绿丝带学校"并在五年内发展为每年评选出约 200 所"绿丝带学校"（表 1-1）。

表 1-1　"绿丝带学校"评估程序时间及任务安排

时间（2011～2012 年）	程序
2011 年 9 月	州教育部向联邦教育部提交本州提名学校计划
2011 年 10～12 月	提名当局向联邦教育部提交选取被提名学校计划的过程和支持材料
2011 年 12 月～2012 年 3 月	各学校向州政府提出申请
2012 年 3 月	州教育部向联邦教育部提交被提名"绿丝带学校"的认证
2012 年 4 月	由联邦教育部地球日联盟公布结果
2012 年 5～6 月	联邦教育部举行认定颁奖仪式

资料来源：美国联邦教育部. http://www2.ed.gov/programs/green-ribbon-schools/resources.html.2012-03-06

1.5.3　分析与思考

1）"绿丝带学校计划"的特点

（1）"法治"观念贯彻始终。通过立法保障教育改革的方向和目标，调动社会力量为教改提供广泛的群众基础以形成全社会的共同行动是美国战后教育领域的一个重要特征，"绿丝带学校计划"是美国启动环境教育计划的重要步骤和组成部分。美国政府提出了明确的实施原则、程序以及相关政策规定，为该计划提供了政策保障，推动了该计划的顺利进行。

（2）坚持差异性原则。在考虑地区政治、文化和社会经济的不同背景下，环境教育应该针对当地或者全球特点的问题进行分析。美国各州在充分考虑州实际情况的基础上，依据学生学习的认知特点和心理特点，分阶段、分重点地制定了环境教育的详细目标。"绿丝带学校"项目指出，由于学校之间存在差异性，所以达到"绿丝带学校"评估标准的模式也必定是多元的，各州应本着实事求是的原则，制定和实施相关政策。

（3）全员参与，尤其是社区和非政府组织的广泛参与。该计划的非政府组织包括环境素质培养运动、美国绿色建筑委员会、地球日联盟、国家野生动物联盟、国家教育委员会、小学校长基金委员会、健康学校运动、蓝丝带联盟、绿色学校计划、国家环境教育基金会、绿色教育基金会等30多个非政府组织的支持。此外，社区、家长、来访者等都被纳入到该计划中。广泛的群众参与不仅为该计划提供了技术和资源支持，还为完善"绿丝带学校计划"出谋划策，通过集思广益，完善计划的实施。

2）意义与影响

就国家层面来讲，"绿丝带学校计划"推动了美国绿色学校的建设。该计划利用现有资源，有利于实现其国家发展目标，有利于经济健康可持续发展。通过改善学校基础设施创造更多的工作机会，推动学校的教学体制、运行等各方面的绿色发展，节约学校经费；培养学生的环保意识，为其参与到绿色经济的建设做好准备；同时有助于加强国家的能源安全，节省和储备了宝贵的自然资源。

就学校和学生层面看，"绿丝带学校"被认为是在全美环境影响、健康教育与环境教育方面做得最成功的学校。

第2章 环境污染

环境污染是指有害物质或因子进入环境,并在环境中扩散、迁移、转化,使环境系统的结构与功能发生变化,对公众以及其他生物的生存和发展产生不利影响的现象,亦可简称污染。例如,因石化燃料的大量燃烧,使大气中颗粒物和 SO_2 浓度急剧增高;工业废水和生活污水的排放,使水体水质变坏等现象均属环境污染。环境污染还包括环境系统各种变化所衍生的环境效应,如温室效应、酸雨和臭氧层破坏等。

环境污染的类型,常因目的、角度的不同而有不同的划分方法。按环境要素划分有大气环境污染、水环境污染、土壤环境污染等;按污染产生的原因可分为生产污染和生活污染,生产污染又可分为工业污染、农业污染、交通污染等;按污染物性质分为物理污染、化学污染和生物污染;按污染物的形态可分为废气污染、废水污染、固体废弃物污染以及噪声污染、辐射污染等;按污染涉及的范围可分为局部性、区域性和全球性污染等。

2.1 大 气 污 染

2.1.1 大气污染及其主要污染物

大气污染是指大气中污染物质的浓度达到了有害程度,以致破坏生态系统和公众正常生存条件和发展的条件,对人和物造成危害的现象,如图 2-1 所示。大

图 2-1 大气污染

气污染的形成，既有自然原因也有人为原因。前者如火山爆发、森林火灾、岩石风化等；后者如各类燃烧释放的废气和工业排放的废气等。目前，世界上各地大气污染主要是人为因素造成的。

由于大气污染的作用，可以使某个或多个环境要素发生变化，使生态环境受到冲击或失去平衡，环境系统的结构和功能也发生变化。这种因大气污染而引起环境变化的现象，称为大气污染效应。在世界上重大污染事件中，就有 7 次是由大气污染造成的，如马斯河谷烟雾事件、多诺拉烟雾事件、伦敦烟雾事件、洛杉矶光化学烟雾事件、四日市哮喘事件、博帕尔农药厂泄漏事件和切尔诺贝利核电站事故等，这些污染事件均造成大量人口的中毒与死亡。

目前已知对环境和公众产生危害的大气污染物约有 100 种。其中影响范围广、具有普遍性的污染物有颗粒物、二氧化碳、氮氧化物、碳氧化物、碳氢化合物等。

2.1.1.1 几种主要大气污染物

（1）颗粒物。颗粒物指大气中除气体外的物质，包括各种各样的固体、液体和气溶胶。其中有固体的灰尘、烟尘、烟雾，以及液体的云雾和雾滴，其粒径范围主要在 0.1～200μm 之间。

颗粒物按粒径的差异，可以分为降尘和飘尘两种：

降尘：指粒径大于 10μm，在重力作用下可以降落的颗粒状物质。其多产生于固体破碎、燃烧残余物的结块及研磨粉碎物质。自然界刮风及沙暴也可以产生降尘。

飘尘：指粒径小于 10μm 的煤烟、烟气和雾等颗粒状物质。由于这些物质粒径小、重量轻，在大气中呈悬浮状态，其分布极为广泛。飘尘可以通过呼吸道被人吸入体内，对人体造成危害。

据联合国环境规划署统计，20 世纪 80 年代全世界每年大约有 2.3×10^9t 颗粒物质排入大气，其中 2×10^9t 是自然排入，0.3×10^9t 是人为排入。因此，颗粒物质主要来自自然污染源，如海水蒸发的盐分、土壤侵蚀吹扬、火山爆发等，人为排入的主要产生于燃料的燃烧过程。

颗粒物自污染源排出后，常因空气动力和气象条件的差异而发生不同程度的迁移。降尘受重力的作用可以很快降落到地面，而飘尘则可在大气中保存很久。颗粒物质还可以作为水汽等凝结核参与降水的形成过程。

（2）硫化物。硫常以 SO_2 和 H_2S 的形态进入大气，也有一部分以亚硫酸盐及硫酸盐微粒形式进入大气。大气中的硫约 2/3 来自天然源，其中以细菌活动产生的硫化氢最为重要。人为源产生的硫排入的主要形式是 SO_2，主要来自含硫煤和石油的燃烧、石油炼制、有色金属冶炼、硫酸制造等。20 世纪 80 年代，认为排入大气的 SO_2 每年约有 $1.5×10^8 t$，其中 2/3 来自煤的燃烧，而火电厂的排放量约占所有 SO_2 排放量的一半。

SO_2 是一种无色、具有刺激性气味的不可燃气体，是一种分布广泛、危害大的主要大气污染物。SO_2 和飘尘具有协同效应，两者结合起来对人体危害更大。

SO_2 在大气中极不稳定，最多只能存在 $1~2$ 天。在相对湿度比较大、有催化剂存在时，生成 SO_3，进而生成 H_2SO_4 或硫酸盐。硫酸盐在大气中可存留 1 周以上，能漂移至 1000km 以外，造成远离污染源的区域性污染。SO_2 也可以在太阳紫外线照射下，发生光化学反应，生成 SO_3 和硫酸雾，从而降低大气的能见度。

由天然来源排入大气的 H_2S 会被氧化为 SO_2，是大气 SO_2 的另一主要来源。

（3）碳氧化物。碳氧化物主要有两种物质，即 CO 和 CO_2。

CO 主要是由含碳物质不完全燃烧产生的，天然来源较少。1970 年全世界排入大气中的 CO 约 $3.5×10^8 t$，而由汽车等移动源产生的 CO 占排放量的 70%。CO 是无色无味的有毒气体，化学性质稳定，在大气中不易与其他物质发生化学反应，可在大气中停留较长的时间。在一定条件下，CO 可以转变为 CO_2，然而其转变速率很低。人为排放大量的 CO 会对植物等造成危害，高浓度的 CO 可以被血液中的血红蛋白吸收，从而对人体造成致命伤害。

CO_2 是大气中的一种"正常"成分，它主要来源于生物的呼吸作用和化石燃料等的燃烧过程。CO_2 参与地球的碳平衡，具有重大的意义。然而，由于当今世界人口急剧增加，化石燃料的大量使用，使大气中的 CO_2 浓度逐渐增高。这将对整个地球系统中的长波辐射收支平衡产生影响，并可能导致温室效应，从而造成全球性的气候变化。

（4）氮氧化物。氮氧化物（NO_x）种类很多，包括一氧化二氮（N_2O）、一氧化氮（NO）、二氧化氮（NO_2）、三氧化二氮（N_2O_3）、四氧化二氮（N_2O_4）和五氧化二氮（N_2O_5）等多种化合物，但主要是 NO 和 NO_2，它们是常见的大气污染物。

天然排放的 NO_x 主要来自土壤和海洋中有机物的分解，属于自然界氮循环过程的一部分。人为活动排放的 NO_x 大部分来自化石燃料的燃烧过程，如汽车、飞机、内燃机及工业窑炉的燃烧过程；也来自生产、使用硝酸的过程，如氮肥厂、有机化工厂、有色及黑色金属冶炼厂等。据 20 世纪 80 年代初估计，全世界每年由人类活动向大气排放的 NO_x 约 $5.3×10^7 t$。NO_x 对环境的损害作用极大，它既是形成酸雨的主要物质之一，也是形成大气中光化学烟雾的重要物质和消耗臭氧的一个重要因子。

在高温燃烧条件下，NO_x 主要以 NO 的形式存在，最初排放的 NO_x 中 NO 约占 95%。但是，NO 在大气中极易与空气中的氧发生反应，生成 NO_2，故大气中 NO_x 普遍以 NO_2 的形式存在。在湿度较大或有云雾存在时，NO_2 进一步与水分子作用形成硝酸。在有催化剂存在时，如加上合适的气象条件，NO_2 转变为硝酸的速度加快。特别是当 NO_2 与 SO_2 同时存在时，形成硝酸的速度更快。

此外，NO_x 还可以因飞机在平流层中排放废气，逐渐积累，而使其浓度逐渐增大。NO_x 还可与平流层内的臭氧发生扩散反应生成 NO_2 和 O。NO_2 和 O 进一步反应生成 NO 和 O_2，从而打破臭氧平衡，使臭氧浓度降低导致臭氧层的耗损。

（5）碳氢化合物（HC）。碳氢化合物包括烷烃、烯烃和芳香烃等复杂多样的物质。大气中大部分碳氢化合物来源于植物的分解，人类排放量虽小，却非常重要。

碳氢化合物的人为来源主要是石油燃料的不充分燃烧和石油类的蒸发过程。在石油炼制、石油化工生产中也能产生多种碳氢化合物，燃油的机动车也是主要的碳氢化合物污染源。碳氢化合物是形成光化学烟雾的重要组成部分。碳氢化合物中的多环芳香烃化合物，如 3,4-苯并芘，具有明显的致癌作用。

（6）卤素化合物。卤素化合物包括氟利昂、Br_2、I_2、HF、HCl 等，环境空气中的 Br_2、I_2 主要来自于土壤和海洋的天然释放，而人类活动如一些化工厂的废气则排放 HF、HCl 等。氟利昂主要用作制冷剂，在对流层中不发生化学反应，但通过大气环流到达平流层后会破坏臭氧层。

2.1.1.2　一次污染物和二次污染物

从污染源排入大气中的污染物质，在与空气混合过程中会发生物理、化学变化。依其形成过程的不同，通常可以将其分为一次污染物和二次污染物（表 2-1）。

表 2-1　一次污染物和二次污染物

化合物	一次污染物	二次污染物
含硫化合物	SO_2、H_2S	SO_3、H_2SO_4、MSO_4
含氮化合物	NO、NH_3	NO_2、HNO_3、MNO_3
碳氢化合物	C_4H_{10}、C_4H_8、CH_3CHO	醛、过氧乙酰硝酸酯
碳氧化合物	CO、CO_2	
卤素化合物	HF、HCl	

一次污染物是从污染源直接排出的污染物，它可分为反应物和非反应物。前者不稳定，还可与大气中的其他物质发生化学反应；后者比较稳定，在大气中不与其他物质发生反应或反应速度缓慢。二次污染物是指不稳定的一次污染物与大气中原有物质发生反应，或者污染物之间相互反应而生成新的污染物质，这种新的污染物与原来的污染物质在物理、化学性质上完全不同。但无论是一次污染物

还是二次污染物都能引起大气污染，对环境及人类产生不同程度的影响。

2.1.1.3 大气污染的类型

1）按大气污染影响范围分类

按大气污染影响范围可分为四类：局部性污染、地区性污染、广域性污染、全球性污染。这些分类方法中所涉及的范围只能是相对的，没有具体的标准。例如，广域性污染是大工业城市及其附近地区的污染，但对某些国土面积有限的国家来说，可能产生国与国之间的广域性污染。

2）根据能源性质和大气污染物的组成和反应分类

具有能源性质和大气污染物的组成和反应，一般可将大气污染物划分为四种类型：煤烟型、石油型、混合型、特殊型。

煤烟型污染的一次污染物是烟尘、粉尘和二氧化硫；二次污染物是硫酸及其盐类所构成的气溶胶。污染类型多发生在以燃煤为主要能源的地区，历史上早期的大气污染多属于此种类型。

石油型污染又称汽车尾气型或联合企业型污染，其一次污染物是烯烃、二氧化氮以及烷、醇、羰基化合物等。二次污染物主要是臭氧、氢氧基、过氢氧基等自由基以及醛、酮和 PNA（过氧乙酰硝酸酯）。这类污染又称为光化学污染，多发生在油田、石油化工企业和汽车较多的大城市。

混合型污染主要是指以煤炭为主，也包括以石油为燃料的污染源排放的污染物。该种污染类型是由煤烟型向石油型过渡的阶段，取决于一个国家的能源发展结构和经济发展速度。

特殊型污染是指某些工矿企业排入的特殊气体所造成的污染，如氯气、金属蒸发或硫化氢、氟化氢等气体。

前三种污染类型造成的污染范围较大，而第四种污染所涉及的范围较小，主要发生在污染源附近的局部地区。

3）根据污染物的化学性质及其存在的大气环境状况分类

根据污染物的化学性质及其存在的大气环境状况，可将大气污染划分为两种类型：还原型和氧化型。

还原型是指以煤、石油等为燃料所产生的大气污染，实质上就是第二种分类方法中的煤烟型和混合型污染。

氧化型是指以石油为燃料所产生的大气污染，实质上就是第二种分类方法中的石油型污染（光化学污染）。

还原型和氧化型大气污染的特征见表2-2。

表2-2 还原型和氧化型大气污染的特征

项目	还原型烟雾（煤烟型烟雾）	氧化型烟雾（光化学烟雾）
发生时的温度	−1～4℃	24～32℃
发生时的湿度	85%以上	70%以下
大气逆温类型	辐射逆温	下沉逆温
风速	静风	2.3m/s
烟雾最浓时的视距	100m以下	1.6～0.8km
最容易发生的时期	冬季	秋季
使用的主要燃料	煤及石油燃料	石油燃料
主要污染物质	颗粒物、SO_2、CO	HC、O_3、NO_2、NO、有机物、PNA
反应类型	热反应	光化学及热反应
化学作用	还原	氧化
发生时间	夜间和早晨	中午
对人体的影响	刺激呼吸系统，呼吸系统患者死亡率增高	刺激眼黏膜

2.1.2 主要污染物在大气环境中的迁移变化

形成大气污染的三大因素是污染源、大气状态和污染受体。大气污染的三个过程是污染物排放、大气运动和对受体的影响。因此，大气污染的程度与污染物的性质、污染源的排放、气象条件和地理条件等有关。其中，污染源按其性质和排放方式可分为生活污染源、工业污染源、交通污染源。污染源排放的有害物质对大气的污染程度与污染性质包括：排放方式、污染物的理化性质、污染物的排放量等因素；对受体性质的影响包括：环境敏感度、受体距污染源的距离，同时也与气象因素如风和大气湍流、温度以及云、雾等有关。

1）一氧化碳迁移转化和归宿

CO是公众向自然界排放量最大的污染物。大气中CO的最终归宿有二：第一，在大气中氧化转化成CO_2；第二，被土壤吸收。大气中CO很容易与HO·反应，主要反应过程是：$CO+HO·\longrightarrow CO_2+H·$。这一过程对大气CO的清除率约为90%。土壤吸收CO的能力大小取决于土壤的类型，不同类型的土壤吸收率差别很大。根据实验资料推测，全球地表土壤的CO吸收量为$450×10^6t/a$，约占全球CO总量的10%。就全球大气而言，尽管人为活动排放的CO量逐年增加，但全球平均浓度却没有什么变化，这可能由于CO寿命较短，最终转化为CO_2，不可能在大气中累积之故。

2）硫化氢和二氧化硫的迁移和归宿

（1）硫化氢（H_2S）

H_2S 主要来自陆地生物源和海洋生物源。如果缺氧土壤富含硫酸盐，厌氧微生物则将其分解还原成 H_2S。土壤中产生的 H_2S 一部分重新被氧化成硫酸盐，另一部分被释放到大气中。由于 H_2S 主要来自天然来源，它的浓度空间分布变化较大。大气中 H_2S 的浓度范围为 $0.05\sim0.1\mu g/m^3$。随着高度增加，H_2S 浓度迅速下降。大气中 H_2S 浓度，陆地高于海洋，乡村高于城市。H_2S 在大气中残留的时间可达 40 天。

H_2S 在大气中最终会氧化成 SO_2，但其中间转化过程目前还不了解。H_2S 的氧化反应在气相中进行得很慢，但在大气中的颗粒物表面上反应速度则很快。由于 H_2S、O_2、O_3 均溶于水，所以在云雾中反应速度也很快，特别是有重金属离子存在时，这种氧化过程进行得更快。

（2）二氧化硫（SO_2）

SO_2 进入大气圈后会发生一系列氧化反应，形成 H_2SO_4、硫酸盐和有机硫化物。目前，一般认为 SO_2 的氧化过程有两种途径，即催化氧化和光化学氧化。

二氧化硫的催化氧化：在清洁干燥的大气中，SO_2 被缓慢地氧化成 SO_3，但在电厂烟气中 SO_2 被氧化的速度非常快，其氧化速率是清洁干燥大气中的 $10\sim1000$ 倍，其总反应方程式可表示为：$2SO_2+2H_2O+O_2 \xrightarrow{\text{催化剂}} 2H_2SO_4$。在上述反应中，催化剂是指 $MnSO_4$、$FeSO_4$、$MnCl_2$、$FeCl_2$ 等金属盐类。

二氧化硫的光化学氧化：在低层大气中，SO_2 受太阳辐射作用被缓慢地氧化成 SO_3。但是，一旦生成 SO_3，它便迅速地与大气中的水蒸气反应转变为 H_2SO_4。如果含有 SO_2 的大气中同时存在氮氧化物和碳氢化合物，则 SO_2 转化为 SO_3 的速度大大提高，并经常伴随着大量气溶胶的形成。

在大气中只存在 SO_2 时，其光化学氧化化学反应过程如下：大气中 SO_2 的吸收光谱表明，在 384nm 处为弱吸收，SO_2 吸收次波长的光后转变为三重态 $^3SO_2$；在 294nm 处为强吸收，SO_2 吸收次波长的光后转变为单重态 $^1SO_2$。也就是当 SO_2 在大气中吸收不同能量的光波时，形成不同激发态的 SO_2：

$$SO_2+h\nu（340\sim400nm）\longrightarrow {}^3SO_2（第一激发态）$$

$$SO_2+h\nu（290\sim340nm）\longrightarrow {}^1SO_2（第二激发态）$$

$^3SO_2$ 能量较低，比较稳定。$^1SO_2$ 能量较高，它在进一步反应中，或者变为基态 SO_2，或者变为能量较低的 $^3SO_2$。$^1SO_2$ 遇到第三体 M（O_2，N_2）时，很快转变

为基态 SO_2 或 $^3SO_2$，其反应式如下：

$$^1SO_2 + M \longrightarrow SO_2 + M$$

$$^1SO_2 + M \longrightarrow {}^3SO_2 + M$$

大气中 SO_2 转化为 SO_3 是一个重要的光化学反应过程。在阴天，相对湿度高和颗粒物浓度大的条件下，SO_2 的转化途径以催化氧化为主；在晴天，相对湿度低，大气中含有氮氧化物和碳氢化合物时，尤其是颗粒物含量很少时，SO_2 的转化途径则以光化学氧化为主。SO_2 氧化后立即与 H_2O 反应，生成 H_2SO_4。如果大气中还有 NH_3 存在时，就会生成 $(NH_4)_2SO_4$。所以大气中的 SO_2 经过一系列的化学转化后，最终形成硫酸或硫酸盐，然后以干湿沉降的方式落到地球表面。

3）氮氧化物的化学转化及归宿

大气中的氮氧化物主要包括 N_2O，NO，N_2O_3，NO_2，N_2O_5。在最初排放的 NO_x 中，NO 占绝对优势，而 NO_2 通常占不到 0.5%。

（1）NO 的主要转化途径

NO 在大气中主要发生以下反应：

$$2NO + O_2 \longrightarrow 2NO_2$$

$$NO + O_3 \longrightarrow NO_2 + O_2$$

$$NO + HO_2 \cdot \longrightarrow NO_2 + HO \cdot$$

$$NO + RO_2 \cdot \longrightarrow RO \cdot + NO_2$$

$$NO + NO_2 + H_2O \longrightarrow 2HNO_2$$

$$HNO_2 + h\nu \longrightarrow NO + HO \cdot$$

（2）NO_2 的主要转化途径

NO_2 在大气中主要发生以下反应：

$$NO_2 + h\nu \longrightarrow NO + O \cdot$$

$$NO_2 + HO + M \longrightarrow HNO_3 + M$$

$$NO_2 + RO_2 \cdot + M \longrightarrow RO_2NO_2（PNA）+ M$$

$$NO_2 + RO \cdot + M \longrightarrow RONO_2 + M$$

$$NO_2 + NO_3 + M \longrightarrow N_2O_5 + M$$

$$N_2O_5 + H_2O \longrightarrow 2HNO_3$$

$$NH_3 + HNO_3 \longrightarrow NH_4NO_3$$

$$2NO_2 + NaCl \longrightarrow NOCl + NaNO_3$$

由上述反应可以看出，NO_x 的最终归宿是形成硝酸和硝酸盐。大颗粒的硝酸盐可直接沉降到地表和海洋中，小颗粒的硝酸盐被雨水冲刷也沉降到地表和海洋中。

2.1.3 大气污染的防治

大气污染的防治除了提升化石燃料的完全燃烧率外，对于汽车的排放也需要符合环保法规，但对于日益增加的汽车数量，应该鼓励公众尽量搭乘大众运输工具出行。以下针对二氧化碳、二氧化硫、氮氧化物和氟利昂等污染物的防治做逐一介绍。

1）二氧化碳（CO_2）

目前大气中 CO_2 主要来自化石燃料的燃烧（尤其是煤炭）与水泥生产企业的排放，由光合作用的碳固定与有机物分解所产生的 CO_2 约占大气排放总量的 7%。此气体对人体虽无直接危害，但大气中如果其增加太快就会引发温室效应，进而影响气候。如果地球温度持续上升，南北极冰层终将溶化，海平面势必上升，如导致许多城市没入水中。因此，如何减少 CO_2 排放量也已成为目前世界各国急需共谋解决的挑战。

目前，发达国家人口占世界人口的 20%，但其 CO_2 的排放量却占 80%，如表 2-3 所示。如今欧美各国节能减碳意识逐步加强，排碳量有逐年降低的趋势。以 1986 年为例，美国公民年均 CO_2 排放量为中国的 10 倍、印度的 25 倍，2007 年则分别降为 4 倍和 16 倍。预计发展中国家人口于 21 世纪下半叶可达 90 亿，因每人能量需求增加，不可避免地 CO_2 的排放量也随之大幅增加。如表 2-3 所示，日本与西欧诸国目标相同。

表 2-3　主要国家和地区二氧化碳年排放量（2007 年）

国名 单位	加拿大	美国	俄罗斯	中国	日本	德国	印度	中国台湾	世界总计
100 万吨	573	5769	1587	6028	1236	798	1324	276	28 962
吨/人（年）	17.4	19.0	11.2	4.6	9.7	9.7	1.2	12.1	4.4

2008～2012 年以 1990 年的排放为基准，如表 2-4 所示，日本减少 6%、美国减少 7% 以及欧洲联盟减少 8%，另一部分国家则增加，但发展中国家整体减少 5%。

表 2-4　主要二氧化碳排放缩减率与容许增加率

减 8%	减 7%	减 6%	0	增 1%	增 8%	增 10%
欧洲联盟	美国	日本，加拿大	苏联，新西兰	挪威	澳大利亚	冰岛

2）二氧化硫（SO_2）

大气污染源中最显著及对人体健康危害较深者当中，二氧化硫是比较突出的一种污染物。早期的 SO_2 污染来自矿物的精炼，当前主要来自精炼厂及电厂大量的煤炭燃烧，此外，大量的石油类燃料所产生的二氧化硫也不可忽视，尤其是含硫较多的中东原油。

将煤炭中的硫完全去除，不但困难且费用昂贵，较常用的方法是从排烟中去除。步骤是先将二氧化硫氧化成三氧化硫，再用石灰水中和成硫酸钙（石膏）进行回收。

排烟脱硫法主要可分为两种：干法和湿法脱硫。

（1）干法脱硫使用粉状、粒状吸收剂、吸附剂或催化剂去除废气中的 SO_2。干法脱硫的最大优点是治理中无废水、废酸排出，减少了二次污染；缺点是脱硫效率低，设备庞大，操作要求高。

（2）湿法脱硫采用液体吸收剂，如水或碱溶液洗涤含 SO_2 的烟气，通过吸收去除其中的 SO_2。湿法脱硫所用设备简单，操作容易，脱硫效率高。但脱硫后烟气温度低，对于烟气的扩散不利。根据对脱硫后的产物是否能进行再应用，脱硫方法还可分为抛弃法和回收法两种：

①抛弃法：是将脱硫生成物当作固定废物抛掉，该法处理方法简单，处理成本低，因此在美国、德国等国采用抛弃法的很多。但是抛弃法不仅浪费了可利用的硫资源，而且也不能彻底解决环境污染问题，只是将污染物从大气中转移到了固体废物中，不可避免地引起二次污染。同时，为解决抛弃法中所产生的大量固体废物还需要占用大量的处置场地。

②回收法：是采用一定的方法将废气中的硫加以回收，转变为有实际应用价值的副产品。该法可综合利用硫资源，避免了固体废物的二次污染，大大减少了处置场地，并且回收的副产品还可创造一定的经济收益，使脱硫费用降低。

3）氮氧化物（NO_x）

物质燃烧时，空气中的氧气与氮气处在高温环境下，结合而形成氮氧化物，此化合物在空气中被氧化成二氧化氮，它同光化学烟雾一样刺激呼吸道，是酸雨形成的另一污染源。对于企业、交通工具的废气排放虽然有管理规范，但无论规范如何严格，如果继续燃烧大量石化燃料，不推广研发干净的新型能源，空气受到持续污染也还是难以避免的。

4）氟利昂

地球形成至今大气组成演变过程中，氧分子接受太阳紫外线照射而产生氧原子，随之与周围的氧分子结合形成臭氧（O_3），大气中的臭氧分子，吸收了大部分太阳光中的紫外线，使地表紫外线减弱，进而使海中形成生物，再进化至陆地。

今天公众生存必要的臭氧层已遭受破坏，研究者在 1974 年发表的论文中指出，主要的污染物就是氟利昂，也就是说公众活动排放到大气中的氟利昂气体已到达臭氧层，到达此处的氟利昂气体，因太阳紫外线照射的原因，产生氯原子，氯原子与臭氧反应生成一氧化氯（ClO），一氧化氯再与氧原子反应生成氧分子（O_2）及氯原子，氯原子再与臭氧发生一系列的连锁反应。

氟利昂主要构成成分为碳、氟及氯原子，其他为溴及氢原子，一般含 1~3 个碳，商品化产品主要以氟利昂 11、氟利昂 12 及氟利昂 113 等呈现，年产量约为 100 万吨，其中氟利昂 11 与氟利昂 12 主要为冷媒、喷射剂及发泡剂三种，氟利昂 113 则为机械的洗剂，干洗店也使用；另一方面，氟利昂气体也和二氧化碳一样，是造成温室效应的气体之一，目前联合国已制定规范加以控制。

2.2 水 污 染

2.2.1 水污染概念

水体又称水域，是海洋、河流、湖泊、水库、沼泽、地下水等地表与地下贮水体的总称。水体不仅包括水，而且包括水中的悬浮物、底泥和水生生物，它是完整的生态系统或自然综合体。按水体所处的位置可将其分为地面水水体、地下水水体和海洋三类。这三种水体中的水是可以相互转化的。

天然水是在特定的自然条件下形成的，含有许多溶解性物质和非溶解性物质，其组成很复杂。这些物质可以是固态的、液态的和气态的。水中溶解性固体有 Cl^-、SO_4^{2-}、HCO_3^-、CO_3^{2-}、Na^+、K^+、Ca^+、Mg^{2+} 八种离子，此外还有一些微量元素如 Br、I、Cu、Ni、F、Fe 等。溶解于水中的气体主要是 O_2、CO_2，还有少量 N_2 和 H_2S 等。

天然水中含有地壳中的大部分元素，但其含量变化很大。其物质组成取决于水的形成环境，即一方面取决于与水接触的物质的成分及其溶解度，另一方面取决于这一作用进行的条件，即化学及物理化学作用。影响天然水的组成有直接因素和间接因素，直接因素是岩石、土壤和生物有机体，间接因素是气候和水文特征。大量污染物排入水体，其含量超过了水体的本底含量和自净能力，使得水质和沉积物的物理、化学性质或生物群落组成发生了变化，从而降低了水体的使用价值和使用功能的现象，即称为水污染，如图 2-2 所示。

图 2-2　水污染

水体的污染源是指向水体排入污染物或对水体产生有害影响的场所、设备和装置。按污染物的来源可分为天然污染源和人为污染源两大类。诸如岩石和矿物的风化和水解、火山喷发、水流冲蚀地表、大气降尘的降水淋洗、生物释放的物质都属于天然污染物的来源。例如，在含有萤石、氟磷灰石等的矿区，可能引起地下水或地表水中氟含量增高，造成水体的氟污染。水体人为污染源是指由人类活动形成的污染源，这是水污染防治的主要对象。人为污染源按人类活动方式可分为工业、农业、交通、生活等污染源；按排放污染物种类不同，可分为有机、无机、放射性、重金属、病原体、热污染等污染源；按排放污染物空间分布方式的不同，可以分为点源和面源（非点源）。

水污染点源是指以点状形式排放污染物使水体造成污染的污染源。一般工业废水和城市生活污水经城市污水处理厂或经管渠输送到水体的排放，都是重要的污染点源。一般来说，点源污染物含量高，成分复杂。水污染的面源是以面状形式分布和排放污染物而造成水污染的污染源，如坡面径流带来的污染物和农田灌溉退水均属此类，是水污染的重要来源。面源污染给水环境带来的大量氮、磷类污染物正是水体富营养化的重要原因。

2.2.2　水污染物和水污染的类型

造成水体的水质、底质、生物质等的质量恶化或形成水污染的各种物质或能量均可能成为水污染物。从环境保护角度出发，可以认为任何物质若以不恰当的数量、浓度、速率、排放方式排入水体，均可造成水污染，因而就可能成为水污染物。所以水污染物包括的范围非常广泛。另一方面，在自然和人工合成物质中，都有一些对人体或生物体有毒、有害的物质，如 Hg、Cr、As、Cd 和酚、氰化物等，均为公认的水污染物。

可将排入水体中的污染物按不同的标准、用不同的方法将其分为不同的类型。如按水污染物的化学性质，可分为有机污染物和无机污染物；按污染物的毒性，可分为有毒污染物和无毒污染物。从环境保护的角度，通常将水污染物分为以下几种类型：无机无毒物质，主要指排入水体中的酸、碱和一般的无机盐类；无机有毒物质，主要指 Hg、Cr、As、Cd、Pb 等重金属和氰化物等；有机无毒物质，主要指化学需氧量（COD）、生化需氧量（BOD）等；有机有毒物质，主要有酚类化合物、有机农药、多环芳烃类、多氯联苯类等；放射性物质；生物污染物质等。

由于排入水体中的污染物种类繁多，所以它们对水体的污染作用也是千差万别的。根据水污染的特点与危害，可将水污染分成以下类型。

1）感官性状污染

（1）颜色变化。天然水是无色透明的。水体受污染后可使水色发生变化，从而影响感官。如印染废水污染往往使水色变红，炼油废水污染可使水色黑褐等。水色变化不仅影响感官，破坏景观，有时还很难处理。

（2）浊度变化。水体中因含有泥沙、有机质、微生物以及无机物质的悬浮物和胶体物，产生浑浊现象，以致降低水的透明度，影响感官甚至影响水生生物的生活。

（3）泡沫。许多污染物排入水体中会产生泡沫，如洗涤剂等。漂浮于水面的泡沫，不仅影响感官，还可在其空隙中隐藏细菌，造成生活用水污染。

（4）臭味。水体发生臭味是一种常见的污染现象，水体恶臭多为有机质在厌氧状态下腐败发臭。恶臭的危害是使人憋气、恶心，水产品无法食用，而且造成水体失去旅游功能。

2）有机污染

有机污染主要是指由城市污水、食品加工和造纸业等排放的废水所造成的污染。主要是耗氧有机污染物，如碳水化合物、蛋白质、脂肪等。这些污染物在水中进行生物氧化分解过程中，需消耗大量溶解氧，一旦水体中氧气供应不足，则氧化作用停止，引起有机物的厌氧发酵，分解出 CH_4、H_2S、NH_3 等气体，散发出恶臭，污染环境并毒害水生生物。

耗氧有机污染物种类繁多，组成复杂，因而难以分别对其进行定量、定性分析。因此，一般不对它们进行单项定量测定，而是利用其共性，如它们比较易于氧化，故可用某种指标间接地反映其总量或分类含量。氧化方式有化学氧化、生物氧化和燃烧氧化等，都是以有机污染物在氧化过程中所消耗的氧或氧化剂的数量来代表有机污染物的数量。在实际工作中，常用化学需氧量（COD）、生化需氧量（BOD）来表示水中有机物的含量。

（1）化学需氧量（COD）。COD 指用化学氧化剂氧化水中有机污染物时所需的氧量，以每升水消耗氧的毫克数表示（mg/L）。COD 值越高，表示水中的有机污染越重。目前常用的氧化剂主要是高锰酸钾和重铬酸钾。高锰酸钾法测得的结果用高锰酸盐指数表示，适用于测定一般地表水，如海水。重铬酸钾法（简称 COD_{Cr}）适用于分析含 Cl^- 较少和污染较严重的水样。化学需氧量所测定的是不含氧的有机物中碳的部分，实际上是反映了有机物中碳的耗氧量。另外，化学需氧量还包括了对各种还原态的无机物（如硫化物、亚硝酸盐、氨、低价铁盐等）氧化作用所耗的氧。

（2）生化需氧量（BOD）。在人工控制的条件下，使水样中的有机物在微生物作用下进行生物氧化，在一定时间内所消耗的溶解氧的量可以间接地反映出有机物的含量，这种水质指标称为生化需氧量（BOD），以每升水消耗氧的毫克数表示（mg/L）。生化需氧量越高，表示水中耗氧有机污染越重。

由于微生物分解有机物是一个缓慢的过程，通常微生物将耗氧有机物全部分解需 20 天以上，并与环境温度有关。生化需氧量的测定常采用经验方法，目前国内外普遍采用在 20℃条件下培养 5 天的生物化学过程的耗氧量为指标，记为 BOD_5，或简称 BOD。BOD_5 只能相对反映出有机物的含量，但是，由于它在一定程度上亦反映了有机物在一定条件下进行生物氧化的难易程度和时间进程，因而有很大的实用价值。除 COD、BOD 外，也有用 TOC（总有机碳）等来表示有机物浓度。

3）无机污染

酸、碱和无机盐类对水体的污染，首先是使水的 pH 发生变化，破坏其自然缓冲作用，抑制微生物生长，阻碍水体自净作用。同时，还会增大水中无机盐类和水的硬度，给工业和生活用水带来不利影响。

4）有毒物质污染

各类有毒物质，包括无机有毒物质和有机有毒物质，如酚类、氰化物、Hg、Cr、As、Cd、Pb 等重金属和有机农药等，进入水体后，在高浓度时，会杀死水中生物；在低浓度时，可在生物体内富集，并通过食物链逐级富集，最后影响到人体。

5) 富营养化污染

含 N 和 P 等植物营养物质的废水进入水体后，会造成水体富营养化，大量消耗水中的溶解氧，从而导致鱼类等窒息和死亡。水中大量的 NO_3^-、NO_2^-，若经食物链进入人体，可能具有致癌作用，危害人体的健康。

6) 油类污染

石油的开发、油轮运输、炼油工业废水的排放等，会使水体受到油类污染。油类污染不仅有害于水的利用，而且油类在水面形成油膜会影响氧气进入水体，对水生生物造成危害。此外，油类污染还破坏湿地、风景区的景观与鸟类的生存环境。

7) 热污染

热电厂等的冷却水是热污染的主要来源。这种废水直接排入天然水体，可引起水温升高，造成水中溶解氧减少，还会使水中某些毒物的毒性升高。水温升高会引起鱼类的种群改变与死亡。

8) 病原微生物污染

生活污水、医院污水以及屠宰肉类加工等的污水，含有各类病毒、细菌、寄生虫等病原微生物，流入水体会传播各种疾病。

9) 放射性污染

放射性物质可以附着在生物体表面，也可以进入生物体内蓄积，通过食物链进入人体组织后，在人体内蓄积造成长期的危害。

2.2.3 水污染的防治技术

2.2.3.1 水污染防治途径

水污染主要是由工业废水和城市污水的排放所造成的。要控制和清除水污染，必须控制废污水的排放，实行"防、治、管"三结合。防止水污染的途径主要有以下几个方面。

1. 实施清洁生产，减少污染物排放

1) 合理用水

根据清洁工艺的要求，建立合理的用水细则。这些原则主要有：

（1）水、用水和水体净化应作为整体考虑，且应与生产流程主体同时设计。

（2）集中水源水的取用，主要作为工业用途和补充供水系统中水的损失。其他方面的取水应尽可能用经适当处理过的生产废水和城市污水。

（3）尽量减少用水量，实现一水多用。

（4）企业要建立闭路水循环系统，减少废水排放。

（5）净化废水的同时，应提取废水中的有用组分。

建立无废水的排放工艺，不但可以消除工业废水的污染，减少新鲜水的用量，而且也大大节省废水治理的费用。建立清洁生产工艺一般需要大量资金以改造企业，这是一个较长的发展过程；而建立无废水排放工艺，相对比较简单，一般不需要改动主体生产的工艺和设备，只需在用水的各流程、车间和企业中建立不同层次的循环。因此，对于大多数企业来说，建立无废水排放工艺可作为清洁生产的第一步。

2）改进生产工艺

改进生产工艺，不用或少用产生污染的原料、设备或生产工艺。例如，采用无氰电镀代替有氰电镀工艺；采用无水印染法消除印染废水等。

3）改进设备

改进设备是为了加强管理，杜绝浪费，防止"跑、冒、滴、漏"。

2. 废水无害化

在工业废水、城市生活污水排入水体之前，需经过妥善处理，达到不造成水污染的要求，这就是所谓废水无害化。

工业废水中常含有酸、碱、有毒、有害物质、重金属或其他污染物，而且不同的工业废水中所含污染物物质的性质也各不相同。对于这些废水，应在企业内部进行处理。对于与城市污水相近的工业废水，或者经初步处理后不致对城市下水道及城市污水的生物处理过程产生危害的工业废水，可以优先考虑排入城市下水道与城市污水共同处理，这样既节约了费用，又提高了处理效果。新建的开发区，可考虑建立污水处理厂，各个工厂只需将本厂废水中特殊的有毒、有害的物质处理掉，就可把废水排入集中处理厂进行处理，达标后排放。这种集中式废水处理，既节约了大量的人力、物力、财力，同时又便于管理，是废水处理的一种趋势。

3. 加快城市污水处理厂的建设

自 2008 年以来，我国城市生活污水排放量已超过了工业废水排放量，城市生活污水已成为重要的水污染源。加快城市污水处理厂的建设，集中处理城市生活污水，是防治水污染的重要措施。城市污水处理厂的建设要因地制宜、合理规划、优化设计，通过在经济、技术、环境、社会等多方面的研究，择优实施。

4. 废水资源化

轻度污染的废水，经适度处理后用于对水质要求不严格的工艺。例如，锅炉水力排渣用水，炼焦时的熄焦用水，都可使用其他工艺已处理的轻度污染的废水。城市生活污水经适当处理，回用于工业（如冷却等）或用于农业灌溉、城市建设（如绿化、消防、冲洗路面）等。

2.2.3.2 污水处理技术

污水处理的目的，就是采用各种方法将污水中所含有的污染物分离出来，或将其转化为无害和稳定的物质，从而使污水得到净化。现代的污水处理技术，按其作用原理，可分为物理法、化学法和生物法三类。

1. 物理法

物理处理法，就是利用物理方法，分离污水中主要呈悬浮态的污染物质，在处理过程中不改变其化学性质。属于物理法处理技术的有：

沉淀（重力分离）：利用污水中的悬浮物和水密度不同的原理，借重力沉降（或上浮）作用，使其从水中分离出来。沉淀处理设备有沉砂池、沉淀池及隔油池等。

筛滤（截留）：利用筛滤介质截留污水中的悬浮物。筛滤介质有钢条、筛网、砂、布、塑料、微孔管等。属于筛滤处理的设备有：格栅、微滤机、砂滤机、真空过滤机、压滤机等，后两种多用于污泥脱水。

气浮：此法是将空气打入污水中，并使其以微小气泡的形式从水中析出，使污水中比重近于水的微小颗粒状污染物（如浮华油等）黏附到空气泡上，并随气泡上升到水面，形成泡沫浮渣而去除。

离心分离：利用快速旋转产生的离心力对废水中的悬浮颗粒进行分离。当含悬浮颗粒的废水作快速旋转运动时，质量大的固体颗粒被甩到外圈，质量小的则留在内圈，从而使废水和悬浮颗粒物得到分离。其常用设备是离心分离机或离心机。

反渗透法：反渗透技术是以压力为驱动力的膜法分离技术。即用一种特殊的半透明膜，在一定的压力下，将水分子压过去，而溶解于水中的污染物则被截留，被压过膜的水就是处理过的水。

2. 化学法

利用化学反应来分离、回收污水中的污染物或使其转化为无害的物质的方法，称为污水的化学处理法。化学处理法主要有：

混凝法：通过向水中投加混凝剂或助凝剂，使水中难以沉淀的胶体颗粒能互相聚合、长大至能自然沉淀的程度，该方法又称为混凝沉淀。这种方法适用于处理含油废水、染色废水、洗毛废水等。常用的混凝剂有：硫酸铝、碱式氯化铝、硫酸亚铁、三氯化铁等。

化学沉淀法：向废水中投加某种化学物质，使其和水中的某些溶解物发生反应，生成难溶于水的盐类沉淀下来，从而降低水中的这些溶解物的含量。化学沉淀法常用于处理含汞、铅、铜、六价铬、硫、氟、砷等有毒化合物的废水。通常使用的化学沉淀法主要有氢氧化物沉淀法、硫化物沉淀法、碳酸盐沉淀法、钡盐沉淀法等。

中和法：用于处理酸性废水或碱性废水。向酸性废水中投加碱性物质如石灰、氢氧化钠、石灰石等，使废水变为中性。对于碱性废水，可用硫酸等或吹入含有 CO_2 的烟道气进行中和，也可用其他酸性物质进行中和。

氧化还原法：废水中呈溶解状态的有机或无机污染物，在投入氧化剂或还原剂后，由于电子的迁移发生氧化或还原作用，使其转变为无害物质或者转化成易从水中分离排除的形态（气态或固态），从而达到处理废水的目的。常用的氧化剂有：空气、漂白粉、氯气、臭氧等，氧化法多用于处理含酚、氰废水。常用的还原剂有：铁屑、硫酸亚铁等，还原法多用于处理含铬、含汞废水。

电解法：电解质溶液在电流的作用下，发生电化学反应的过程称为电解。在电解过程中，溶液与电源正负极接触部分同时发生氧化还原反应。当对某些废水进行电解时，废水中的有毒物质在阳极失去电子（或在阴极得到电子）而被氧化（还原）。这些产物可能沉淀在电极表面或反应槽底部，或形成气体逸出，从而降低废水中有毒物质的浓度。目前，电解法主要用于处理含铬及含氰的废水。

吸附法：将污水通过固体吸附剂，使废水中溶解性有机或无机污染物吸附到吸附剂上。常用的吸附剂为活性炭。该方法主要用于吸附废水中酚、汞、铬、氰等有毒物质，还有脱色、脱臭等作用，一般用作深度处理。

电渗析法：在物理化学中，将溶质透过膜的现象称为"渗析"。通过一种离心交换膜，在直流电的作用下，使废水中的离子朝相反电荷的极板方向迁移，阳离子能穿透阳离子交换膜，而被阴离子交换膜所阻；同样，阴离子能穿透阴离子交换膜，而被阳离子交换膜所阻。污水通过由阴、阳离子交换膜所组成的电渗析器时，污水中的阴、阳离子就可以得到分离，达到浓缩和处理的目的。电渗析法主要用于水的除盐，如海水和苦咸水淡化及去除水中的氟化物、硝酸盐和砷化物等。

电渗析法可用于酸性废水回收、含氰废水处理等。

3. 生物法

污水的生物处理法，就是利用微生物新陈代谢功能，使污水中呈溶解态和胶体状态的有机污染物被降解并转化为无害的物质，使污水得以净化。属于生物处理的工艺有如下几种方法。

活性污泥法：当前使用最广泛的一种生物处理方法。这种方法是将空气连续注入曝气池的污水中，经过一段时间，水中即形成繁殖有巨量好氧微生物的絮凝体——活性污泥，活性污泥能够吸附水中的有机物，生活在活性污泥上的微生物以有机物为食料，获得能量并不断生长增殖，从而使有机物被去除，污水得以净化。

从曝气池流出并含有大量活性污泥的污水——混合液，经沉淀分离，水被净化排放，沉淀分离后的污泥作为种泥，部分回流曝气池。

活性污泥法经不断发展，已有多种运行方式，如传统活性污泥法、阶段曝气法、生物吸附法、完全混合法、延时曝气法、纯氧曝气法、深井曝气法、氧化沟法、二段曝气法（AB 法）、缺氧/好氧活性污泥法（A/O 法）、序批式活性污泥法以及溶解氧接近于零条件下运行的活性污泥法等。

生物膜法：使污水连续流经固体填料（如碎石、炉渣或塑料蜂窝等），在填料上就能够形成污泥状的生物膜，生物膜上繁殖着大量的微生物，能够起到与活性污泥同样的净化作用：吸附和降解水中的有机污染物。从填料上脱落下来的衰老和死亡的生物膜随污水流入沉淀池，经沉淀分离，污水得以净化。生物膜有多种处理构筑物，如生物滤池、生物转盘、生物接触氧化以及生物流化床等。

厌氧消化法：利用兼性厌氧菌和专性厌氧菌的新陈代谢功能净化污水，并且可产生沼气的生物处理方法。

厌氧消化法的处理工艺和设备有：普通消化池、厌氧滤池、厌氧接触消化、上流式厌氧污泥床（UASB）、厌氧附着膜膨胀床（AAFEB）、厌氧流化床（SFB）、复合式厌氧流化床反应器等。

生物稳定塘：使污水在自然或经人工改造或人工修造的池塘内缓慢流动、储存，通过微生物（细菌、真菌、藻类、原生动物）的代谢活动，降解污水中的有机污染物，从而使污水得到净化。其过程和自然水体的自净过程很接近，是一种构造简单、易于维护管理、污水净化效果良好、节省能源、能够实现污水资源化的污水处理方法。生物稳定塘按功用和效能的不同可分为厌氧塘、兼性塘、好氧塘（主要为熟化塘或最后净化塘）、水生植物塘、生态塘（如养鱼塘、养鸭塘、养鹅塘）、完全容纳塘（封闭式储存塘）和控制排放塘等。

　　土地处理法：将污水施于土地上，利用土的净化能力使污水得到净化。土壤对污水的净化作用是一个十分复杂的综合过程，其中包括：物理过程中的过滤、吸附，化学反应与化学沉淀和微生物的代谢作用下的有机物降解等。该法在处理污水的同时，能够充分利用污水中的水肥资源，有利于农林业生产，具有十分明显的经济效益和环境效益。

　　污水土地处理有多种形式，如慢速渗流、快速渗流、地表漫流、湿地灌溉和地下灌溉等。

2.3　土　壤　污　染

2.3.1　土壤污染概况

　　土壤是环境中特有的组成部分，通常是具有肥力并能使植物生长的疏松层，它的组成包括固相（矿物质、有机质/生物有机体）、液相（土壤水分或溶液）、气相（土壤空气），这三相物质的五种成分有机地组合在一起，构成了土壤这种特殊物质。

　　土壤有两个重要功能：一方面是人类生产、生活的一项宝贵自然资源，作为主要食物来源的农副产品，都直接或间接来自土壤，而污染物在土壤中的富集必然引起食物污染，危害人体健康。另一方面从环境科学的角度来看，土壤具有同化和代谢外界环境进入土体物质的能力，所以土壤又是保护环境的重要净化剂。由于土壤的组成成分、结构、功能、特点以及土壤在生态系统中的特殊地位和作用，使得土壤污染比大气污染和水污染要复杂得多，如图 2-3 所示。

图 2-3　土壤污染

1. 土壤污染物及其来源

　　土壤中妨碍其正常功能，降低作物的产量和质量，危害人体的物质都是土壤污染物。土壤污染物大致可分为无机污染物和有机污染物两大类。无机污染物如重金属 Hg、Cd、Pb、Cr、As，放射性元素 Sr、Cs 和其他如酸、碱、盐、氟等；有机污染物如有机农药、石油类及有害微生物等。

　　土壤污染源主要是工业和城市的废物，农业用的化肥、农药以及放射性物质和有害微生物等。

1）工业与城市废物

　　工业与城市废物是当代引起土壤污染最重要的污染源，通过水体、大气或固体废弃物的堆放，或作为肥料施用进入土壤。其中污水灌溉是造成土壤污染最主要的原因。日本富山县神通川流域，由于利用含镉废水灌溉稻田，污染了土壤和稻米，使几千人因镉中毒而得了痛痛病。我国沈阳、北京、天津等城市的灌溉区，都存在不同程度的重金属污染。

2）化肥、农药的施用

　　在农业生产中，化肥、农药使用不当或用量过多，也会造成土壤污染。农药进入土壤后，虽然部分被分解转化，但仍有部分残留，被作物吸收后进入果实和茎叶，人畜食用后可引起急性或慢性中毒。某些化肥如某些粗制磷肥，含有较高的氟、砷等有毒物质，能引起土壤污染。过量使用氮肥和磷肥，也会造成土壤板结，作物产量和品质下降。

3）有害微生物

　　由于生活污水、粪便、垃圾、动植物尸体不断排放入土壤，使某些病原菌在土壤中传播而扩大疾病的传染，造成土壤污染。

4）放射性物质

　　放射性物质污染主要是在大气层中进行的核爆炸的裂变产物以及一些放射性物质废物进入土壤引起的。引起较长期土壤污染的物质主要是 ^{90}Sr 和 ^{137}Cs。

2. 土壤污染物的积累和净化

　　污染物进入土壤后，通过土体对污染物质的吸收、阻留、胶体的物理化学吸附、生物吸收等过程，不断在土壤中累积，当达到一定数量时，便可引起土壤成分、结构、性质、功能的变化，使土壤质量下降，影响植物的生长发育。经食物链传递、迁移和转化，最终影响人体，即成为土壤污染物。

　　污染物在土体内可以通过挥发、稀释、扩散而降低其自身浓度，减少毒性；或经沉淀变为难溶性化合物；或为胶体较牢固地吸附，从而难以被植物利用而暂时推出生物小循环，脱离食物链；或通过生物和化学降解，变为毒性较小或无毒性的甚至是营养物质；或从土体迁移至大气和水体。以上现象，从广义上可以理解为土壤的净化过程，从狭义上可理解为生物和化学的降解作用。

由于土壤具有净化作用，过去历来都把土壤作为处理生活垃圾和工业废物的场所。城市郊区发展起来的污水灌溉，在一定程度上也是建立在土壤净化理论基础上的。因此，土壤不仅是污染物质的载体，同时也是污染物质的净化剂。然而，土壤净化是有限度的，这主要取决于土壤容量。土壤容量是指土壤对污染物质的承受能力或负荷量。当进入土壤的污染物质低于土壤容量时，土壤的净化过程将继续发展。若超过土壤容量时，则将发生土壤污染。因此，土壤污染及其程度，取决于污染物质输入量和土壤净化作用之间的消长关系。

2.3.2 土壤污染类型及其特征

由于污染物复杂、污染源多样，土壤结构特殊，土壤污染机制复杂，发生类型多样，而且表现特征也很突出，因此，具有多种类型的土壤污染。

2.3.2.1 根据污染物划分

在土壤中，污染物主要有有机物、重金属、放射性元素和病原微生物，因而土壤污染可以划分为有机物污染、重金属污染、放射性元素污染以及病原微生物污染。

1. 有机物污染

有机物污染主要是指农药污染和化肥污染。目前大量使用的化学农药有 50 多种，其中以有机磷农药、有机氯农药、氨基甲酸酯类、苯氧羧酸类、苯酚、胺类等为主；此外，石油、多环芳烃、多氯联苯、甲烷、有害微生物等也是土壤中常见的有机污染物。据统计，"九五"期间，我国农业每年农药使用量在 23×10^4 t 左右，其中杀虫剂占 70%，而高残留有机磷农药占 49%，致使大量农药残留，严重污染土壤。在我国，化肥施用量是发达国家的数倍，滥施化肥不仅使土壤板结、pH 变化、功能下降，同时使地下水、地表水也遭到污染。

2. 重金属污染

重金属一般通过水体和大气的沉降进入土壤中，工业"三废"是重金属的主要来源，重金属主要有汞、镉、铜、锌、铬、镍、钴等。重金属不能被微生物分解，可为生物富集，因此，土壤一旦被重金属污染则其自然净化过程和人工治理都非常困难。此外，重金属被生物富集，对公众也有较大的潜在危害。2000 年，我国对 $30×10^4 hm^2$ 基本农田保护区土壤有害重金属进行抽样监测，发现其中 $3.6×10^4 hm^2$ 土壤重金属超标，超标率达 12.1%。重金属污染目前已经成为土壤污染研究的一个热点问题。

3. 放射性元素污染

放射性元素主要来源于大气层核试验的沉降物，以及原子能和平利用过程中所排放的各种废气、废水和废渣。含有放射性元素的物质随自然沉降、雨水冲刷和废弃物堆放而污染土壤，土壤一旦被放射性物质污染就难以自行消除，只能等待其自然衰变为稳定元素而消除其放射性。放射性元素可通过食物链进入植物体、动物体和人体，进而危害植物生长、动物安全和公众健康。

4. 病原微生物污染

土壤病原微生物主要包括病原菌和病毒等，主要来源于人畜粪便及灌溉污水、未经处理的生活污水。公众若直接接触含有病原微生物的土壤，可能会对健康带来影响；若食用被土壤污染的蔬菜、水果等则间接受到污染。土壤中的微生物还可能会影响到农作物的生长，有些微生物破坏植物的根系，有些则是影响根系对某些营养元素的吸收，还有的微生物直接会感染全株使植物死亡。土壤中的大量营养物质和适宜的温度都为微生物的生长提供了很好的环境，使微生物繁殖速度加快、变异速度加快，从而使土壤病原微生物污染难以治理。

2.3.2.2　根据污染途径划分

在土壤中，污染物来源主要有水体、大气、农业和固体废弃物，因而土壤环境污染按污染途径可以划分为水污染型、大气污染型、农业污染型以及固体废弃物污染型。

1. 水污染型

水污染型是指污染物主要来自于水体而导致的污染。工业废水的无处理排放将污染物带入周边土壤。工业污水成分复杂，其中有机物、重金属是工业废污水的重要污染物，生活废水中通常含有难降解的洗涤剂，能够在土壤中滞留很长时间，而且含有粪便和腐烂物等的生活污水中的致病菌也会造成沿线土壤遭受微生物污染。此外，农民往往很难掌握污水灌溉的水量和速度，进而使进入土壤的污染物数量和速度超过土壤的自身净化能力而造成土壤污染。土壤水污染型的特点是沿河流或干支渠呈枝形片状分布。

2. 大气污染型

大气污染物经过降雨、降雪、成雾等湿沉降作用以及吸附、吸收等干沉降作用降至土壤而导致土壤污染。土壤污染物与大气污染物类型基本一致。大气污染型具有污染物随风向分布广泛且主要集中在土壤表层的特点。土壤的污染主要表现为 pH 变化、重金属污染和放射性污染。

1）土壤 pH

在工业和民用废气中，大量的二氧化硫、二氧化碳、二氧化氮等酸性气体随雨水落入土壤后可以使土壤 pH 降低；制碱和石灰生产企业排放的废气含有的碱性物质进入土壤后，就会使土壤溶液 pH 升高。

2）粉尘和重金属污染

矿区和冶炼企业的废气中含有的大量粉尘，进入土壤之后会改变土壤的颗粒结构，进而改变土壤的原有功能。更为严重的是，这些粉尘中大多含有重金属元素，粉尘落入土壤后会导致土壤的重金属污染。这种污染具有污染面积广、治理困难的特点。另外，含铅汽油的使用会导致汽车排放的尾气含铅，含铅汽车尾气的沉降也会使土壤遭受铅污染。

3）放射性粉尘污染

原子能工业、核试验、核武器爆炸、原子能设施的核泄漏都会引起放射性粉尘随风飘送到很远的距离。美国在南太平洋比基尼岛上进行的核试验曾使岛上土壤在几十年内无法种植任何作物，岛上原来生长的植物由于生长在受到污染的土壤上，几十年后的今天仍然出现变种现象，高大的植物变得植株矮小，有些植物已经不能繁殖。另外，20 世纪 70 年代苏联切尔诺贝利核电站爆炸也同样导致欧洲北部大片土地遭受到核粉尘污染。目前，放射性污染基本上没有办法处理，只能等待其自然衰变为稳定元素，但是放射性较强的元素衰变所持续的时间却是人类无法等待的。

3. 农业污染型

农业污染型的特点是：污染范围为农田及其附近的土壤，污染物主要是农药和化肥。其还可以再分为农药污染、化肥污染和微生物污染。

1）农药污染

农药是保证农作物丰产的重要农用试剂，主要由硫、磷、氯等元素组成。农民为了保证药力持久和减少投入，施用了大量很难自然降解的农药，农药的长期残留不仅污染了表层土壤，而且随雨水的淋滤向地下迁移而造成深层土壤和地下水的污染。另外，农药还会在杀死农业害虫的同时也杀死有益的昆虫及鸟类，农药残留会把土壤微生物和地下生活的虫子不分益害一律杀死，这样会使农作物的很多生理过程无法实现。如土壤中的蚯蚓被农药杀死后，土壤的疏松程度和腐殖质含量的下降就会影响农作物的生长。

2）化肥污染

化肥由于作用快、施用简单，现在已经成为农业生产的必需品。化肥主要是由含有氮、磷、钾这 3 种农业营养元素的化合物组成，这些化合物大部分是 pH 很低的酸性化合物，长期施用会引起土壤酸化。另外，化肥代替有机肥的大面积施用使得土壤得不到天然有机物的补充，土壤会产生板结而严重影响植物根系的生长。

3）微生物污染

在人畜粪便中含有大量的致病菌和寄生虫的幼虫等病原微生物，这些微生物会随粪便的施用传播到土壤中，形成土壤的微生物污染。土壤微生物污染仍是一些不发达地区传染病和寄生虫病的主要传播源。

4. 固体废弃物污染型

固体废弃物通常是指生产和生活中丢弃的固体和泥状物质，包括工业废渣、城市垃圾、从废水和废气中分离出来的固体颗粒物等。堆放在土壤表面的大量固体废弃物，其产生的污染物会随雨水淋滤进入土壤。固体废弃物中含有重金属、有毒化学物质、油类、细菌等各类污染物，污染的特点是以污染物堆放地或填埋地为中心呈放射性向周围扩散的点源污染。

土壤是一个开放的系统，它可以接受一切来自外界环境的物质，所以土壤环境污染往往是一个由多种污染综合的过程。因而分析土壤污染源既要考虑大气、水等诸多环境要素的作用，也要考虑工业、农业、居民生活对土壤造成的污染。

2.3.3 土壤污染的防治

1. 控制和消除土壤污染源

控制和消除土壤污染源是防治土壤污染的根本措施，要控制和消除工业"三废"排放和加强污水灌溉区的监测与管理，控制化学农药的使用以及合理施用化肥。

2. 防治土壤污染的措施

1）生物防治

　　发现、分离和培育新的微生物品种，增强生物降解作用，是提高土壤净化能力的主要措施。如日本通过研究土壤中的红酵母和蛇波藓菌，就分别降低了剧毒性污染物多氯联苯 40%和 30%，但其大规模处理技术的应用尚需进一步探索。

2）施加抑制剂

　　对轻度污染的土壤施加抑制剂，可促进某些有毒物质的移动、淋洗或转化成为难溶物质而减少农作物的吸收。常用的土壤污染抑制剂有石灰、碱性磷酸盐等。施用石灰，可使土壤 pH 提高，使镉、汞、铜、锌等形成难溶的氢氧化物沉淀；碱性磷酸盐则既可与土壤中的镉生成磷酸镉沉淀，也可与汞生成磷酸汞沉淀。

3）增施有机肥，改良砂性土壤

　　增施有机肥，改良砂性土壤，能促进土壤对有毒物质的吸附作用，是提高土壤自净能力的有效措施。

4）刮土、深翻、换土

　　被重金属或难分解的农药严重污染的土壤，在面积不大的情况下，可采用客土、换土法，也可进行深翻。但对换出的污染土壤必须要妥善处理，以防止次生污染。深翻污染土壤的埋藏深度应根据不同作物的根系发育特点，以不污染农作物为原则。

　　此外，还可以通过对水稻灌水，控制其氧化还原条件抑制水稻对镉的吸收，也可以通过水旱轮作以减轻土壤施用农药造成的土壤污染。

2.4　固体废弃物污染

2.4.1　固体废弃物及其分类

　　固体废弃物是指被丢弃的固体和泥状物质，包括从废水、废气中分离出来的固体颗粒，简称废物。"废物"是一个相对的概念，是有一定的时间和空间条件的，一种过程产生的废物，往往是另一种过程的原料，所以废物也有"放错了地点的资源"之称，如图 2-4 所示。

图 2-4　固体废弃物污染

固体废弃物来源于公众的生产和消费活动。人们在开发和制造产品的过程中，必然要产生废物；任何产品经过使用和消费后，也都会变成废物。所以废物的重要特点之一是来源极为广泛，种类极为复杂。

固体废弃物可以按不同的方式进行分类。按其化学成分可分为有机废物和无机废物；按其形态可分为固体（块状、粒状、粉状）废物和泥状废物；按其来源可分为工业废物、矿业废物、农业废物、城市垃圾和放射性废物等；按其危害状况可分为有害废物和一般废物。

矿业废物主要指开采和选洗矿石过程中产生的废石和尾矿，如开采 1t 煤，一般要排出 200kg 左右的煤矸石。目前全世界每年约排放矿业废物在 3×10^{10}t 以上。

工业固体废物包括由工业生产过程排入环境的各种废渣、粉尘、废屑、污泥等。工业固体废物是固体废物中数量最大的，一般工业废物如煤渣、粉煤灰、钢渣、高炉渣、赤泥、盐泥、电石渣、废金属等。其中以冶金、燃煤电厂等工业排放量最大。

农业生产、农产品加工和农村居民生活排出的废弃物统称为农业废物。农业废物有农田和果园残留物、畜禽粪便及栏圈用的铺垫物、农产品加工废弃物、人粪尿及生活废弃物。

城市垃圾包括城市居民的生活垃圾、商业垃圾、市政维护和管理中产生的垃圾，但不包括工厂排出的工业固体废物。含有放射性的固体废物称为放射性废物。其主要来源有铀矿废渣，铀精制，核燃料使用，后处理等。

2.4.2　固体废弃物的危害

固体废弃物对环境危害很大，其污染往往是多方面、多环境要素的。

1）污染水体

不少地方把固废直接倾倒于河流、湖泊、海洋，甚至以海洋投弃作为最终处置办法。固废进入水体，不仅减少江湖面积，而且影响水生生物的生存和水资源的利用，投弃到海洋还会在一定海域形成生物的死区。

2）污染空气

固体灰渣中的细粒、粉末受风吹日晒，产生扬尘；固体废物中的有害物质经长期堆放发生自燃，散发大量有害气体；多种固体废物本身或在焚烧时能散发毒气和臭味，这些都会严重污染空气。

3）污染土壤

固体废物堆置或垃圾填埋处理，经降水淋溶，其渗出液和沥滤液中含有的有害成分会改变土质和土壤结构，影响土壤微生物的活动，妨碍植物生长发育，或在植物体内积累，危害食用。各种固体废物经日晒、淋溶，有害成分向地下渗透而污染土壤、污染地下水。

4）影响环境卫生

固体废物影响环境卫生，滋生病原微生物和病媒昆虫，传播疾病。

2.4.3　城市垃圾

城市垃圾是指城市居民在日常生活中抛弃的固体垃圾，主要包括生活垃圾、零散垃圾、医院垃圾、市场垃圾、建筑垃圾和街道扫集物等。其中医院垃圾（特别是带有病原体的）和建筑垃圾应予单独处理，其他垃圾则通常由环卫部门集中处理，一般称为生活垃圾。

随着经济的发展、人口的增加和人民生活水平的提高，城市垃圾产量迅速增长，成分也日趋复杂。有关资料表明，像加尔各答、卡拉奇和雅加达等低收入国家的大城市，每人每天产生的垃圾量为 0.5～0.6kg；中等收入国家和地区的大城市，如开罗、马尼拉和中国香港，为 0.5～0.85kg；而工业化国家的大城市，如纽约，则达到 1.80kg。即使按中等发达国家的水平推算，百万人口城市每天产生的垃圾数量也达 500～580t。

目前我国每年产生的城市生活垃圾达 2×10^8t，每年还以 8%～9% 的速度增长；历年来的垃圾堆存量超过 6×10^9t。我国城市生活垃圾的无害化处理效率低。目前，全国有 2/3 的城市陷入垃圾的包围之中，使城市环境受到严重损害，甚至成为制约城市发展的重要因素。

城市生活垃圾的组成很复杂。工业化发达国家城市垃圾以低密度、低含水量为特点，纸张、塑料、玻璃和金属含量很高，大多有回收利用价值，或经处理后成为燃料。发展中国家垃圾的特点则是高密度和高含水量，包括大量蔬菜废弃物和其他易腐败的物质以及粪便，这种垃圾适于堆肥和生产沼气。

由于城市生活垃圾的组成不固定，给垃圾的处理与处置带来了一定的困难，因此，要求居民对垃圾实行分类堆放和收集是回收利用的前提条件。实施废物最小量化，对已产生的固体废弃物实施资源化管理和推行资源化技术，发展无害化处理处置技术将是我国固体废弃物污染控制的长期战略任务。

2.4.4　固体废弃物污染控制技术

1. 固体废弃物的管理目标

废弃物管理的目标是对各类废物实施无害化、减量化和资源化处理后，对其残渣部分进行安全的、卫生的和妥善的处置。其中，无害化、减量化、资源化的过程称为中间处理，在中间处理过程中产生的残渣的处置称为最终处置。

1）减量化

减量化是指减少固体废弃物的产生量和排放量。目前固体废弃物的排放量十分巨大。如果能够采取措施，最小限度地产生和排放固体废弃物，就可以从"源头"上直接减少或减轻固体废弃物对环境和人体健康的危害，可以最大限度地合理开发利用能源和资源。减量化不只是减少固体废弃物的数量和减少其体积，还包括尽可能地减少其种类、降低危险废弃物中有害成分的浓度、减轻或清除其危险特性等。

减量化是对固体废物的数量、体积、种类、有害性质的全面管理。因此减量化是防止固体废物污染环境的优先措施。首先应当改变粗放经营的发展模式，开展清洁生产，开发和推广先进的生产技术和设备，充分合理地利用原材料、能源和其他资源。

2）资源化

资源化是指采取管理和工艺措施从固体废物中回收物质和能源，加速物质和能量的循环，创造经济价值的技术方法。从便于固体废物管理的观点来说，资源化的定义包括以下三个范畴：

物质回收：即处理废物并从中回收指定的二次物质如纸张、玻璃、金属等物质。

物质转换：即利用废物制取新形态的物质，如利用废玻璃和废橡胶生产铺路材料，利用炉渣生产水泥和其他建筑材料，利用有机垃圾生产堆肥等。

能量转换：即从废物处理过程中回收能量，作为热能或电能。垃圾发电是近年来一项新的能源技术，通过有机废物的燃烧处理，可以使垃圾的体积减小 90%，重量减少 80%，焚烧产生的热量用于供热或发电，是实现垃圾处理资源化的最佳途径之一。还可以利用垃圾厌氧消化产生沼气，作为能源向居民和企业供热或发电。

3）无害化

无害化是指对已产生又无法或暂时尚不能综合利用的固体废物，经过物理、化学或生物方法，进行环境无害或低危害的安全处理、处置，达到废物的消毒、解毒或稳定化，以防止并减少固体废物的污染危害。

2. 固体废弃物的中间处理

1）中间处理的目的

固体废物形态各异、成分复杂，并且含有大量的有害污染物。为了保证在其运输、储存、利用和处置过程中的安全，必须对其加以物理、化学或生物的处理，使其达到稳定化、无害化和减量化，并对其中的有用物质和能量加以回收利用。

中间处理包括许多内容。如对废酸、废碱等具有腐蚀性的废物，可以通过中和的方法使其转化为无害的盐类。对重金属等有害物质，可以采用固化的方法将有害物质包容在性质稳定的固化介质中，以降低其浸出毒性。对含有大量有机物的废物可以采用焚烧的方法使其氧化分解，减少容积，并且可以利用焚烧过程中产生的余热。对于生活污水处理过程中产生的污泥，可以通过厌氧消化使污泥中的有机物得到生物稳定，并回收利用在这个过程中产生的生物能等。

这些中间处理的目的都是为了降低或消除固体废物本身的危害特性，实现废物的最小量化，以保证在后续处置过程尽量少对环境造成污染，并延长处置设施的使用寿命。

2）中间处理系统

固体废弃物的中间处理主要包括预处理、固化处理、热化学处理等。

（1）预处理。

为了便于后续的处理和处置，往往需要对固体废物进行预先加工。固体废物的预处理包括破碎、压实、分选等。

破碎：固体废弃物的破碎处理通常作为运输、储存、最终处置和其他中间处理的预处理。破碎的目的是将固体废物变成适于后续处理的形状和大小。破碎的方法主要有压缩破碎、剪切破碎、冲击破碎以及由这几种方式组合起来的破碎方法。

压实：压实处理是通过对废物实行减容化，以降低运输成本，延长填埋场使用年限的中间处理方法。这种方法通过对废物施加 $200\sim250kg/cm^2$ 的压力，将其做成边长约为 1.0m 的固化块，外面用金属网捆包后，再用沥青涂层。这种处理方法不仅可以大大减少废弃物的容积，而且可以改善废物运输和填埋过程中的卫生条件，并可以有效地防止填埋场的地面沉降。

分选：分选是实现固体废物资源化、减量化的重要手段，通过分选可以提高回收物质的纯度和价值，有利于后续的加工和处理处置。常用的分选方法有筛分、重力分离、磁选分离、涡流电分离等。

（2）固化处理。

固化处理是通过向废物中添加固化基材，使废物中的有害物质被包裹在无害的固化基材中，从而达到无害化、稳定化的目的。根据固化基材的不同，固化处理可以分为水泥固化、沥青固化、玻璃固化、自胶结固化等。

（3）热化学处理。

热化学处理是对有机污染物含量高的废物进行无害化、减量化、资源化处理的一种有效方法。它是利用高温氧化的方法使废物中的有机有害物质得到分解或转化，从而达到无害化的目的，并充分实现废物的减量化；同时，通过回收处理过程中产生的余热或有价值的分解产物使废物中的潜在资源得到再生利用。目前，常用的热化学处理技术主要有焚烧、热解、湿式氧化等。

（4）生物处理技术。

生物处理技术是实现废物资源化的一个重要手段之一。它的处理对象主要是有机废物，主要方法是堆肥化生产有机肥料和土壤改良剂、厌氧消化回收燃料气体、光合成细菌及养殖蚯蚓回收生物蛋白和其他生物制品等。

3. 固体废弃物的最终处置

1）最终处置的类型

废物的最终处置包括填埋处置和海洋弃投两种方式。近年来，随着人们对生态环境重要性认识的加深和总体环境意识的提高，海洋弃投受到越来越多的限制，填埋处置成为废弃物最终处置的重要手段。填埋处置从不同的角度可以分为如下多种类型。

根据填埋功能的分类：可分为自然还原型（最终自然还原为土地）；作为处理

系统的一个过程（有机废弃物在微生物降解作用下土壤化）；保管、储存型（对有害废物进行隔离保管）。根据地形特征分类：可分为土地填埋和水面填埋两大类。根据填埋构造分类：可分为厌氧填埋和好氧填埋。根据法律分类：可分为卫生填埋和安全填埋。

从目前经济技术水平来看，填埋处置是最经济、合理的废物最终处置方法。但是，它也存在着许多问题，如大城市周围的土地匮乏、现有填埋场的环境保护措施不健全、封场后的土地利用不合理等。因此，在实施填埋处置时，要从长远的观点出发，在充分考虑环境保护措施、早期稳定化技术、封场后的土地利用等的基础上，制定周密、合理的填埋规划。

废物填埋处置规划主要包括如下内容：填埋场地的选择、中间处理和资源回收的效果、运输距离、地形和土质条件、气象条件、地表水的情况、地质和水文地质条件、区域环境条件、封场后土地的利用性等。

2）填埋场封场后的管理及土地利用

随着废物产生量的增加，需要填埋处置的废物量也不断增加，结果形成了大量的填埋场地。另一方面，伴随城市化的进程，对于生活用地和产业用地的需求也急剧增加。在这种情况下，如何有效地实现填埋场封场后土地的早期利用成为废物处理处置领域的一个重要课题。

大量的利用实例表明，只要采取充分的措施，一般废物填埋场封场后马上可以进行土地的利用。早期利用时需要采取严密的措施，封场时间越长土地利用的措施就越容易实施。但是，要大规模实施填埋场封场后的土地作用，必须建立严格的许可制度和科学的技术方法，特别要注意填埋场浸出液对水的污染及对建筑物和构筑物的腐蚀，注意填埋场释放的气体及填埋场地面沉降的影响。

2.5　物理性污染

2.5.1　物理性污染的概念及分类

公众的生存环境包括物理环境、化学环境和生物环境。物理性污染是指由物理因素引起的环境污染，如噪声、振动、放射性辐射、电磁辐射、光污染、热污染等。物理性污染程度是由声、光、热等在环境中的量决定的。物理污染与化学污染相比具有如下特点：物理污染是能量污染，随着距离增加，污染衰减很快，因此其污染具有局部性，区域性和全球性污染较少见；物理性污染在环境中不会有残余的物质存在，一旦污染源消除后，物理性污染也随即消失。

1. 噪声

声音在人们的日常活动中起着十分重要的作用，可以帮助人们借助听觉熟悉周围环境、向人们提供各种信息、让人们交流思想。但是有一些声音会使人感到烦躁不安，影响人的工作和健康，这些声音称为噪声。心理学观点认为，凡是人们不需要的声音即称为噪声，即凡是妨碍交谈和会议、妨碍学习、妨碍睡眠等有损于人的欲求、愿望目的的声音都称为噪声。收音机里，播放出悦耳的交响乐，但对于正在睡眠或需要集中注意力工作的人来说就是一种讨厌的噪声。从物理学观点看，噪声是由许多不同频率和强度的声波，杂乱无章地组合而成。《中华人民共和国环境噪声污染防治法》中对环境噪声作如下定义：环境噪声是指在工业生产、建筑施工、交通运输和社会生活中所产生的干扰周围生活环境的声音。噪声污染是指所产生的环境噪声超过国家规定的环境噪声排放标准，并干扰他人正常生活、工作和学习的现象。

噪声的分类方法有两种。下面简要介绍以下几种常见的分类方法。

按频率分，噪声可分为低频噪声（小于 500Hz）、中频噪声（500～1000Hz）和高频噪声（大于 1000Hz）。

按噪声随时间的变化，噪声可分为稳态噪声、非稳态噪声和瞬时噪声。

按城市环境噪声源划分，环境噪声可分为交通噪声、工业噪声、建筑施工噪声和社会生活噪声。

按噪声产生的机理，可分为机械噪声、空气动力性噪声和电磁噪声。

2. 振动

机械振动是指物体或物体的一部分沿直线或曲线并经过平衡位置所做的往复的周期性的运动。按振动系统中是否存在阻尼作用，振动可分为无阻尼振动和阻尼振动；按照振动系统所加作用力的形式，振动又可分为自由振动和强迫振动。

3. 放射性辐射

有些原子核是不稳定的，能够自发地改变核结构而转变成另一种核，这种现象称为核衰变。由于在发生核衰变的同时，总是伴随不稳定的核放出带电的或不带电的粒子，所以将这种衰变称为放射性衰变。把某些原子能够释放射线的性质叫做放射性，把能够放出射线的元素称为放射性元素。

环境放射性源包括天然放射源和人工放射源，天然放射源包括宇宙辐射、地球表面的放射性物质、空气中存在的放射性物质、地面水系中含有的放射性物质和人体内的放射性物质。而人工放射源主要包括核武器试验时产生的放射性物质，生产和使用放射性物质的企业排出的核废料以及医用、工业用的 X 射线源及放射性物质镭、钴等。

随着核科学技术的不断发展和深入，核能得到大量开发和利用，核能的利用给公众带来了巨大的物质利益和社会效益，但同时也给环境增添了人工放射性物质，对环境造成了新的污染。因此人工放射源是造成环境污染的主要来源。

4. 电磁辐射

无线电通信、微波加热、高频淬火、超高压输电网站等的广泛使用，给公众物质文化生活带来了极大的便利，但也由于产生大量的电磁波，当电磁辐射过量时，就会对人们的生活、工作环境以及对人体健康产生不利影响，称之为电磁辐射污染。电磁辐射已成为当今危害公众健康的致病源之一。

影响公众生活环境的电磁污染源可分为天然和人为两大类。天然的电磁污染是由某些自然现象引起的，如雷电，除了可能对电器设备、飞机、建筑物等直接造成危害外，还会在广大地区从几千赫兹到几百兆赫兹以上的范围内产生严重的电磁干扰。其他如火山喷发、地震、太阳黑子活动引起的磁暴等都会产生电磁干扰，这些电磁干扰对通信的破坏特别严重。

人为的电磁波污染主要有脉冲放电、功频交变电磁场、射频电磁辐射，如无线电广播、电视、微波通信等各种射频设备的辐射。研究表明，电磁波的频率超过 100kHz 时，就会对人体构成潜在威胁。

5. 热污染

随着社会生产力的迅速发展，人们的生活水平不断提高，能源的消耗日益增加，人们在利用能源过程中，不仅会产生大量有毒有害气体，而且还会产生二氧化碳、水蒸气、热水等对人体虽无直接危害但对生态环境却产生不良增温效应的物质，这类物质引起的环境污染即为热污染。《中国大百科全书·环境科学》将热污染定义为："由于人类某些活动使局部环境或全球环境发生增温，并可能形成对人类和生态系统产生直接或间接、即时或潜在的危害的现象。"

热污染发生在城市、工厂、火电站、原子能电站等人口稠密和能源消耗大的地区。

根据污染对象的不同，可将热污染分为水体热污染和大气热污染。

公众活动消耗的能源最终会转化为热的形式进入大气，并且能源消耗过程中释放的大量副产物（如二氧化碳、水蒸气和颗粒物质等）会进一步促进大气的升温。当大气升温影响到公众的生存环境时，即为大气热污染。

当公众排向自然水域的温热水使所排放水域的温升超过一定限度时，就会破坏所排放水域的自然生态平衡，导致水质恶化，威胁到水生生物的生存，并进一步影响到公众对该水域的正常利用，即为水体的热污染。

6. 光污染

光污染是现代社会中伴随着新技术的发展而出现的环境问题，当光辐射过量时，就会对人们的生活、工作环境以及对人体健康产生不利的影响。

狭义的光污染指干扰光的有害影响，其定义是"已形成的良好的照明环境，由于逸散光而产生被损害的状况，又由于这种损害的状况产生的有害影响"。逸散光指从照明器具发出的，使本不应是照射目的的物体被照射到的光。干扰光是指在逸散光中，由于光量和光方向，使人的活动、生物等受到有害影响，即产生有害影响的发散光。广义光污染是指由人工光源导致的违背人的生理与心理需求或有损于生理与心理健康的现象，包括眩光污染、射线污染、光泛滥、视单调、视屏蔽、频闪等。

按照波长不同，光污染可分为可见光污染、红外光污染及紫外光污染。

2.5.2 物理性污染的危害

1. 噪声危害

人们在较强的噪声环境中待上一段时间，就会感到耳鸣，此时若到安静的环境中，会发现原来听得到的声音，这时听起来弱了，有的声音甚至听不到。这种现象称为听觉疲劳，持续时间并不长，只要在安静的环境里停一段时间，听觉就会恢复原状。但若长期暴露在高噪声环境中，听觉器官不断受到噪声的刺激，久而久之，听觉器官疲惫不堪，就会发生器质性病变，导致听觉细胞的死亡。死亡的细胞不能再生，便失去了恢复正常听力的能力，这种现象就是人们平时所说的噪声性耳聋。噪声性耳聋是不能治愈的。

噪声作用于人的中枢神经系统，使大脑皮质的兴奋和抑制平衡失调，导致条件反射异常。这些生理变化，在噪声的长期作用下，得不到恢复，就会出现头晕脑涨、疲劳、失眠、记忆力衰退等神经衰弱症。暴露在噪声环境中的人，易患胃功能紊乱症，表现为消化不良、食欲缺乏、恶心呕吐，长期如此，将导致胃病及胃溃疡发病率的增高。

噪声会使人的交感神经不正常，导致代谢或微循环失调，引起心室组织缺氧从而引起心肌损害，并引起血中胆固醇增高。噪声使交感神经紧张，导致心跳加快、心律不齐、传导阻滞、血管痉挛、血压变化等现象。因此，近年来一些医学家认为，噪声可以导致冠心病、动脉硬化和高血压。据调查，长期在高噪声环境下工作的人与低噪声环境相比，冠心病、动脉硬化和高血压的发病率要高出 2～3 倍。此外，噪声对视觉器官也会产生不良影响，噪声越大，视力清晰度越差。噪声影响胎儿的正常发育，对胎儿的听觉器官会造成先天性的损伤。

噪声影响人们的正常生活和工作。人在睡眠时，受到连续噪声的作用，会使熟睡时间缩短，出现多梦。若经常受到噪声的干扰，就会睡眠不足，出现头晕、头痛等症状。突然响起的噪声，只要有 60dB（A），就能使 70%的睡眠人惊醒。人们用语言交谈时，当噪声与谈话声声级接近时，就会干扰交谈。普通谈话一般为 60dB（A），若两人相距 1.5m 距离交谈，此时有 50dB（A）的噪声，则双方可轻松的交谈；噪声到 60dB（A）还能满意地对话，当噪声到 70dB（A），则要提高声音对方才能听得清楚；当噪声到 90dB（A）以上，就是大声喊也听不清楚。

噪声对工作的影响广泛而复杂，因此很难定量地反映这种现象。人们在噪声的刺激下，心情烦躁、注意力分散、易疲劳、反应迟钝，从而导致工作效率降低。对那些要求注意力高度集中的工作，噪声不仅影响工作进度，而且降低工作质量，容易出差错和引起事故；高强度噪声还会掩蔽交通信号，使行车安全受到威胁。

2. 振动危害

振动对人体的影响可分为全身振动和局部振动。全身振动是指人体直接位于振动物体上受到的振动；局部振动是指加在人体某个部位并且只传递到人体局部的振动，例如手持振动物体时引起的手部局部振动。

在振动环境工作的工人由于振动妨碍视觉、手的动作等原因，会造成操作速度下降、生产效率低，并影响安全生产。工人经常在强振动环境下工作，会危害或影响作业工人的神经系统、消化系统、心血管系统健康。

振动作用于建筑物会使其结构受到破坏，常见的破坏现象表现为基础和墙壁龟裂、墙皮剥落、石块滑动、地基变形和下沉，重者可使建筑物倒塌。

振动会影响精密仪器精度及正常运行；振动作用于一些灵敏的电器，会引起其误动作，从而可能造成重大事故。

3. 放射性危害

放射性物质的危害表现在时间上，可分为长期效应和短期效应；表现在结果上，可改变正常血相、脱发、不育、致癌、致畸、致突变等。放射性物质不但能引起外照射，还能通过呼吸、摄食和皮肤接触进入人体内部，并由血液循环输送到有关器官，产生内照射。放射性物质对公众的危害是辐射损伤，辐射引起的电子激发作用和电离作用使机体分子不稳定和遭到破坏，导致蛋白质分子键断裂和畸变，破坏对人体新陈代谢有重要意义的酶。因此，辐射不仅可以扰乱和破坏人员的机体细胞、组织的正常代谢活动，而且可以直接破坏细胞和组织的结构，产生躯体损伤效应，如：白血病、恶性肿瘤、生育力下降、寿命缩短等，还包括遗传损伤效应，如流产、遗传性死亡和先天畸形等。

4. 电磁辐射危害

处于中、短波频段电磁场（高频电磁场）的操作人员或居民，经受一定强度与时间的暴露，将产生身体不适感，严重者可引起神经衰弱症和植物神经失调。但是这种作用是可逆的，脱离作用区，经过一定时间的恢复，症候可以消失，不会形成永久性的损伤。处于超短波与微波电磁场中的作业人员与居民，其受伤害程度要比中、短波严重。尤其是微波的危害更甚，频率在 $3 \times 10^8 Hz$ 以上时，在其作用下，人体将部分能量反射外，部分被吸收。辐射能使机体内分子与电解质偶极子产生强烈射频振荡，该射频振荡引起机体分子的摩擦作用转化为热能，进而引起机体升温。微波的功率、频率、波形、环境温度与湿度，以及被辐射的部位等，对伤害的程度与深度都有一定的影响。这种危害的主要病理表现为引起严重神经衰弱症状，最突出的是造成植物神经机能紊乱。在高强度与长时间的作用下，对视觉器官造成严重损伤，同时对生育技能也有显著不良影响。

微波对生物危害的一个显著特点是累积性，在一次伤害未得到恢复前再次受辐射，伤害将累积。多次累积，则人体受到的伤害不易恢复。目前，城市环境中的主要辐射污染源是调频广播和电视的发射天线。电磁辐射污染不容易引起人们的重视和注意，但是可以感到其污染，如对家庭电视机的严重干扰，表现在图像剧烈跳动并伴有刺耳轰鸣。广播电台和电视台工作的人员，以及在电视台附近居住的居民中，可出现其后代女性出生率较男性高的现象。在纵横交错、蛛网密布的高压电线网、电视发射台、转播台等附近的居民，因受电磁污染而感到头痛、疲乏、无力、嗜睡等。在人们穿脱化纤衣服时，也会产生静电污染。

5. 热污染危害

热污染又分为水体污染和大气污染，其危害分述如下。

1）水体热污染的危害

（1）降低了水中的溶解氧。水体热污染导致水温急剧升高，以致水中溶解氧减少，使水体处于缺氧状态，同时又因水生生物代谢率增高而需要更多的氧，造成一些水生生物发育受阻或死亡，从而影响环境和生态平衡。

（2）导致水生生物种群的变化。任何生物种群都要有适宜的生存温度，水温升高将使适应于正常水温生活下的海洋动物发生死亡或迁徙，还可以诱使某些鱼类在错误的时间进行产卵或季节性迁移，也有可能引起生物的加速生长和过早成熟。

（3）加快生化反应速度。随着温度的上升，水体生物的生物化学反应速度也会加快。在 0～40℃的范围内，温度每升高 10℃，生物的代谢速度加快 1 倍。在这种情况下，水中的化学污染物质，如氧化物、重金属离子等对水生生物的毒性效应会增加。资料报道，当水温由 8℃升高至 18℃，氧化钾对鱼类的毒性增加 1 倍；当水温由 13.5℃升高至 21.5℃，锌离子对虹鳟鱼的毒性增加 1 倍。

（4）破坏水产品资源。海洋热污染问题在全球范围内正日益加重。1969 年，美国对比斯开湾的调查发现，温度升高 3℃的水域水生生物的种类和数量都变得极为稀少，温度升高 4℃的水域海洋生物绝迹。后来对吉普特海峡和华盛顿州沿岸的调查又发现，在夏季温度升哪怕只有 0.5℃升温，就能引起有毒的浮游植物大量繁殖。

（5）影响公众生产和生活。水的任何物理性质，几乎无一不受温度变化的影响。水的黏度随着温度的上升而降低，水温升高会影响沉淀物在水库和流速缓慢的江河、港湾中的沉积。水温升高还会促进某些水生植物大量繁殖，使水流和航道受到阻碍，例如，美国南部的许多地区水域中，曾一度由于水体热污染而大量生长水草风信子，阻碍了水流和航道。

（6）危害公众健康。河水水温上升给一些致病微生物造就一个人工温床，使它们得以滋生、泛滥，引起疾病流行，危害公众健康。1965 年，澳大利亚曾流行过一种脑膜炎，后经科学家证实，其祸根是一种变形原虫，由于发电厂排出的热水使河水温度增高，这种变形虫在温水中就大量滋生，造成水源污染而引起了脑膜炎的流行。

2）大气热污染的危害

（1）气候异常，对公众经济、生存环境带来不利影响。大气热污染会导致全球气候变暖，海水热膨胀和极地冰川融化，从而导致海平面升高，一些沿海地区及城市被海水淹没。全球变暖的结果可以影响大气环流，继而改变全球的雨量分布以及各大洲表面土壤的含水量。

（2）加剧热岛效应和能源消耗。热污染会导致城市气温升高，致使空调类电器不断向城市大气中排放热量，导致热岛效应加剧。

6. 光污染危害

1）对人体健康的影响

人体受光污染危害的首先是眼睛。瞬间的强光照射会使人们出现短暂的失明。

普通光污染可对人眼的角膜和虹膜造成伤害，抑制视网膜感光细胞功能的发挥，引起视疲劳和视力下降。长时间在白色光亮污染环境下工作和生活的人，白内障的发病率高达 45%。白亮污染还会使人头晕心烦，甚至发生失眠、食欲下降、情绪低落、身体乏力等类似神经衰弱的症状。长期受到强光和反强光刺激，还可引起偏头痛，造成晶体状、角膜、结膜、虹膜细胞死亡或发生变异，诱发心动过速、心脑血管疾病等。

越来越白、越来越光滑的纸张使人眼受的光刺激很强，但眼的视觉功能却受到很大的抑制，视觉功能不能充分发挥，眼睛特别容易疲劳，是造成近视的主要原因。

光污染不仅对人的生理有影响，对人心理也有影响。在缤纷多彩的环境里待的时间长一点，就会或多或少感觉到心理和情绪上的影响。如果所居住的环境夜晚过亮（如人工白昼），人们难以入睡，扰乱人体正常的生物钟，会使人头晕心烦、食欲下降、心情烦躁、情绪低落、身体乏力等，精神呈现抑郁，导致白天工作效率低下，造成心理压力。

2）生态破坏

光污染不仅影响公众，而且也会影响到动植物的生存，产生生态破坏。人工白昼会伤害鸟类和昆虫。鸟类在迁徙期最易受到人工光的干扰。它们在夜间是以星星定向的，城市的照明光却常使它们迷失方向。据美国鸟类专家统计，每年都有 400 万只候鸟因撞上高楼上的广告灯而死去。城市里的鸟还会因灯光而不分四季，在秋季筑巢，结果因气温过低而冻死。强光可能破坏昆虫在夜间的正常繁殖过程。研究发现，1 只小型广告灯箱 1 年可以杀死 35 万只昆虫，而这又会导致大量鸟类因失去食物而死亡，同时还破坏了植物的授粉。一些动物受到人工照明的刺激后，夜间也精神十足，消耗了用于自卫、觅食和繁殖的精力。习惯在黑暗中交配的蟾蜍的某些品种已濒临灭绝。海龟也受到光污染的影响。在 2001 年的幼龟出生期，大西洋沿岸到处都可以看到死海龟。新孵出的海龟通常是根据月亮和星星在水中的倒影而游向水中的。但由于地面光超过了月亮和星星的亮度，使刚出生的小海龟误把陆地当作海洋，因缺水而丧命。强烈的光照提高了周围的温度，对草坪和植被的生长不利。紧靠强光灯的树木存活时间短，产生的氧气也少。过度的照明还会导致农作物抽穗延迟、减收。

3）增加交通事故

烈日下驾车行驶的司机会遭到玻璃幕墙反射光的突然袭击，造成人的突发性暂时失明和视力错觉，会瞬间遮住司机的视野，或使其感到头晕目眩，严重危害行人和司机的视觉功能。眼睛受到强烈刺激，极易引起视觉疲劳，导致驾驶员出错，发生意外交通事故。机动车夜间行驶照明用的车前灯还会产生眩光，影响对面行驶的车辆，容易发生交通事故。

4）妨碍天文观测

过度的城市夜景照明会危害正常的天文观测。据估计，如果城市上空夜间的亮度每年以 30%的速度递增，会使天文台丧失正常的观测能力，这已成为困扰世界天文观测的一个难题。建于 1675 年的英国格林尼治天文台近年来就为此所困扰。

5）给人们生活带来麻烦

光污染会给人们的日常生活带来不便。在夏天，经玻璃幕墙反射的光进入附近居民楼房内，增加了室内的温度（上升 4～6℃）和亮度，大大超过了人体所能承受的范围，影响正常的生活。有些玻璃幕墙是半圆形的，反射光汇聚还容易引起火灾。

2.5.3　物理性污染的防治

1. 噪声污染的防治

1）加强声源控制和管理

声源控制是环境噪声控制的重要措施，提高以主要控制环境噪声源，包括汽车、建筑施工机械、工程机械、空调设备、给水系统、室外移动高噪声设备和建筑服务设备的配套噪声与振动控制装备水平的技术，从声源上降低噪声源排放水平，基本达到或接近国际水平。

2）针对具体领域制定匹配性治理措施

（1）交通噪声的治理。一是加强机动车交通噪声管理，对噪声超标的现有车辆限制上路，强制改造或淘汰；二是加强交通秩序管理，减少由于交通不畅、车辆拥挤造成的噪声值高且排放时间长的问题；三是加快城市道路建设，改善路况，采用低噪声材料，改进和提高路面降噪声性能；四是建设合格的达标区（街），扩大其覆盖率。

（2）社会生活噪声的治理。一是加强市场规范化建设和管理，控制自由市场噪声；二是整顿饮食业、服务业尤其是歌厅、舞厅、卡拉 OK 等文化娱乐场所，控制噪声扰民；三是领导群众力量，管住、管好商业噪声。

（3）建筑施工噪声的治理。一是按《建筑施工场界环境噪声排放标准》要求，对施工时间做出严格规定，对违反规定的依法严肃处理；二是足额征收施工噪声超标排污费和建筑施工环境保障金，用经济手段促其治理；三是进行经常性的监督检查，及时纠正违法违规行为。

（4）工业噪声的治理。一是按《环境噪声污染防治法》的规定，对超标噪声源限期治理，加快污染治理进度，实现达标排放；二是依法强化噪声超标收费，增加企业治理的内在动力；三是对居民区内严重扰民又治理无望的小企业、小作坊坚决予以"关、停、并、转、迁"；四是把建设项目审批关，防止新污染源的产生，防患于未然。

需要指出的是，噪声往往是由多种声源辐射产生的，而并非单纯的来自某一噪声源。噪声污染交叉性的特点决定了噪声防治涉及部门较多，环境噪声的管理与城市规划、城市建设、交通管理、社区建设、环境文化等多方面有关，仅依靠环境保护部门的监督管理难以奏效，须依靠政府多部门协调合作，采取综合控制和管理措施。

2. 振动污染的防治

振动传播与声传播一样，也由三要素组成，即振动源、传递介质和接受者。

环境中的振动源主要有：工厂振源，交通振源，建筑工地以及大地脉动及地震等。传递介质主要有：地基地坪、建筑物、空气、水、道路、构建设备等。接受者除人群外，还包括建筑物及仪器设备等。因此振动污染控制的基本方法也就分为三个方面：振源控制、传递过程中振动控制及对接受者采取控制。

1）振源控制

（1）采用振动小的加工工艺。

强力撞击在机械加工中经常见到。强力撞击会引起被加工零件、机械部件和基础振动。控制此类振动最有效的方法是改进加工工艺，即用不撞击方法代替撞击方法，如用焊接代替铆接、用压延代替冲压、用滚轧代替锤击等。

（2）减少振源的扰动。

振动的主要来源是振动源本身的不平衡力引起的对设备的激励。因此改进振动设备的设计和提高制造加工装配精度，使其振动最小，是最有效的控制方法。

2）振动传递过程中的控制

（1）加大振动源和受振对象之间的距离。

振动在介质中传播，由于能量的扩散和介质对振动能量的吸收，一般是随着距离的增加振动逐渐减弱，所以加大振源与受振对象之间的距离是控制振动的有效措施之一。

（2）隔振沟。

振动的影响，特别是对于环境来说，主要是通过振动传递来达到的，减少或隔离振动的传递，就可以使振动得以控制。

在振动机械基础的四周开有一定宽度和深度的沟槽——防振沟，里面填充松软物质（如木屑等）或不填，用来隔离振动的传递，这也是以往常常采用的隔离措施之一。

（3）采用隔振器材。

在设备下安装隔振元件——隔振器，是目前工程上应用最为广泛的控制振动的有效措施。安装这种隔振元件后，能真正起到减少振动与冲击力的传递作用，只要隔振元件选用得当，隔振效果可在 85%～90%以上，而且可以采用上述的大型基础。对一般中小型设备，甚至可以不用地脚螺钉和基础，只要普通的地坪能承受设备的静负荷即可。

3）对防振对象采取的振动控制措施

对防振对象采取的措施主要是指对精密仪器、设备采取的措施，一般方法为：

（1）采用黏弹性高阻尼的材料。对于一些具有薄壳机体的精密仪器，宜采用黏弹性高阻尼材料来增加其阻尼，以增加能量耗散，降低其振幅。

（2）保证精密仪器、设备的工作台的刚度。精密仪器、设备的工作台应采用钢筋混凝土制的水磨石工作台，以保证工作台本身具有足够的刚度和质量。不宜采用刚度小、易晃动的木质工作台。

3. 放射性污染的防治

1）放射性辐射的防护

辐射防护的目的在于完全防止非随机性效应，并限制随机性效应的发生率。放射性对人的辐射，主要发生在封闭性放射源的工作场所和放射性"三废"物质的处理、处置等过程中，具体防护措施有如下几种：

（1）时间防护。

在具有特定辐射剂量的场所，工作人员所受到的辐射累积剂量与人在该场所停留的总时间成正比。所以工作人员应尽量做到操作快速、准确，或采取轮流操作方式，以减少每个操作人员受辐射的时间。

（2）距离防护。

点状放射性污染源的辐射剂量与污染源到受照者之间的距离的平方成反比，

人距离辐射源越近接受的辐射剂量越大，所以工作人员应尽可能远离放射源进行操作。

（3）屏蔽防护。

根据各种放射性射线在穿透物体时被吸收和减弱的原理，可采用各种屏蔽材料来吸收降低外照射剂量。α 射线射程短，穿透力弱，一般不考虑屏蔽问题；β 射线穿透力较大，屏蔽通常用质量较轻的材料，如铝板、塑料板、有机玻璃和某些复合材料；γ 射线和 X 射线穿透力强、危害大，屏蔽时应采用具有足够厚度和容重的材料，如铝、铁、钢或混凝土构件等。对中子源衰变中产生的中子射线，一般采用含硼石蜡、水、聚乙烯、锂、铍和石墨等作为慢化及吸收中子的屏蔽材料。

2）控制污染源

放射性污染的防治首先必须控制污染源，核企业厂址应选择在人口密度低、抗震强度高的地区，保证出事故时居民所受的伤害最小，更重要的是将核废料进行严格处理。

（1）放射性废液处理。

处理放射性废液的方法除置放和稀释之外，主要有化学沉淀、离子交换、蒸发、蒸馏和固化五种类型。

（2）放射性废气处理。

在核设施正常运行时，任何泄漏的放射性废气均可纳入废液中，只是在发生大事故及以后一段时间，才会有放射性气态物释出。通常情况下，采取预防措施将废气中的大部分放射性物质截留极为重要。可选取的废气处理方法有：过滤法、吸附法和放置法等。

（3）放射性固态废物处理。

处理含放射性核素固体废物的方法主要有：焚烧法、压缩法、包装法和去污法等。

3）加强防范意识

医院里的 X 光片和放射性治疗、夜光手表、电视机、冶金工业用的稀土合金添加材料等，都含有放射性，要慎重接触。现在一些医院、工厂和科研单位因工作需要使用的放射棒或放射球，有时保管不当遗失，或当作废物丢弃了。因为它一般制作比较精细，在夜晚还会发出各种荧光，很能吸引人，所以有人把它当作什么稀奇之物，甚至让亲友一起玩，但不知它会造成放射性污染，轻者得病，重者甚至死亡，这是特别需要引起注意的。

4. 电磁辐射污染的防治

1）注意室内各类电器的设置

不要摆放的过于集中或者经常一起使用，以免使自己暴露在超剂量辐射的危害之中。

2）电器的使用

各种家电、办公设备、移动电话等要尽量避免长时间操作，电视、电脑等有显示屏的电器设备可安装保护屏，使用者应戴防辐射眼镜。手机接通瞬间释放的电磁辐射最大，离电器越远，受电磁波侵害越小。所以最好使用分离耳机和话筒接听电话，孕妇和小孩应尽量远离微波炉，微波炉开启应远离 1m 以上，人与彩电应相距 4～5m，与日光灯应距离 2～3m。电器暂停使用时不宜长期处于待机状态。此时仍可产生微电磁场，日久也会辐射积累。

3）饮食与起居

多食用胡萝卜、豆芽、西红柿、油菜、海带、卷心菜、瘦肉、动物肝脏等富含维生素 A、C 和蛋白质的食物，经常喝绿茶，有利于调节和加强人体抗电磁辐射的能力。居住和工作在高压线、变电站、电台、电视台、雷达站、电磁波发射塔附近的人员，佩带心脏起搏器的患者，经常使用电子仪器、医疗设备、办公自动化设备的人员以及生活在现代电气自动化环境中的人群，特别是抵抗力较弱的孕妇、儿童、老人及病患者，有条件的应配备针对电磁辐射的屏蔽服务，将电磁辐射最大限度的阻挡在体外。

5. 热污染的防治

公众的生活永远离不开热能，但公众面临的问题是，如何在利用热能的同时减少热污染。这是一个系统问题，但解决问题的切入点应在源头和途径上。随着现代工业的发展和人口的不断增长，环境热污染将日趋严重。然而，人们尚未有用一个量值来规定其污染程度，这表明人们并未对热污染有足够重视。防治热污染可以从以下方面着手：

（1）在源头上，应尽可能多地开发和利用太阳能、风能、潮汐能、地热能等可再生能源。

（2）加强绿化，增加森林覆盖面积。绿色植物具有光合作用，可以吸收 CO_2，释放 O_2，还可以产生负离子。植物的蒸腾作用可以释放大量水汽，增加空气湿度，降低气温。林木还可以遮光、吸热、反射长波辐射，降低地表温度。绿色植物对防治热污染有巨大的可持续生态功能。具体措施有：提高城市行道树建设水平，加强机关、学校、小区等的绿化布局，发展城市周边及郊区绿化等。

（3）提高热能转化和利用率及对废热的综合利用。像热电厂、核电站的热能向电能的转化，工厂以及人们平时生活中热能的利用上，都应提高热能的转化和使用效率，把排放到大气中的热能和 CO_2 降低到最小量。在电能的消耗上，应使用良好设计的节能、散发额外热能少的电器等。这样做，既节省能源，又有利于环境。另外，产生的废热可以作为热源加以利用。如用于水产养殖、农业灌溉、冬季供暖、预防水运航道和港口结冰等。

（4）提高冷却排放技术水平，减少废热排放。

（5）有关职能部门应加强监督管理，制定法律、法规和标准，严格限制热排放。

6. 光污染的防治

光污染具有巨大危害性，必须采取积极措施预防和控制。

1）光污染防治法规急需制定

目前我国还没有专门防治光污染的法律法规，也没有相关部门负责解决灯光扰民的问题。国外一些国家已经有了针对光污染的一些法律条文。欧美一些国家早在 20 世纪 80 年代末就开始限制在建筑物外部装修使用玻璃幕墙。但在我国，大部分城市玻璃幕墙却被作为一种时髦装饰被大量使用，城市的光污染源也大量增加。不少发达国家或地区已明令限制使用釉面砖和马赛克装饰外墙，如新加坡立法规定建筑外墙面积的 90% 必须使用环保材料。

我国也已经对有关玻璃幕墙的建设制定了一些规范。如 1996 年建设部发布行业技术标准《玻璃幕墙工程技术规范》（JGJ 102—96）；1997 年发布《加强建筑幕墙工程管理的暂行规定》（建建[1997]167 号）；国家标准《玻璃幕墙光学性能》（GB/T 18091—2000）于 2000 年 10 月 1 日起颁布实施。新的《玻璃幕墙工程技术规范》（JGJ 102—2003）对玻璃幕墙的设置作出限制性规定：采用反射比小于 0.3 的幕墙玻璃；在城市主干道、立交桥、高架桥两侧的建筑物 20 m 以下，其余路段 10 m 以下不宜设置玻璃幕墙的部位如果使用玻璃幕墙，应采用反射比小于 0.16 的低反射率玻璃；在丁字路口、十字路口或交叉路口，不宜使用玻璃幕墙；在居民区内限制设置玻璃幕墙。

虽然对玻璃幕墙的建设已经制定了一些规范，并且也取得了一定的防治光污染的效果，但大量的其他光污染源仍然没有明确的法律法规来约束。建议国家及相关部门参考国际上的成熟经验，如国际照明委员会（Commission Internationale de L' Eclairage，CIE），尽快制定防治光污染的规范。

2）加强建设、设计管理

防治光污染应做到事前合理规划、事后加强管理。合理的城市规划和建筑设计可以有效地减少光污染。限建或少建带有玻璃幕墙的建筑并尽可能避开居民居住区。装饰高楼大厦的外墙、装修室内环境以及生产日用产品时应尽量避免使用刺眼的颜色。已经建成的高层建筑应尽可能减少玻璃幕墙的面积并避免太阳光反射光照到居民区。应选择反射系数较小的材料。加强城市绿化也可以减少光污染。对夜景照明，应加强生态设计，加强灯火管制。如区分生活区和商业区，关闭夜间电影院、广场、广告牌等的照明，减少过度照明，降低光污染和能量损失。

优化幕墙构造技术、开发新型玻璃材料可以减少玻璃幕墙产生的光污染。对照明灯具和安装位置应进行优化设计。灯具的评价标准包括照明效率、上方光束比、眩光和节能等。应尽量采用截光型灯具，避免能源浪费。尽量采用"生态颜色"。欧洲和美国等一些国家和地区，部分图书采用了黄底色纸张印刷，确实比白色舒服一些。但由于传统习惯及实际效果（会降低字体的辩识率）的影响，并未得到普及。在欧洲，特别是德国，室内装修墙壁粉刷时，人们逐渐喜欢用一些浅色，主要是米黄、浅蓝等，代替刺眼的白色。在浅红色的墙壁面前，人的情绪相对比较镇定。在美国一些医院，特别是精神病医院，墙壁都涂成了浅红色。

在工业生产中，应改善工厂照明条件。在有红外线及紫外线产生的工作场所，应尽量采取安全的办法。如采用可移动屏障将操作区围住，以防止非操作者受到有害光源的直接照射等。个人防护最有效的措施是保护眼部和裸露皮肤勿受光辐射的影响。佩戴护目镜和防护面罩是十分有效的。

2.6　环境污染案例分析

2.6.1　大气污染案例——日本东京都的大气污染治理

源头治理与末端环保技术相结合是标本兼治的有效手段。日本东京都的源头治理主要包括产业结构从资源密集型向技术和知识密集型升级，能源结构从高硫燃料向低硫和脱硫化转化。而最根本的是改变人们高生产、高消费、高废弃物的生活方式，将最新的节能技术运用到社会的各个层面，推广普及可重复利用能源，从经济上、生活上将城市的一切运行模式都转换到"二氧化碳低排放型"上来。

1. 控制工业企业污染

在 20 世纪 80 年代以前，东京一直是日本最大的工业中心，工业企业污染成为亟待解决的问题。为了改善大气环境质量，东京都政府从 1958 年开始就曾制定东京圈基本规划，每一次规划都对产业结构的调整方向、各产业的发展战略、主导产业和支柱产业的选择、产业地区布局等作出详细规定。从 20 世纪 60 年代起，东京的很多制造企业纷纷迁到横滨一带甚至国外。通过关闭或外迁重污染企业，促进产业结构转型，工业企业污染得到有效控制。随着日本经济从"贸易立国"逐步向"技术立国"转换，东京"城市型"工业结构进一步调整，以新产品的试制开发、研究为重点，重点发展知识密集型的"高精尖新"工业，并将"批量生产型工厂"改造成为"新产品研究开发型工厂"，使工业逐步向服务业延伸，实现产业融合，形成了东京现代服务业集群。

东京都政府除通过产业结构转型、合理布局、能源结构调整等政策控制工业企业污染外，还采取了一些具体措施，包括：鼓励企业采用先进的清洁生产工艺和技术，减少或消除废弃物的排放；应用生态学和循环经济的理念和方法在企业内部、企业之间、产业园区的层次上构建循环经济体系；尝试和创造适用于工业、农业和服务业的先进企业环境管理科学和管理技术等。

2. 治理汽车尾气污染

随着汽车的普及，以汽车尾气为主体的污染逐渐成为东京社会的一大环境难题。东京都政府治理汽车尾气污染采取的主要措施有：

第一，从源头进行控制，减少汽车尾气排放，即大力发展轨道交通和公共交通，减少机动车出行量。目前东京都市圈已形成了纵横交错、四通八达的现代轨道交通网络，总长约 2000km，车站数量达 500 多个，其轨道交通的发达程度甚至超过了纽约、伦敦等世界级城市。据调查，东京轨道交通承担了城市交通客运的86.5%，远远高于世界其他大城市。

第二，开发和普及新技术，减少汽车污染。近年来，东京都政府制定政策，与汽车生产企业积极开展合作研究，大力推广使用包括以液化石油气和天然气为燃料的汽车、以压缩天然气为燃料的汽车、电力汽车，以及废气排放标准远远低于国家标准的新式柴油汽车等低公害汽车，推动汽车废气净化器等技术的研发，使低公害汽车在东京迅速得到普及，改进了汽车排污性能，有效地推动了排放标准的实施，从而改善了东京的大气环境。

第三，通过开发新型燃料技术，实现轻油低硫黄化和柴油汽车低公害化。根据规划，东京要在 2008 年之前，将轻油和汽油中的硫黄浓度降低到 10mg/L 以下。为普及新型环保汽车，2002 年东京在临海副中心首先建设了氢燃料供应站，作为燃料电池汽车试运行基地。2003 年东京都政府又在一些都营公交线路上，开始了燃料电池汽车试运行启动项目。为争取混合动力汽车的普及，又积极制定了《低油耗汽车利用章程》。

据调查，机动车尾气已成为我国城市大气污染的一个重要来源。北京、上海等大城市机动车排放的污染物占大气污染负荷的60%以上，表明我国特大城市的大气污染正由第一代煤烟型污染向第二代汽车型与煤烟型混合污染转变。北京市环保宣教中心、北京社会心理研究所的新近调查显示，北京市92.8%的公众生活遭受大气污染的困扰，九成城区居民将大气污染归咎于汽车尾气。而东京治理汽车尾气污染的经验为我们提供了有益的启示。

3. 削减温室气体排放

全球环境变暖问题主要是由二氧化碳引起的，而二氧化碳是由消费能源产生的，与人们日常生产和生活有着密切关系，其防治是全社会的共同责任。

鉴于约占能源消费五成的是家庭日常用电，为降低电量消耗，日本对家用电器颁布使用"节能标签"制度。家用电器使用"节能标签"制度现已扩大到日本的各个自治体，自2006年10月开始，作为国家的一项法令在全国执行。

由于住宅中的供暖、热水所需要的大部分能源，使用太阳的热能完全可以满足要求，如果再将自然光、风科学地利用到住宅上来，那么用于空调、照明上的能源就可以减少，因此，东京都积极致力于利用天然的光、热、风建造舒适的住宅，努力提高住宅的节能性，同时对现有住宅进行节能改造。东京都积极敦促太阳能机器厂家、住宅建筑公司、能源供应等单位联合起来组建机构，明确规定性能标准，开发新产品，提高人们对环保商品的认知，进一步促进太阳能的广泛利用。同时，积极推介、普及那些能够大幅度削减二氧化碳排放的工业产品。北京市气候特点是冬季供暖期较长，随着城市建设速度加快，建筑采暖面积不断增大，给大气污染治理带来严重挑战。东京合理利用能源改良取暖方式、促进节能减排的相关做法值得我们借鉴。

4. 大力加强城市绿化建设，建立治理大气污染的长效机制

由于城市植被能吸附灰尘、吸收有害气体、调节二氧化碳和氧气比例，因此能很好地净化城市空气。城市公园、行道树、庭院中的树木和草坪能通过叶片来吸纳烟灰和粉尘。一般而言，绿化地区上空的飘尘浓度较非绿化地区少10%～50%。树木和草坪还拥有"有害气体净化场"的美称，具备吸收大气中的悬浮颗粒物、二氧化硫、氟化氢和氯气等有害物质的功能，如1hm²的柳杉每月大约可以吸收二氧化硫60kg。尤其当树木进行光合作用时就会通过吸收二氧化碳，放出公众生存必需的氧气，来调节二氧化碳和氧气比例。通常1hm²的阔叶树林，在生长季节每天可以吸收 1t 二氧化碳，放出 570kg 氧气。

东京都政府将城市绿化建设视为控制城市大气污染的既经济又有效的措施之一，陆续制定了一系列条例和计划来改善城市环境。如《城市规划法》规定，从东京市内的任何一点向东西南北方向延伸 250m 的范围内，必须见到公园，否则就属于违法，将会受到严厉的处罚。

近几年，随着城市建设的快速发展，在拥挤的城市中心区域开发新的空地来建造绿地以防止扬尘，已经变得越来越困难。因人为造成的大城市中心地区局部高温现象被称为热岛现象，而城市中心区的屋顶绿化不仅可以缓解城市热岛效应，还可以吸附大量的空中粉尘。据测算，$1000m^2$ 的屋顶绿地年滞留粉尘约 160～220kg，可降低大气中的含尘量 25%左右。修建屋顶花园可以防止建筑物出现裂纹，减少紫外线辐射，延缓防水层老化，还有调节温度和湿度、改善气候、净化大气等效果。因此，东京都政府大力鼓励和支持屋顶绿化，东京出现了兴建屋顶花园和墙上"草坪"的热潮。许多业主在设计大楼时都考虑在屋顶修建花园，而在高层楼上的餐厅、饭馆也不甘落后，积极在凉台上修建微型庭院。为普及屋顶绿化，东京地方政府出台了补助金等一系列优惠政策。东京城市建设管理部门规定，在新建大型建筑设施时必须有一定比率的绿化面积，屋顶花园可以作为绿化面积使用。作为远期目标，《绿色的东京规划（2001—2015 年）》提出，2015 年的东京屋顶绿化面积要达到 $1200hm^2$。

2.6.2　水污染案例——北京市的水污染综合处理

北京市于 2008 年实现了对奥运会的承诺，污水处理率达到了 90%以上，达到了世界上发达国家大城市的水平。

1992～1996 年，北京市制订了《北京市环境总体规划研究》，规划期为 1991～2015 年，总的要求是提出北京市 1991～2015 年大气质量、水质、城市固体废弃物管理的最小费用计划。总体规划中包括了北京市水质管理规划，其中心任务是：

（1）集中饮用水水源地保护，包括：密云-怀柔水库及京密引水渠，官厅水库及永定河引水渠，西郊地下水源地，东北郊地下水源地。

（2）污染源控制，包括：城市污水处理厂布局及污水回用，工业废水污染控制，农业、畜牧业及乡镇企业污染控制。

（3）水环境质量改善，即城市河流水质改善。在北京市水质管理规划的基础上，北京市又制订了北京市城市下水道与城市污水处理厂规划，其主要内容有：城市污水负荷（水量、水质）的现状与预测（考虑人口、经济、城市的发展）；城市排水流域的划分；城市下水道与污水处理厂的布局规划（多方案比较）；规划方案的环境评价；规划方案的费用分析及投资规划；规划方案的批准与实施（表 2-5）。

表 2-5 北京市污水处理厂规划方案

流域	污水厂	处理等级	规划处理能力（$10^4 m^3/d$）
清河	清河	二级	44.0
	北苑	二级	6.0
	肖家河	二级半	4.0
坝河	酒仙桥	二级	31.0
	东坝	二级	6.0
	北小河	二级	10.0
通惠河	高碑店	二级	100.0
	垡头	二级	29.5
凉水河	吴家村	二级半	8.0
	南苑	二级	39.0
	卢沟桥	二级	34.0
永定河	五里坨	二级	5.0
总计			360.0

注：规划中尚包括已建成的方庄污水处理厂，处理能力为 $4 \times 10^4 m^3/d$。

根据 1993 年国务院批准的《北京城市总体规划》，到 2010 年，北京的社会发展和经济、科技的综合实力，要达到并在某些方面超过中等发达国家的首都城市的水平，人口、产业和城镇体系布局基本得到合理调整，城市设施现代化水平有很大提高，城市环境优美清洁，历史传统风貌得到进一步的保护和发扬。其中，城市污水处理厂是城市建设的重要组成部分，是城市生产和人民生活不可缺少的公共设施，为此，北京市城区规划建设 14 座污水处理厂。到 2006 年年初，包括小红门污水处理厂在内的 9 座污水处理厂已经投入运行，城市污水处理能力达到 255 万 m^3/d，污水处理率实现了超越 90% 的承办奥运既定目标。其余 5 座污水处理厂也已开始建设，污水处理能力占城市污水处理任务总量的 7%。

如今，北京市规划市区的城市污水处理率已达 90% 以上，北京市郊区和新城区城市污水处理率达 70%，再生水利用量已达 $4.8 \times 10^8 m^3/a$，今后拟将城市污水处理厂处理后水质达到国家地面水Ⅳ类标准，并增加再生水用水量至 $6.0 \times 10^8 m^3/a$（表 2-6）。

从北京市的经验看，在进行城市污水厂布局时应考虑的原则是：城市污水处理厂应大中小相结合，厂址选择应上下游相结合，布局应集中与分散相结合，要考虑城市污水处理后的回用。

表 2-6　北京市污水处理厂建设完成情况

流域	污水厂	处理能力（$10^4m^3/d$）	处理等级
通惠河	高碑店（一、二期）	100	二级
坝河	酒仙桥（一期）	20	二级
	北小河（一期）	10	二级半
清河	清河（一、二期）	40	二级
	肖家河	2	二级半
凉水河	卢沟桥（一期）	10	二级
	小红门（一期）	60	二级
	吴家村	8	二级半
此外	方庄	4	二级
	首都机场（一期）	1.5	
总计		255.5	

注：比原规划增加了小红门污水处理厂，取消了郑王坟污水处理厂。

2.6.3　土壤污染案例——我国西部土壤污染案例分析

　　我国西部包括西南的云贵川藏渝和西北的陕甘宁青新等十省（市、区），土地资源丰富，面积占全国土地总面积的 70% 以上；耕地数量多，仅西北五省耕地面积就达 2 亿多亩，农业人口平均占有土地 5 亩以上，是全国人均土地面积的 3.5 倍，而且还有大量宜农荒地可以开发。西部地区是我国资源安全的屏障，但是近年来不断加深的土壤污染，对西部地区的可持续发展造成了巨大的阻碍。如果西部地区脆弱的生态系统受到破坏，东部地区经济发展的资源保障将受到严重阻碍，进而影响到全国的经济发展。

1. 西部土壤污染特点

1）重金属引起的土壤污染问题居于首位

　　从已经报道的案例我们可以得知，在西部发展相对快速的一些地区（主要为矿区），重金属污染是土壤污染的主要形式。土壤中的重金属主要来自污水灌溉、工矿活动、施用肥料和农药等，使用含有重金属的废水进行灌溉是重金属污染土壤的重要途径。重金属污染物在土壤中移动性差、滞留时间长、不能被微生物降解、可为生物富集，其自然净化过程和人工治理非常困难。所以，土壤一旦被重金属污染，危害性大且具有持久性。西部地区生态脆弱，加之新中国成立初期"三线建设"和"西部大开发"经济发展布局中资源型重工业设置结构的不合理，由重金属引起的疾病和环境公害事件已经相当普遍，如甘肃徽县儿童血铅超标、山西出现的"女儿村"等事件，凸显出西部地区重金属污染的严重性和危害性。

2）政府行政执法不作为是西部土壤污染程度加剧的首要原因

我国土壤普查制度由来已久，但这一制度对改善土壤质量没有起到实质性的作用，令人不安的是现在土壤普查已经仅留于形式。例如，在甘肃徽县儿童血铅事故发生之后，调查组发现该地区多年来竟然从未对污染企业进行过污染监测。由于西部各地均把发展地方经济作为中心任务，土壤保护主动让位于经济发展，土地行政执法，以收补偿费为主要形式，应对群众的投诉，仅以罚款做样子。这些行政不作为，加剧了当地的环境污染，放纵了排污企业的违法行为。

3）土壤污染引起的农产品安全问题日益加剧

西部有些地方食物中镉、砷等重金属含量超标或接近临界值，由农药和有机物、放射性等其他类型的土壤污染所导致的经济损失难以估计。部分地区污水灌溉已经使得蔬菜的味道变差、易烂，甚至出现难闻的异味；农产品的储藏和加工品质已不能满足深加工的要求，公众食用污染土地种植出来的食物后，遭受了不可逆性的危害，例如山西偏远山区出现的"女儿村"：该村井水中镉含量超标，男子饮用后严重影响生育能力，致使该地区近10年来出生的婴儿均是女性，导致当地性别比例严重失衡。

4）西部土壤污染危害进入集中"爆发期"

土壤污染具有隐蔽性和潜伏性，污染物在土壤中长期积累，其危害后果已经通过长期摄入污染食品的人体和动物反映出来，人体由直接接触污染物受害演变为人群共同致病。土地受污染状况由一些点块土壤的不能复垦，发展到了区域性丧失种植能力。这种由个体到群体，由点源到面源污染，由局部到流域层面污染的现状呈现不断扩大的趋势，土壤污染危害已呈现集中爆发的态势。

2. 西部土壤污染成因分析

1）经济原因分析

"两个大局"思想和"梯度发展理论"所呈现的东西部不平衡发展观，是西部土壤污染的根本原因。"两个大局"思想是在"公众中心主义"生态观的指导下产生的，目的是解决日益增长的物质文化需求同落后生产力之间的矛盾，特征是以经济建设为中心，生态保护让位于经济发展。新中国成立初期"三线"建设和"一五"时期形成的工业布局不合理，是造成当前西部土壤污染的政策原因。"三线"

建设及"一五"时期建设的绝大多数是资源利用型工业,几乎没有环保设施,这些大型资源消耗型重工业企业,在支援了国家建设的同时,也使当地的生态环境遭受了致命性的破坏。西部大开发产业结构调整战略,带来了土壤的结构性污染。

2)法律及制度原因分析

在法律以及制度原因分析方面,主要有以下几方面的因素:①缺乏相应的《土壤污染防治法》,土壤污染防治缺乏制度保障;②土壤权属设置不利于土壤的改良;③资源管理部门之间缺乏协调;④政府在规划工业发展时,只注重经济发展,而忽视土壤保护;⑤经济贫困化带来的急功近利思想,加剧了土壤污染。

3. 西部土壤污染对策

1)经济对策

(1)转变西部地区的经济发展模式。

为了实现区域经济模式由粗放式的资源开发型向保护资源、保护环境、提供环境效益产品的生态型经济转变,须克服将保护生态环境与促进经济增长对立起来以及对各类资源进行掠夺式开发的短期行为。

(2)发展本地区内的优势产业。

对环境产业的投资实行优惠政策,发展生态型经济下的新型替代产业,如绿色食品、生态旅游等对当地环境保护带动性强的产业。同时国家应该给予西部地区环境产业更多的优惠,加大对环境产业投资的激励政策。政府对环境产业的优惠主要包括更优的税收政策、更优的融资政策和针对外资更强的产权保护制度等。

(3)政府集中采购的生态化。

政府采购中应优先采购本地区环保企业的产品,以政策鼓励和带动本地环保产业的开发和发展,并评估危害环保的产品对本地区的影响程度,控制有害环境生态的产品的供给,做出限制或禁止消费和出口的规定。

2)法律对策

(1)制定《土壤污染防治法》。

将土壤污染保护法定位为土壤污染"防治法"而非"整治法",强调"预防治理相结合,重在治理"。《土壤污染防治法》的主要框架为:①总则,用以规定土壤防治立法的目的、原则等;②农业土地篇,针对农业土地污染进行特别规制,可分为农业用地的规划、利用和整治;③城市土地篇,对城市土地按照功能划分为商业用地、工业用地、公共用地等,并分别规划;④其他用地,主要包括除农业、城市用地以外的矿产用地、军事用地、港口用地等;⑤责任篇,设置归责原则及违反法律规定后所应承担的责任，主要包括民事、行政和刑事责任。

（2）加强土壤污染防治的行政执法管理水平。

进一步加强土壤监管机构队伍建设，把依法行政贯穿于土壤保护建设和监督管理工作的各个环节，切实做到严格执法、公正执法、文明执法，保障土壤资源的持续健康发展，同时明确责任，完善土地行政主管部门和其他国家机关工作人员的责任追究制度。

（3）健全责任追究制度，强化执法力度。

在环境污染危害案件中，要大胆追究地方主要领导的环境失职责任，加强对基层领导的环境保护意识教育，健全和完善公众对地方政府的环境责任的监督机制，强化政府的环境保护职能作用，加大环境案件执法力度。

（4）科学决策，完善土壤利用制度。

在制定大规模土地利用政策时，要对其后果进行充分评估，更多地关注土地利用的可持续性。政府作为国家代行土地所有权的主体，在出让土地使用权时首先要考虑被出让土地的使用及其恢复的可能性，如果会导致土地永久性损坏，则应停止出让。

3）转变观念

（1）转变政府经济发展观念。

重点要转变以往以牺牲环境促经济发展的经济发展观念，把环境保护纳入政府的政绩考核中来，大力发展绿色 GDP 政府考核标准，协调好经济发展与环境保护的相关利益关系。

（2）转变群众观念。

应当通过报刊、广播、电视等新闻媒体大力宣传环境保护，提高公众土壤保护意识，引导大家积极参与土壤保护行动，以直观案例方式使大家了解土壤污染的危害性，鼓励企业投资土壤污染治理事业。特别注重加强对西部行政部门及其干部的土壤安全意识教育，鼓励和推动社会参与、培育自下而上的环保活动，逐步将环保"政府主导型"模式转变为政府主导与社会参与相结合的模式。

2.6.4　噪声污染案例——鄞州区乡镇噪声污染案例

1. 鄞州区乡镇噪声污染现状

鄞州区乡镇企业中，突出的噪声源是机械噪声源，有的高达 106dB（A）。在这种生产状况下，按照国家《工业企业噪声卫生标准》只能工作 1h，而工人却要在这种高噪声场所持续工作 8h，工人们下班后，反映有长时间耳鸣、心跳激烈等感觉；一些厂生产区离村民居住地较近，生产时间受到限制。

纺织行业中织机的噪声持续时间长，是一种宽频带噪声，部分织布厂位于街道中段的人口稠密区，严重影响了周围居民的工作和休息，现不得不采取搬迁措施。

随着经济建设的稳步发展，建筑行业逐步增多，一些施工队占用临时场地，在人口居住集地捣制水泥板，振动器的噪声也已引起居民的不满。

通过噪声源的评价结果可知，在所调查的 10 个行业中，有 9 个行业为主要污染行业，特别是化学工业、建材、非金属制品业、纺织业，噪声污染较为严重。家具制造业等工艺产品生产，一般为手工劳动，在正常生产条件下，噪声污染程度较轻，但在电力不足的情况下，企业用柴油机发电，可产生较大噪声污染。

2. 鄞州区乡镇噪声污染控制对策

针对乡镇噪声污染的情况和特点，主要采取了以下措施来降低噪声污染。

（1）从区（县）、镇（乡）到村各级政府应充分重视规划的科学性，合理规划居民住宅、工厂企业、交通道路的布局。目前，鄞州区正进行大规模新农村建设，体现了区政府各级领导情系百姓，通过新村建设改善农民居住环境。把规划放在举足轻重的地位，相信已考虑到了人居环境安静舒适的要素。保护环境，人人有责，积极向政府献计献策。现不妨再强调交通噪声方面的控制对策：

①住宅区应与交通道路保持必要的距离，两者实在无法避开时，应扩大道路与人居建筑之间缓冲区的距离。一个可行的好办法是建立道路绿化缓冲带，也可提升道路的景观；此外，选择道路交通噪声对人居建筑影响最小的布局方案，靠马路建筑安排商店、餐馆、娱乐场所等非居住建筑，或者，合理安排卧室、起居室的朝向、位置，设计公共走廊、封闭阳台等避免交通噪声影响。

②从长远打算，发展城乡公共交通，减少道路车流量，从而减少交通噪声污染。

（2）在审批企业新建项目时，应严格把关。在人口稠密区及居民集中居住地，不得新建噪声污染严重的生产项目，在办厂选址时，应考虑噪声对周围环境的影响。

（3）环境保护管理部门应继续加强对污染企业、建筑施工的管理。建筑施工应严格按环保规范操作，污染企业的运转不得违反环保法律、政策等。对影响人居环境又无法有效治理的企业执行关、停、并、转等措施予以彻底解决。同时，采取有奖举报、群众监督等措施，使污染企业无地可藏。

（4）加强环境保护宣传，督促企业采用先进生产工艺、生产设备，源头上杜绝污染。对无法避免的污染，在人居建筑中设置隔音窗、采用高性能隔音墙等隔音设施，减少污染。

（5）对现有敞开式的球磨机厂房进行改造，建立车间低噪声的值班室。对球磨机等采用包扎阻尼隔声层，建立隔声室等技术，控制和削减主要噪声源。

（6）对住宅区内部噪声污染，要采取单项或多项综合治理措施。如视听音响、人群吵闹等社会生活噪声污染，采取控制混响时间和督促居民提高公德意识等措施；对新建住房尽可能采用隔音性能好的建筑材料和装饰材料。又如住宅区内空调噪声污染，尽可能选用低噪声空调设备，有污染的空调设备应安装隔振器隔振、消声器和隔音屏等。

2.6.5　光污染案例

玻璃幕墙自 20 世纪 80 年代传入中国以来，因其外观绚丽多彩、自重轻、工业化生产程度高、安装方便、施工速度快、建筑艺术效果独特等特点受到建筑师和业主的青睐。但是，从 1996 年上海四川中路 458 号玻璃幕墙光污染投诉事件以来，玻璃幕墙的负面影响越来越多地被人所认知，光污染已成为继水污染、大气污染、噪声污染、固体废物污染后的又一大污染。

1. 项目概况

以上海市卢湾区的两个地块商业办公楼项目为例。该项目由两栋 135m、27 层高的塔楼和三层高的商业裙房组成，外立面维护玻璃幕墙包括可视部分和非可视部分。玻璃的基本配置为 8+16A（双银 Low-e）+6 中空钢化玻璃。

2. 玻璃幕墙环境影响评价的原则、依据和标准

1）评价原则和依据

鉴于国内有关光污染法律法规欠缺的现状，根据玻璃反射光的特性，确定评价依据为《玻璃幕墙光学性能》（GB/T 18091—2000）和《关于在建设工程中使用幕墙玻璃的有关规定的通知》（沪建材（98）第 0322 号），参照《环境影响评价技术导则》（HJ 2.1—2011）中的建设项目环境影响评价的一些技术方法，进行光污染环境影响评价。

2）评价标准

光环境受到破坏主要是眩光的出现。眩光是指由于视野中的亮度分布或亮度范围的不适宜，或存在极端的对比，以致引起不舒适感觉或降低观察细部或目标能力的视觉现象，包括失能眩光、失明眩光和不舒适眩光。玻璃幕墙产生的眩光主要是失能眩光和不舒适眩光。眩光感觉的评价指标在国际上有很多，但总的说来，它和光源的面积、亮度、光线与视线的夹角（仰角）、距离及周围背景的亮度存在以下关系：

对眩光的感觉 $\propto$ （面积×亮度^2）/（仰角^2×距离^2×周围环境亮度^2）

目前，由于计算和测量技术上的限制，很难定量地评价眩光感觉，因此选择目标亮度和入射角度作为评价指标。

3. 避免光污染的措施

（1）本项目主要从选材和设计两方面采取了减少光污染的措施，具体如下。

①选材：在上海，新建、改建项目大多选用低反射率的 Low-e 中空玻璃，卢湾区 126 号地块和 127 号地块商业办公楼项目也无例外地选用了可见光反射率为 15%的浅灰色的 8+16A（双银 Low-e）+6 中空钢化玻璃，既响应了节能减排的政策，又大大降低了玻璃对周围敏感建筑的光污染影响。另外建筑外立面采用的其他金属件和材料均要求用非镜面材料。

②设计：要控制玻璃幕墙的有害光反射，就要减少玻璃反射光的有效面积，卢湾区 126 号地块和 127 号地块商业办公楼项目立面设计上主要通过增设突出玻璃面板 400mm+150mm 的竖向遮阳板，来降低光污染。

（2）其他防止玻璃幕墙光污染的措施。

①合理规划：规划部门应该从宏观上对城区玻璃幕墙建筑进行合理规划，对主干道上建筑是否适用玻璃幕墙进行论证，对住宅区密集的地方限制玻璃幕墙的使用，从根源上防止玻璃幕墙光污染的产生。

②增加遮阳措施：除了增设遮阳板之外，还可增设百叶窗和雨棚等来降低玻璃反射光的有效面积，使立面有效玻璃面积比小于 40%。

③合理设计立面形状：根据光反射原理，弧形的凸面可以增大反射光影响范围，凹面对反射光可以形成聚焦作用从而引发火灾等，均不利于降低项目的光污染影响。因此立面应尽量避免设计成弧形，可设计成齿状，以达到对立面玻璃反射面的分隔，从而降低对周围敏感建筑影响的持续时间。还可以设计成梯形和增建裙房来降低建筑立面产生光污染的有效高度以达到缩减反射光影响范围等。

④合理设计建筑朝向：根据光的反射定律，反射光方向由入射光方向和反射面决定，因此可以根据敏感建筑的分布，合理设计建筑的朝向，通过改变反射面来改变反射光与人视线的夹角，从而降低眩光等级。

⑤合理设计玻璃位置及面积比：根据太阳与地球的位置，在北回归线以北，建筑的北立面不受太阳直射，因此可以增加玻璃面积，而对于容易产生直射光的立面（如东、西立面）要限制玻璃的使用。可以采用石材或者铝板进行分割，以降低立面的玻璃面积比，使玻璃不产生连续的大面积反射，从而降低玻璃对周围敏感建筑影响的持续时间。

⑥合理设计和安装玻璃幕墙：玻璃幕墙的组装与安装必须平整，应符合平直度要求，所选用的玻璃也应采用平板玻璃拼接，尽量不使用弧形凹面或凸面玻璃，防止造成发散和聚光效应，不利于降低光污染。

⑦加强外墙玻璃清洗工作，防止玻璃粘上灰尘后增大光反射率从而加重对周围环境的影响。

⑧在上海四川中路 458 号玻璃幕墙靠近道路的位置加强绿化，可以种植高大乔木来降低反射光对司机、行人等的影响。

第3章　环境的变迁

　　1988年6月，全球各国科学家聚集于加拿大的多伦多市，召开"变化中的大气：全球安全的含义"（The Changing Atmosphere：Implications for Global Security）国际会议。会议的结论之一是，公众正在从事一项毫无计划、毫无控制而且污染全球的实验，其严重的后果仅次于全球核子战争。由于公众活动的污染，低效率而且不加节制地使用化石燃料，以及许多地区快速的人口增长，均使得地球的大气成分产生了史无前例的改变。这些改变对国际间的安全造成巨大威胁，而且在许多地区造成重大灾害。大气中二氧化碳和其他温室气体含量的增加不仅造成全球增温以及海平面上升，而且对臭氧空洞也造成了深远影响，其结果将增加紫外线辐射的伤害。

　　1989年7月14日至16日，西方七个主要工业国家在法国巴黎召开高峰会议，会议发表联合公报。全世界已日益察觉到，必须设法维护全球生态环境平衡。目前世界重大环境问题包括空气、湖泊、河流和海洋的污染，其中空气污染可能造成全球气候的变迁。

　　地球自然环境的变迁是显而易见的，其中最引人注目的就是气候暖化，而我们暖化的趋势甚至超越了全球。根据联合国政府间气候变化专门委员会（Intergovernmental Panel on Climate Change，IPCC）统计，20世纪全球气温上升约0.74℃，21世纪可能会再上升1.5～1.9℃。气候暖化是一项重要的变迁指标，反映了大气温度正在上升，其他环境变迁的指标也随机而来。面对全球环境的变迁，有时候我们不免存在侥幸心理，认为灾难不一定会降临到我们身上，而事实上，许多古文明的消失已印证了环境变迁的严重后果，其中也有由公众超限使用自然环境资源造成的。欧洲希腊与中美洲玛雅古文明就是例子，他们都经历过高度的土地开发及人口兴盛，利用森林及水资源达到极致；然而就在这样紧绷的临界状态下，因为自然环境的变迁，天然灾害增加，两大古文明分别终止于公元前4世纪与公元11世纪。

　　面对当前的环境形势，我们除了必须了解环境变迁的现状与趋势，更需要积极了解环境变迁的原因，尤其是超限使用环境资源的部分。只要我们改变自己的行为，采取永续经营的措施，绝对可以减缓变迁的速度、规模，最终将扭转这样的趋势。

3.1　当前的环境变迁与原因

1. 环境变迁

自然环境随时有着动态的变化，各种变化在一定时期内会落于某个常态范围之内；变迁则是一个过程，环境变化会从一个常态范围逐渐过渡到另一个常态范围。随着近现代科学技术的迅速发展，各类发明成果促进人类社会改造自然环境的能力逐渐强大起来。现代人已经有了相当大的改变自然环境的能力。不过公众在享受科技进步营造的舒适生活环境时，并没有及时意识到所付出的生态环境代价，结果是公众被迫面对日益严重的环境污染和地球生态危机。

2012 年，联合国环境规划署发布报告追踪了世界 20 年的环境变迁，指出世界人口不断增长及收入水平日益提高，推动了水、能源、食品、矿产和土地等资源需求的增长，自然资源在不知不觉中被大量消耗，逼近枯竭，越来越多地受到生态系统、资源生产率以及气候变化的影响和制约。

2. 变迁与周期

如同自然灾害，有的环境变迁是周期性的，有的则是非周期性的，例如海洋的形成。地球形成之初并没有海洋，在之后的数亿年间，火山喷发将水蒸气从地壳带到地表，而后凝结汇聚成海洋。这样从无到有的变迁是单一、不可逆的变迁，即使之后的三四十亿年间，海洋的海平面有所升降，但是不曾完全消失。地球上大多数的变迁是周期性的，变迁的规模越大，周期也就越长，海平面的上升下降就是如此。例如，潮汐是短周期、小规模的海平面升降，在以半月为周期的涨潮到退潮的循环中，全球大部分区域高低潮位的落差只有几米，影响到的海岸范围小则几米，大则也有数千米，仅少部分地区可达到 10km 以上。

但是，地球冰期与间冰期的循环则是长周期、大规模的海平面升降，其中一种周期可长达 2 万年。现如今我们就处在间冰期，气候温暖、南北极冰帽体积较小、海水较多，海平面较高；不过距今约 18000 年前的冰期，全球气温比今日约低 4℃，两极冰帽大增、海水大减，全球海平面比今日下降约 120m，许多浅海都暴露为陆地，水平距离动辄数百千米，就像宽约 150km 的台湾海峡，整个变为陆地。冰期大约在 12000 年前终止，气候开始暖化，海平面持续上升直到 6000 年前，高度与今日相近，之后仅有小规模的变化。

冰期之后的气候暖化与海平面上升历时长达数千年，早期公众文明必然受到极大的冲击，许多海岸居地不断被海水淹没。这些灾难事件使得许多古文明都留下大洪水的传说，曾经大洪水与诺亚方舟的传说即为其一。

3. 当前的环境变迁

当前的环境变迁速度飞快，造成的不当后果前所未见。例如前面提到的全球气候暖化，20 世纪全球气温上升的速度约 0.74℃/100 年，而从 12000 前到 6000 年前间冰期阶段，温度上升速率也只有 4℃/6000 年，即近百年来暖化速率约为之前的 11 倍多。

这样快速的环境变迁对地球上的物种是极大的挑战。据生物学家统计，在 20 世纪 80 年代，每天约有 2～3 种生物消失，到了 21 世纪高达数百种。在地球的历史中，这样快速的物种消失是第一次。在过去 6 亿年中，地球曾经发生过 5 次物种快速、大量消失的灭绝事件，不过每次都长达数千年到数万年，物种消失的速度远不如当下。

4. 当前环境变迁的原因

当前环境变迁的原因，最主要的是公众活动，尤其是工业革命与化石能源的使用。公众是生物圈的一份子，衣食住行都得从自然环境中获取资源与能源，使用过后的废弃物也会回归自然环境，这样的获取与舍弃就造成了自然资源的变迁。除此之外，公众还会应用科学知识与工业技术，因此改造环境的速度和规模，远远超越其他生物，一旦达到环境资源的极限，使环境失衡，不可避免的灾难将如期而至，希腊与玛雅古文明的消失就是明证。

19 世纪初，工业革命使得公众改造环境的规模与速度更加突飞猛进，借由大量使用化石能源，公众不再只从生产者取得太阳能作为燃料，也不再只能利用人、风、水等传统机械力驱动机械。此外，我们也从化石能源、新发展的科学知识与工业技术中，创造了自然界不曾存在的物质，但这些物质也有超乎预期的副作用。但工业革命的出发点是为了追求公众繁衍与生活福祉，其也的确达到了这个目的。在公众消耗化石能源、人口快速膨胀、人造物质充斥等情况下，不仅公众环境变迁急速，衍生的自然环境变迁也是，包括各种有利或有害的变迁。

就燃烧化石能源而言，最直接的影响就是产生大量的温室气体，延长了热量滞留于地球的时间，造成地球暖化。化石能源是古代生物的有机遗骸与相关产物，这些生物吸收太阳能，储存于二氧化碳与水合成的有机碳水化合物中，再埋藏于地下变成化石。在燃烧化石利用这些古代太阳能时，碳水化合物就还原成水蒸气和二氧化碳，而这两者都是效率极高的温室气体。

就许多人造物质而言，最直接的影响是不易在自然环境中分解消失，成为持久性污染物且毒害自然环境。例如从化石能源提炼的人造纤维成功地替代了棉花、麻与木材等自然原料，可是它们经过几十年仍不易腐烂，有些甚至会在分解过程中释放出有毒物质。例如冰箱的制冷剂氟氯烃化合物，逸散到高空会破坏臭氧层，造成臭氧层空洞，且可长达数十年仍不易降回地面。

接下来，我们将主要从大气圈、水圈、地圈与生物圈四大方面了解环境的变迁及其因素。

3.2 大气圈的变迁

公众活动改变了大气的组成及其运行状态，相对于水、生物及地圈而言，大气圈对公众活动带来的失衡最为敏感，加上全球环流相互影响，变迁的速度也最快。在本节中，我们主要归纳讨论 3 个主要的大气变迁，包括气温上升、臭氧层稀薄和空气污染。

1）气温上升

气温上升造成的全球暖化是当前最主要的大气变迁，主因是温室气体的增加。这些气体造成的温室效应会使气体辐射回太空的热量减少，太阳入射的热量不断累积，气温随之升高。由于热量是推动大气运行的原动力，因此气温上升会引发各层面的气象与气候的变化。温室气体有二氧化碳、水蒸气、甲烷、臭氧、一氧化二氮和氟氯碳化物（CO_2、H_2O、CH_4、O_3、N_2O、CFC），其中最重要的就是 CO_2，它可以长期滞留在大气之中，长达 50～200 年。

气温上升最直接的危害就是更多地区出现热浪，中高纬度的温带气候区受害尤其严重，当地居民往往难以适应，常有热衰竭致死的悲剧。气候暖化也会增加海水蒸发的水汽，促进大气对流；增加水汽会使全球降雨量增加，变迁后的大气对流则会改变区域的年降雨量与形态。近年来，全球许多地区水旱灾频频发生就是这种状况的真实反映。

2）臭氧层稀薄

臭氧层空洞，原因是氟氯碳化物飘到 20～30km 高空的臭氧层时，在紫外线的照射下产生氯原子，使臭氧还原成一般的氧分子。

臭氧可以吸收一部分来自太空的紫外线，一旦臭氧层变得稀薄，紫外线入射量会增加，就会造成公众晒伤、白内障与皮肤癌等病变。

公众制造的氟氯碳化物原先是作为冷藏或空调机械的冷媒，或发泡剂以制作保利龙等隔热材料。它由许多不同的化学组成，可以滞留大气长达几年到几十年。从 20 世纪 80 年代开始，科学家就观测到南极上空臭氧层稀薄的现象，因此许多国家在 1987 年签署《蒙特利尔议定书》，决议更新冷媒并减少使用发泡剂。这项措施一度使南极上空的臭氧层稀薄现象得到缓解；但是近年来，北极上空则有恶化的现象，显然这些人造物质仍大量滞留在臭氧层。

3）空气污染

空气污染主要指燃烧化石能源或森林产生的气态、液态与固态物质，这些物质常随着盛行风、季风等进行长距离传送。主要的空气污染物质包括：煤渣、粉尘、硫氧化物、氮氧化物、碳氧化物、大气汞、辐射尘、沙尘等，煤渣与灰渣等固体微粒会促进云层的生成，进而吸收或反射阳光，可造成区域内的气温在短期间内下降，同时也会增加降雨机会。云雨可以溶解上述的各种氧化物，使得雨水酸化而成酸雨。另外降雨也会使大气汞、辐射尘沉降到土壤与地下水中。酸雨、汞和辐射尘都会直接损害生物健康，也会破坏土壤的酸碱值与重金属的成分，使得自然植被与作物生长缓慢，或进入食物链内不易排除，持续危害环境。

3.3　水圈的变迁

水与大气同属于流体，因此公众活动改变水圈的组成与运行之后，引发的变迁可以很快地扩及全球，速度仅次于大气圈。在地表的气温范围下，水会产生固液气三态之间的三相变化，也有热胀冷缩的体积变化，因此一旦发生变化很容易衍生大气与地圈的相关灾害；尤其水是维系生命的必需品，对生物圈的影响更是直接。在本节中主要包括 6 个变迁指标：海水温度上升、冰体融化、海平面上升、海洋污染、淡水资源匮乏及淡水资源污染。

1）海水温度上升

温室气体延长热量在地球的停留时间，其中一部分就储存于海水中，并由洋流传递到全球海洋的各个角落，使得全球海水温度上升。海水温度上升会增加水汽蒸发，造成降雨与飓风的增加、水患容易发生，也会使海水密度下降，不易下沉，使深层洋流的流动欲振乏力。深层洋流原来可以流贯各大洋，是全球热量传播的重要机制，一旦缺乏动能而迟滞，全球热量也会减缓，各地气候发生异常的概率也会随之上升。

此外，海水温度也有区域性上升的现象。为了解决高热能工业的用水需求，厂区大多设置在海岸附近，利用海水作为冷却剂，循环流出的海水就将热量输入近海水域，使得海水温度上升。例如建在海边的核电站的冷却水出口附近的水温升高使得珊瑚礁死亡、白花，这些含辐射的循环水还会造成海洋生物的畸形与病变。

2）冰体融化

由于全球大气与海洋温度上升，各大冰体逐渐融化，包括两极的冰帽与海冰、山岳冰川以及周遭冰冻的地下水（永冻土）。

冰体融化除了会造成海平面上升之外，也会增加周围地区的地表径流，进而会使水灾发生的概率增高。永冻土融化会衍生地圈与大气圈的变化。这是因为土壤中的空隙充填物从冰变成水之后，就从固体变为可塑性较高的半流体，引起底层沉陷等灾害。另外，原先封存在永冻土中的有机物质也会因此接触到空气，分解成为水蒸气与二氧化碳，增加大气中的温室气体。

冰体与永冻土融化之后，也会引发生物圈变迁，尤其是以它们作为栖息地的生物。例如，北极熊和海豹就会因此面临严峻的灭种威胁，由于海豹需要海冰修筑育婴巢穴，而北极熊则利用海豹这样的习性加以猎捕。在过去 30 年中，每 10 年北极的海冰覆盖面积约减少 3%，部分地区的海冰厚度减少高达 40%。

3）海平面上升

全球海平面上升，主要是因为海水温度上升造成的体积膨胀，以及陆地冰帽融化，使得海岸被淹没。这也会阻挡河水的宣泄，泛滥成灾。

海平面上升的威胁非常严重，因为全球人口有将近 2/3 居住在海岸线 6km 左右的范围。依据联合国政府间气候变化专门委员会（IPCC）的预测，全球海平面到 2100 年可能会上升 60～100cm。如果依据今天的人口分布，上升 50cm 会淹没尼罗河三角洲附近 1800km^2 的海岸地区，约 380 万人受到影响；100cm 则会淹没 4500km^2，约 6100 万人的生存受到威胁。

地球上部分区域因为超抽地下水或输砂量减少，海岸低地因此底层下陷而没入海平面之下。例如，台湾严重超抽地下水的有云嘉南、高屏一带海岸，不止地层下陷，地下水层也因海水入侵而碱化。

4）海洋污染

公众活动的各种产物或多或少都会被水溶解，因而进入水圈的循环，最终汇集到海洋，然后进入食物链而被最高级的消费者——公众吸收。公众污染海洋的途径很多，包括直接倾倒于海洋、冰川与地下水，也会因大气的运行散播，例如降雨和气流。有许多严重的海洋污染是意外发生的，但是公众不成熟的科技意识难辞其咎，例如 2010 墨西哥湾海域钻油平台的原油泄漏事件、2011 年福岛核电站泄漏事故等。

由于海洋非常宽广，又有波浪、潮汐与洋流等复杂的作用，以及各式各样的污染源，不止污染容易累积、不易控制、不易排出，造成的变迁指标也非常多，如酸碱性下降、重金属离子增加及富营养化。酸碱值下降：燃烧化石燃料会产生许多氧化物，进入海洋之后就成为碳酸、硫酸、亚硫酸、硝酸、磷酸与硼酸等，海水因此酸化，导致许多海洋生物不能适应，其中以珊瑚最为严重。珊瑚与体内的共生藻是珊瑚礁生态系最重要的基础消费者与生产者，一旦数量减少，整个生态系与相关的渔业资源就会崩溃。重金属离子增加：海洋污染中常见的有害重金属有铜、铅、镉、汞等，人误食含重金属的海产品会出现中毒现象，导致呕吐与腹泻，严重者会死亡。富营养化：由于河水带来过多残余肥料与洗涤剂，其中含有氮、磷、钾等营养元素，海中的浮游植物因此大量繁殖，消耗海水的含氧量，导致其他生物因缺氧而大量死亡。

5）淡水资源匮乏

公众对淡水资源的最大用途是农业灌溉，高度工业化国家则有比例较高的工业用水，一般来说民生用水最少。淡水占水圈总体积不到 3%，如果人口不断膨胀，淡水资源将不敷使用。目前来说，淡水资源匮乏的主要原因是运送过程中的损耗与浪费，以及使用过后的污染。

6）淡水资源污染

淡水的污染使得可用的水资源越见捉襟见肘。据联合国环境规划署统计，现在全世界自来水接管率远高于污水下水道接管率，净水厂的量也不足。在各种污染中，工业药品是最严重且不易排除的污染源，包括过程中添加的化学药剂、助溶剂与冷凝剂等。其实解决方法不难，就是循环使用，回收、净化、再利用厂区的废水，既可以减少抽取水源，也可减低排放污染。

3.4　地圈的变迁

通常大规模自然的地圈变迁速度缓慢、不易察觉，例如板块移动或冰川消融；相比之下，尽管地貌的变迁规模较小，但是速度很快，造成的危害也是立竿见影。公众最广泛使用的土地为农业，包括耕作、畜牧与水产养殖，其次为公共与私人建造，包括交通、水利、工商、矿业与娱乐，再者为居住。这些活动除了会直接造成地貌的变迁外，也会改变土壤及岩石的形成，污染地壳。

如果认为地圈变迁结合了水圈、大气圈等反应敏感的系统，那么引起的不良后果很容易是全球性的。例如全球沙漠周边正在沙漠化，沙尘暴发生率提高，部分因素就是周边的草原被当作畜牧地，牲畜过度啃噬使草原消失成为沙漠。另外，大量林地被改为谷地或牧草地，单位面积的生物质量减少，也就是二氧化碳与水气增加，也成了全球暖化与淡水资源减少的原因之一。虽然我们通常认为的地貌变迁规模较小，但是陆地是我们的栖息地，危害是直接的。

1）山坡地的开发

我国是一个农业大国，农地与住宅开发早已深入山区，自然林地因此消失，生物质减少，同时还降低了原有水土保持与自然调节河川水量的功能，使得上游容易发生山崩、泥石流，下游容易发生水旱灾。

2）热岛效应

随着现代化发展，城区不断扩大，高楼林立、住宅密集，铺设着不易透光的柏油与水泥道路增加。然而这些水泥道路容易吸热也容易散热，导致夏季"热岛效应"时常发生，迫使空调耗电激增，消耗更多化石能源以用于发电；并且一旦下起暴雨，这些不透水的地面会阻隔雨水渗透成为地下水，使地表水四处横流，容易超过排洪与疏洪设施的容量，使城区酿成短时间的水灾。

3）矿产开采与地下空间的利用

我们开采河川的沙石等于恢复河流的搬运力，河床与河岸反而会遭受河水侵蚀，洪水发生时就容易引发断桥或溃堤。石灰石、煤与金属矿的开采会破坏边坡稳定与原生土壤，堆置的废弃土与岩屑则提供了山崩、泥石流的材料。

4）废弃物填埋场

污染水源、土壤的后果不容忽视，许多厂址是设置在人口较少的山区，而山区往往就是河川与地下水源地，一旦发生污染将危害深远，尤其是不易排除的工业与冶金生产过程中制造的有毒物质，例如化学熔剂与溶剂、炉渣、沥青、染剂与塑化物等，其中常含有重金属与有机污染物。遭污染的水体若渗入土壤，也将毒害农作物，威胁人与生物的健康。

5）海岸沙滩的流失

填海造陆与兴建堤防可在数年之内完成，但如果忽略海岸输砂模式，很容易引起突堤效应，在迎向输砂方向的海岸产生淤沙，背向输砂的海岸则出现沙滩流失，一些原来美丽的沙滩因此消失。堤防附近的海港则容易淤积，使用寿命将不如预期，浪费投资。

3.5 生物圈的变迁

现代人类自从约 10 万年前出现在地球之后，人类活动就开始有意、无意地造成生物圈变迁，现今已造成严重的全球生物与生态多样性的消失。人与其他物质的竞争行为有许多是可以避免的，尤其是错误的捕杀，澳洲袋狼的消失就是其中一例。这种有袋类动物，外形酷似狗或野狼，被牧人误以为是牲畜的潜在杀手而遭到大量捕杀，在 20 世纪前叶就不曾出现。还有农夫使用杀虫剂消灭作物病虫害，结果往往为了"不放过一个"而"错杀了一百"，其他没有危害的生物也被一并消灭。

公众活动造成的生物圈变迁主要有以下 4 种：过度捕猎、破坏栖息地、任意引进物种与病原微生物增加。

1）过度捕猎

公众为了获得食物、衣物及医药用品等，大量捕杀生物，造成生物种群数量减少，甚至某些物种消失，进而也破坏了大自然的食物链，间接使更多物种受害。例如，公众大量捕杀鲔鱼就是一例，因此使捕食鲔鱼的虎鲸转而掠食更多的海豹，海豹减少之后，海胆因天敌减少而数量急剧增加，进而使昆布被海胆大量啃食，结果摧毁了这个食物链的基础生产者，所有的生物都因此受害。

目前海洋生物更大的危机来自于公众对海洋鱼类资源是有限的认识不够，经常以"一网打尽，涸辙而鱼"的不当方式捕捞。近 30 年来，海洋野生动植物群组与总数量严重减少，全球渔捕量已出现负增长，捕捞渔业大幅衰减。科学家大胆预测：到了 21 世纪中叶，现在经常捕捞的物种将从海洋消失。

这样的食物链失衡在陆地早已经发生。17 世纪荷兰侵占台湾时期，曾经一年出口 20 万张鹿皮，当时鹿肉是原住民重要的粮食之一。如今，原生台湾亚种梅花鹿早已消失，而现存的野生梅花鹿则是从其他地区引进的。另外在 19 世纪末，数千万头北美洲野牛被蓄意屠杀至仅剩数百头，目的是排除欧洲移民圈养牲畜的竞争者，并消灭印第安原住民的粮食来源，与实质需求完全无关。虽然今天野牛已恢复到足以健康繁衍的族群数量，但印第安原住民仍为弱势，文化遭遇的破坏已难以挽回。

2）破坏栖息地

破坏栖息地主要是指公众为了取得土地，通过扑灭原生生产者的方式所进行的生态改造，导致整个生态系统被消灭或切除，其中最严重的就是"去森林化"。

原生的森林、草地、湿地、沼泽与绿洲以多元的生产者为基础，都是物种丰富的自然生态系。我们去除了原生的生产者，改种植人为育种的物种，只为公众、家禽与家畜的消费而服务，其他野生消费者也被视为有害的竞争者，被污名化为"害虫、病虫害"而遭捕杀。许多粮食作物、蔬果、牧草、药用与造林植物都是这样大规模被保护、耕种的生产者，原来形形色色的生产者与消费者都直接或间接的消失，使生物与生态多样性降低，物种也就趋向单一。

公众的土地利用也会使自然栖地支离破碎，对于需要大面积、完整栖地的物种来说，生态一样惨遭毁灭。就像台湾的特有种黑熊，常需要数十平方千米的栖息地，这样大规模而又不被公众干扰的区域只剩高海拔山区，其他低海拔原生林地多被变更成道路或人为建筑物，人与黑熊会有频繁的接触，但最终迁移、消失的还是黑熊。还有一个例子就是，云南西双版纳的大象与当地居民之间的冲突。

3）任意引进物种

在公众的迁移活动中，经常有意或无意地引进许多生物到其自然栖息地之外的环境，成为顺利繁衍的"外来物种"，有的甚至成为可怕的"入侵物种"，即比当地物种更具有竞争优势，导致原生物种的消失。

现在所谓"原生种"的澳大利亚野狗其实是外来物种，在数万年前才与原住民抵达有袋类动物的天堂——澳大利亚，这些狗原来是帮助打猎、看家的家畜，后来野生化、本土化了。其后随着公众入侵澳大利亚的还有：作为肉品的猪、不请自来的老鼠、捕鼠的猫等等，它们在澳大利亚几乎没有天敌，比有袋类动物更有生存优势。觅食的猪与老鼠不仅吃植物，还吃原生动物的幼犬、蛋与死尸，使受害的物种增多。为了减少鼠患而引进的猫是狩猎高手，原生物种从未遭遇如此"高明"的掠食者，反而成了鼠与猫的共同猎物。

动植物的入侵现象在许多原先与世隔绝的大陆和岛屿一再发生。这些案例包括我们有意引进的物种，例如作为水族箱清道夫的琵琶鼠鱼、食用的吴郭鱼、福寿螺，以及纸浆原料的银合欢等；也有无意中引进的物种，例如小花蔓泽兰与大花咸丰草，对台湾原生物种带来了致命的威胁。

4）病原微生物增加

病原微生物与其病媒最容易在高温潮湿的环境中滋生，在全球暖化的趋势下，更是增加了其大规模传染的机会。现今便利与频繁的全球化交通，也进一步助长大规模的传染。最耳熟能详的就是"登革热"病毒，每年都有一些在国外感染的"非本土型"病例；登革热现在已成功登陆，繁衍成为"本土型"传染病。

近来还有许多新出现的传染病，包括新接触到的人兽共通病原微生物，有些则是全球暖化造成微生物快速演化与突变，而产生具威胁性的新种。20世纪，就有后天免疫缺陷症候群（艾滋病）、严重急性呼吸道综合征（SARS）、狂牛症、退伍军人症、伊拉伯出血热、多种肝炎、禽流感等。

此外，这些病原微生物也会危害公众圈养的禽畜、耕种的作物与养殖的水产，甚至危害野生动物。

　　结语：公众活动造成地球环境快速变迁已是不容置疑的事实，而且囊括了地球的各个系统，彼此之间也有很高的联动性，往往是"牵一发而动全身"。这使得我们俨然熟悉的地球再度变得陌生，不但公众自己的生存挑战增加了，其他生物也被迫面临生存威胁，遭受"池鱼之殃"。

　　如今生存的挑战越来越迫切，因为全球当下环境变迁的速度非常快，而且处于持续加速当中。但以公众日新月异的科技、求生的意志与智慧来看，绝对做得到"永续经营地球"，我们现在依然有机会保护地球，以给予后代子孙干净的生存环境。

　　为了寻求"经济节约型、环境友好型"的可持续发展模式，政府及各个机构都做出了相应的努力，但这是远远不够的，必须有各企事业单位的配合和全民参与。因此，为了实现我们的发展目标，提高全民的素质教育及环境知识教育是必不可少的，同时还要加大监管力度，加强管理的制度，建立健全我国在环境管理方面的法律法规体系，做到一视同仁，绝不徇私枉法。

第 4 章　环境与生态

公众和任何一种生物相同，都是生态系中的一份子，要想了解自己的生存环境就必须先知道什么是环境，什么是生态，环境与生态之间的关系。公众是众多生态系组成分子中唯一有能力大幅度改变环境的生物，但是大部分因人而起的环境变迁并没有带来预期的效果，因为改变环境的结果对生态产生了负面影响，进而导致生存环境的恶化，生态破坏。

环境是一个应用广泛的名词，其含义和内容极其丰富，且随着各种具体状况的差异而不同。哲学上的定义：所谓的环境是指相对于某一中心事物而言，作为某一中心事物的对立面而存在。即围绕一个中心事物的周围的一切。而在环境科学中，环境是公众赖以生存和发展的基础，以公众为中心并围绕着人的客观物质世界。包括其他生物和非生命物质，构成公众的生存环境。环境既是公众生存发展的基础，也是公众开发利用的对象。

随着粮食、人口、能源和环境等一系列世界性问题的出现，推动了生态学的发展，使生态学超越了自然科学的范畴，迅速发展为当代最活跃的前沿科学之一。生态学的基本原则不仅被看作是环境科学重要的理论基础，也被看成是社会经济持续发展的理论基础。然而，我们对环境和生态的认识不能仅停留在概念阶段，对环境与生态我们还应该作进一步的了解。哪些单元是组成环境的关键？这些关键单元在生态系中的功能有哪些？不同单元之间如何形成关联？这一章就从这几个方面来探讨环境与生态。

4.1　公众生存的环境

公众的热中性区（thermal neutral zone）大约在 27～38℃，在这个范围内身体不会额外提高代谢速率来调节体温，高过这个范围才会增加身体的代谢负担。如果现在的室温是 35℃，有充足的水分供应，公众的生命机能正常运作绝对没问题，但是如果能将室温调整为 27℃，人们会感觉很舒服。数百万年来，公众从起源地向全球各地拓展疆域，寻找适宜居住的环境，同时也随着环境条件改变生活方式，寻求所谓的舒适感。

人是自然环境的产物，自然环境是公众赖以生存的基本条件，公众环境的范畴是随着公众社会的发展而不断变化的，其范围也在不断扩大。早期公众的生产力十分有限，因此，所能影响到的环境范围也有限。居住在各地区的人们对舒适感的定义可能都不太相同，但是公众生存的基本需求并没有太大差异，这些环境条件包括洁净无毒的淡水和空气、适当的温度、充足的食物供应。根据影响人群生活、生产活动的因素，公众生存的环境可以分为两部分：社会环境和自然环境。

1. 社会环境

社会环境是与自然环境相对的概念，是指在自然环境的基础上，公众通过长期有意识的社会劳动，加工和改造了自然物质，不断提高自己的物质和文化生活而创造的环境，是人们生活的社会经济制度和上层建筑的环境条件。简而言之，可以将社会环境认为是生产关系的总和。社会环境一方面是公众精神文明和物质文明发展的标志，另一方面又随着公众文明的演进而不断地丰富和发展，所以也有人把社会环境称为文化社会环境，认为它是在自然环境的基础上，公众通过长期有意识的社会劳动，加工和改造了的自然物质、创造的物质生产体系、积累的物质文化等所构成的总和。社会环境是公众活动的必然产物，它一方面是公众社会进一步发展的促进因素，另一方面又可能成为束缚因素。它对公众与自然环境的对立统一关系有着决定性的影响。社会环境是公众精神文明和物质文明的一种标志，并随着公众文明的发展不断地丰富和演变。社会环境还可以进一步分为文化环境、经济环境、心理环境等。

社会环境是指人们生活的社会经济制度和上层建筑的环境条件，比如构成社会的经济基础以及相应的政治制度、法律体系、宗教信仰、艺术和哲学，同时还涉及公众定居与城市建设等公众发展的各个阶段。由于社会环境是公众在物质财富的创造过程中，共同构建起来的各类生产关系的总和，每个人都生活在社会环境之中，所以任何人都无法离开社会环境而单独生活。

社会环境的典型代表是聚落环境。聚落环境是指公众生活聚集场所的环境。依据公众生活聚集场所的功能和内涵不同，聚落环境可以分为院落环境、农村环境、城市环境等。它们在形式、规模和功能上各有不同，但都明显带有人工修饰或改造的痕迹。从总体的角度上分析，人工环境的构成包括以下的内容：综合生产力、技术进步、人工构筑物、人工产品与能量、政治体制、社会行为、宗教信仰和文化与地方因素。

2. 自然环境

公众对环境的最原始的认识源于对自然环境的认识。

自然环境是公众环境的重要组成部分，通常指环绕于我们周围的各种自然因素和自然资源的总和，它是由岩石、土壤、生物、水、空气、阳光等自然要素有机结合而成的自然综合体，是自然物质发展的产物。自然环境是公众赖以生存和发展的物质基础。一般情况下，将自然环境简称为"环境"。

自然环境的构成见图 4-1。

自然环境 $\Big\{$
物质: 空气、水、岩石、土壤、动植物、微生物

能量: 气温、阳光、引力、地磁力

自然现象: 太阳稳定性、地壳稳定性、大气力量、水循环、水土演变

图 4-1　自然环境的基本组成

自然环境也可以看作由地球环境和外围空间两部分构成。地球环境是公众赖以生存的基础，是公众活动的主要场所。外围空间是指地球以外的宇宙空间，理论上它的范围是无穷大的。由于在现阶段，公众的活动空间还是局限于地球，因此宇宙空间没有明确列入公众环境的范畴。

地球环境是由构成自然环境的各类环境要素所组成的各个圈层。主要包括大气圈、水圈、生物圈、土壤圈、岩石圈等五个自然圈。由于自然环境是公众生活和生产活动的必要物质基础，因此自然环境质量的好坏直接影响到公众的生存。也正因为是公众生存的必要基础，长期以来公众的各种围绕生活、生产而进行的活动，极大地影响着自然环境的发展与变化。尤其是有意识地改造自然环境、设计和修建公众的聚居环境等，从而造成了许多的环境问题，严重地影响了自然环境的发展规律。

现代人生活所处的环境已经大幅度提升了所谓的舒适程度，但是付出的代价也不小，因为公众生存所需的环境不能自外于生态系，而物理的定律及生态的基本原则并无法改变。因此，自然资源的过度开发利用使环境难以恢复和再生；急剧增加的排向环境的有害、有毒废物导致生态环境不断恶化；化肥、农药的过度使用对其他生物生态系统造成严重破坏。公众过度追求舒适所浪费掉的能量产生"能趋疲"（entropy），让环境系统的运作出现问题，如噪声污染、垃圾废弃、空气污染、水污染、毒性物质、自然资源耗竭、生物多样性衰减以及生态破坏等诸多问题一一浮现。

4.2　生态学的基本原则

4.2.1　生态学

1. 生态学概念

生态学是由德国生物学家艾伦斯特·赫克尔（Ernst Haeckel）于 1869 年首先提

出的。他把生态学定义为"自然界的经济学"。后来，也有学者把生态学定义为"研究生物或生物群体与其环境的关系，或生活着的生物与其环境之间相互联系的科学"。我国著名生态学家马世骏把生态学定义为"研究生物与环境之间相互关系及其作用机理的科学"。这里所说的生物包括植物、动物和微生物，而环境是指各种生物特定的生存环境，包括非生物环境和生物环境。非生物环境由光、热、空气、水分和各种无机元素组成，生物环境由作为主体生物以外的其他一切生物组成。

由此可见，生态学不是孤立地研究生物，也不是孤立地研究环境，而是研究生物与其生存环境之间的相互关系。这种互相关系具体体现在生物与其生存环境之间的作用与反作用、对立与统一、相互依赖与制约和物质循环与代谢等几个方面。

2. 生态学的分类

生态学研究的重点在生态系统和生物圈中各组成成分之间，尤其是生物与环境、生物与生物之间的相互作用。生态学是一门综合性很强的科学，一般可以分为理论生态学和应用生态学两大类。

1）理论生态学

依据生物类群分为：动物生态学（animal ecology）、植物生态学（plant ecology）和微生物生态学（microbial ecology）。动物生态学还可以进一步分为哺乳动物生态学（mammalian ecology）、鸟类生态学（avian ecology）、鱼类生态学（fish ecology）、昆虫生态学（insect ecology）等。

依据生物栖息地分为：陆地生态学（terrestrial ecology）、海洋生态学（marine ecology）、河口生态学（estuarine ecology）、森林生态学（forest ecology）、淡水生态学（freshwater ecology）、草原生态学（grassland ecology）、沙漠生态学（desert ecology）、景观生态学（landscape ecology）等。

按研究对象的层次特点分为：分子生态学、个体生态学、种群生态学、群落生态学、生态系统生态学和景观生态学等。

2）应用生态学

应用生态学的分支有：污染生态学（pollution ecology）、保护生物学（conversation biology）、生态毒理学（ecotoxicology）、恢复生态学（restoration ecology）、生物多样性（biodiversity）的保护、经济生态学（economic ecology）、生态工程（ecological engineering）、公众生态学（human ecology）、农业生态学（agricultural ecology）、城市生态学（city ecology）等。

生态学是生物学的一个重要组成部分，它与其他生物科学，如形态学、生理学、遗传学、分类学及生物地理学有着非常密切的关系。此外，生物的生活环境是很复杂的，地球内外的一切自然现象都可能成为生物生存的环境因子，因此，深入地研究生态学必然会涉及数学、化学、地理学、气象学、地质学、古生物学、海洋学和湖泊学等自然科学，以及经济学、社会学等人文科学方面的知识。学科之间相互渗透促进了一些新的分支学科的诞生，如行为生态学（behavioral ecology）、数学生态学（mathematical ecology）、化学生态学（chemical ecology）、能量生态学（energy ecology）、进化生态学（evolution ecology）等。因此，生态学已不仅仅是生物学的分支学科，而且是生物学与环境科学的交叉学科。

4.2.2　生态学基本原则

1. 生态因子的概念

任何环境都包含着多种因素，每一种因素对生物都会起着或多或少、直接或间接的作用，并且这种作用和影响随着时间和空间的变化和所作用对象的变化而有所不同。

生态因子（ecological factor）是指在环境中，对生物个体或群体的生活或分布有着直接或间接影响的环境要素，例如，温度、湿度、食物、氧气、二氧化碳和其他相关生物等。生物生活所不可缺少的各种生态因素统称为生存条件（survival condition）。所有生态因子构成生物的生态环境（ecological environment）。具体的生物个体和群体生活地段上的生态环境称为生境（habitat），其中包括生物本身对环境的影响。

根据生态因子的性质，生态因子通常可以分为五类：气候因子（climatic factor）（如光、温度、湿度、降水、风和气压等）；土壤因子（edaphic factor）（如土壤结构、有机物和无机物的营养状态、酸碱度等）；地形因子（topographic factor）（如坡度、坡向）；生物因子（biotic factor）（包括同种或异种生物之间的各种相互关系）；人为因子（anthropogenic factor）。生态因子能够限制生物物种的分布区域，同时，生物对自然环境的反应不是消极被动的，生物能够对自然环境产生适应（adaptation）和调节（regulation），即生物为了能够在某一环境中更好地生存和繁衍，不断地从形态、生理、发育或行为各个方面进行调整，以适应特定环境中的生态因子及其变化，生物适应是自然选择的结果。

2. 生态因子作用的一般特征

1）综合作用

环境中各种生态因子都不是孤立存在的，而是彼此联系、互相促进、互相制约的，它们在一定条件下又可以互相转化。生物对某一个极限因子的耐受限度会因为其他因子的改变而改变，因此，生态因子对生物的作用不是单一的，而是综合的。

2）主导因子作用

在诸多环境因子中，有一个对生物起决定性作用的生态因子，称为主导因子（key factor）。主导因子发生变化会引起其他因子也发生变化。例如，植物在进行光合作用时，光强是主导因子，温度和 CO_2 为次要因子（minor factor）。

3）直接作用和间接作用

环境中的地形因子，其起伏程度、坡向、坡度、海拔及经纬度等对生物的作用不是直接的，但是，它们能够影响光照、温度、雨水等因子的分配，因为对生物产生间接作用，这些地方的光照、温度、水分状况则对生物类型、生长和分布起直接的作用。例如，温度、光照等直接影响植物的生长，而山脉的坡向和坡度等则是通过影响温度、光照等间接影响植物生长。

4）阶段性作用

由于生物在生长发育的不同阶段对生态因子的需求不同，因此，生态因子对生物的作用也具有阶段性，这种阶段性是由生态环境的规律性变化造成的。例如，光照时间长短，在植物的春化作用阶段并不起作用，但是，在光周期阶段则是十分重要的。

5）不可替代性和补偿作用

环境中各种生态因子对生物的作用各有重要性，尤其是起主导作用的因子，缺少就会影响生物的正常发育，甚至造成其病变或死亡。所以，总的来说，生态因子是不可替代的，但是，局部是可补偿的。例如，植物进行光合作用时，如果光照不足，可以通过增加 CO_2 的量来补足。生态因子的补偿作用只能在一定范围内作部分补偿，而不能以一个因子代替另一个因子，而且因子之间的补偿作用也不是经常发生的。

3. 最小因子定律、耐受定律和限制因子

1）最小因子定律（law of the minimum）

德国农业化学家利比希于 1840 年在研究各种生态因子对作物生长的作用方面做了许多先驱性的研究工作。他首先发现作物的产量并非经常受到大量需要的

物质（如二氧化碳和水）的限制，因为它们在自然环境中很丰富；但却受到一些微量物质的限制，它们的需要量虽小，但在土壤中非常稀少。他提出"植物的生长取决于处在最小量的必需物质"。也就是说，一种生物必须有不可缺少的物质提供其生长和繁殖，这些基本的必需物质随种类和不同情况而异。当植物所能利用的量紧密地接近所需的最低量时，就对其生长和繁殖起限制作用，成为限制因子，这就是利比希"最小因子定律"。

2）耐受定律（law of tolerance）

1913 年，美国生态学家谢尔福德提出了耐受定律，即任何一个生态因子在数量上或质量上的不足或过多，即当接近或达到某种生物的耐受限度时，就会影响该种生物的生存和分布。每一种生物对任何一种生态因子都有一个耐受的范围，即有一个最低点（耐受下限）和一个最高点（耐受上限），最低点和最高点之间的耐受范围，称为该种生物的生态幅（ecological amplitude），在耐受范围中包含着一个最适区，在最适区内，该物种具有最佳的生理或繁殖状态。

3）限制因子（limiting factor）

布莱克曼（Blackman）在最小因子定律的基础上提出了限制因子的概念，即任何生态因子，当接近或超过某种生物的耐受性极限时而阻止其生存、生长、繁殖或分布的因子。以生理现象变化为例，在最适状态下，显示了生理现象的最大观测值，生态因子低于最低状态或高于最大状态，生理现象都会停止。

4. 生物与生态因子的关联

1）生物与水的关联

地球素有"水的行星"之称，地球表面约有 70% 被水覆盖，地球总水量约为 14.5 亿 km^3，其中 94% 是海水，其余则以淡水的形式储存于陆地和两极的冰山中。水有三种形态：液态、固态和气态。三种形态的水因时间和空间的不同，可发生很大变化，这种变化是导致地球上各地区水分再分配的重要原因。水因蒸发和植物蒸腾把水汽送入大气，而大气中的水汽又以雨（液态）、雪（固态）等形态降落到地面。

没有水就没有生命，在地球上水的出现比生命更早，水是生物体不可缺少的重要组成部分。生物体的含水量一般为 60%～80%，有些生物则可达 90% 以上。生物的一切代谢活动都必须以水为介质，生物体内的营养运输、废物排出、生理过程和生物化学过程都必须在水溶液中才能进行。但是，气态水分子运动太快，生物捕捉不易，固态水分子具有固定的晶格，生物也无法使用，只有会流动的液态水是维持生命的介质。

　　生物的细胞里充满水，维持生命的物质都溶在水里，应该这么说，不管细胞内或是细胞外，凡是有极性（polarity）的都溶于水，没有极性（如油脂）不溶于水。当溶解在水中，物质能够产生氢离子（H^+）愈多，水就愈酸（pH低）；溶在水中的物质产生的氢氧根离子（OH^-）愈多，水就愈碱（pH 高）；除了部分生存在极端环境的生物之外，大部分生物生存在接近中性（pH=7）的水环境中。

　　水中溶解的物质除了会影响 pH 之外，还会影响水的电导率和盐度。纯净的淡水电导率很低，含有很少的盐；海水的盐含量很高，电导率也很高。构成生命的细胞对溶解在水中的物质多寡很敏感，就像我们身体的细胞必须处在生理盐水这样的环境中一样。生理盐水所含的盐和细胞内的盐相当，称为等渗溶液（isotonic solution），如果水中的盐太多，称为高渗溶液（hypertonic solution），水会不断渗出细胞，使细胞缩小。

　　动物细胞没有细胞壁支撑，因此细胞处在等渗的环境中才能维持正常的形状；植物细胞有细胞壁的支撑，处在低渗的环境中才是常态。植物细胞特有的液泡会在低渗环境中把细胞撑得最大，饱涨的细胞紧紧相连，使茎叶挺拔，也就是说缺水的植物很快就枯萎了。

　　口渴了喝海水不能解渴是大家所知道的常识，因为海水里的盐比细胞里的盐还多，喝海水不但无法获得水，还会使身体损失更多的水。对生物而言，水分子的移动会受到细胞内外浓度差的影响以平衡水的含量，人当然也是如此。水如何在细胞尺度的环境中移动？简单地说，从水分子浓度高的地方往水分子浓度低的地方移动，海水中的水分子浓度比细胞里的水分子浓度低，海水进到我们的肠胃道里会使接触的细胞脱水，结果就像是拿盐腌蔬菜一样——脱水。陆地上的生物生活在淡水环境中，获得水的方式大致与人类相似。海里的生物则采取不一样的生存策略，无脊椎动物想办法让细胞的物质浓度调整成跟海水一样，脊椎动物如鱼类喝海水，然后把过多的盐分分泌出体外。

　　生物生活在水中有一个好处，不论在淡水或是海水中都不会缺水，陆地上的生物在空气中就多了一项挑战，空气里只有气态的水，水分子虽然很难被生物直接利用，可是空气中水分子的多少却会影响到液态水的蒸散，干燥的空气会让水分快速散失，潮湿的空气让水很容易停留在生物体内。水分的蒸散需要许多能量，陆地生物普遍会利用蒸散来调节体温，但是用蒸散调节体温在干燥缺水的环境中却是很不经济的做法，损失过多的水分的代价太高，为了避免体温过高，许多生物只好采取休眠以降低代谢速度躲过干燥的季节。

2）生物与温度的关系

　　地球上的温度受昼夜、四季、纬度、地形、海拔和海陆位置的影响。温度在土壤、水域中以及植物群落内部都有着影响生态的特性。

　　温度是生物生命活动不可缺少的因素，任何生物都生活在具有一定温度的外界环境中并受着温度变化的影响。生物在长期演化过程中，各自选择了自己最适合的温度，该温度通常分为最低温度、最适温度和最高温度。每一种生物都有适合生存的最佳温度范围，称为热中性区。极端嗜冷的生物可以生存在极地 0℃ 以下的海水中，极端嗜热的微生物可以生活在 100℃ 的温泉内，但大部分的生物都无法在太热或是太冷的环境中生存。在一定温度范围内，生物能不能生存取决于细胞的代谢反应能不能正常运作。最主要的因素是，若蛋白质构成的酶失去功能，细胞也会失去生命。

　　生物必须在温度达到一定界限以上，才能开始发育和生长，这一界限称为生物学零度（biological zero），它们因生物种类不同而异。在生物学零度以上，温度的提高可加速生物的发育。温度与生物发育的最普遍规律是有效积温法则。法国学者 Reaumur 从变温动物的生长发育过程中总结出有效积温法则。有效积温法则可用下式表示：

$$K=N（T–T_0）$$

式中，K 为该生物所需的有效积温，为常数；T 为当地该时期的平均温度，℃；T_0 为该生物生长活动所需最低临界温度（生物学零度），℃；N 为天数，d。

　　环境的温度并非恒定不变，有许多因素影响着温度的稳定性。组成环境的介质不一样，吸收或是释放能量之后温度改变的程度也不相同，因为介质比热容（specific heat capacity）不同。所谓的比热容是能让 1g 物质温度上升 1℃ 所需的能量，公众定义水的比热容为 $4.2×10^3 J/(kg·℃)$。相对于水所吸收的热量，酒精的比热容为 $2.4×10^3 J/(kg·℃)$，空气比热容是 $1.0×10^3 J/(kg·℃)$，铜的比热容只有 $0.39×10^3 J/(kg·℃)$，所以能让水上升 1℃ 的热量，可以让相同质量的酒精上升大约 2℃、空气上升 4℃、铜上升 10℃。空气密度大约是水的 1/900，相同质量的水和空气，空气的体积是水的 900 倍，所以要改变水环境的温度比空气困难得多，因此生活在水里相对有一定优势，水温比气温变化的范围小甚多。也因为这层关系，大的水体可以调节气候，沿海的陆地一年四季气温的变化比内陆地区小，尤其是海岛更能显现出这样的特性。大区域环境的气温变化受到气候的调控，热带、亚热带、暖温带、冷温带、寒带和极区是常见的平面气候带区分，如果加上垂直高度的改变造成的气温影响，海拔每上升 100m 下降 0.6℃。

　　大区域的温度取决于气候带和海拔，小区域的温度则受到微环境的影响。

盛夏正午的柏油路和水泥路面测得气温高达 50℃，而数十米外的树荫下气温不超过 30℃，如果附近还有水塘和稻田，温度可能更低，因为水的蒸发消耗了许多让空气增温的热能，当然，陆面周围的空气一定很潮湿。生物在大环境和微环境中找寻最适当的生存场所，但一定会面临环境温度不稳定的挑战，生物的解决方法如何？大部分生物选择体温随着环境改变，且无法自由移动的植物几乎没有例外，周围的温度是多少，身体的温度就是多少。能够活动的动物可以选择逃离极端温度的环境，但是未必会主动调节体温。体温能随着环境温度改变而改变的动物叫做变温动物（poikilotherms）。变温动物面临温度的剧烈改变时，能够主动调节体温，这很显然有助于让身体的代谢在最适当的温度环境下进行。

　　鲤鱼、蜥蜴和蛇等动物会主动调节体温，但不是由体内产热来调节。体温太低的时候利用太阳辐射、火山灰和炽热的岩石来取得热能，使体温上升；体温太高的时候躲到阴暗处或是泡在水里降温。这种利用外在热源调节体温的动物称为外温动物（ectotherms）。除了利用外在热源调节体温之外，内温动物利用代谢自主产生热来维持体温，这类动物的体温变化范围极小。内温动物虽然能自动产热，但是真正的挑战是如何散热，因为旺盛的代谢会产生热，让其体温升高，并对内温动物的细胞造成伤害。

3）温度与生物的地理分布

　　温度是决定某种生物分布区的重要生态因子。温度制约着生物的生长发育，而每个地区又都生长繁衍着适应于该地区气候特点的生物。年平均温度，最冷月、最热月平均温度值是影响生物分布的重要指标。当然，极端温度（最高温度、最低温度）也是限制生物分布的最重要条件。例如，苹果和某些品种的梨不能在热带地区栽培，就是由于高温的限制；相反，橡胶、椰子、可可等只能在热带地区栽培，它们受低温的限制。

　　对于动物的分布，温度有时可起到直接的限制作用。例如，各种昆虫的发育需要一定的总热量，若生存地区有效积温少于发育所需要的积温时，这种昆虫就不能完成生活史。就北半球而言，动物分布的北界受低温限制，南界受高温限制。例如，海洋生物的分布与海水温度密切相关。按生物对分布区水温的适应能力，海洋上层的生物种群可分为：暖水种（warm-water species），一般生长、生殖适温范围较广，为 4～20℃，自然分布区月平均水温为 0～25℃；冷水种（cold-water species），一般生长、生殖适温低于 4℃，其自然分布区月平均水温不高于 10℃。

　　一般地说，暖和地区生物种类多，寒冷地区生物种类较少。

4）能量与营养物质的关联

代谢会消耗物质和能量，而这些物质和能量哪里来？地球从炽热到冷却，热散失在宇宙间，也无法累积有机物质，虽然太阳的能量持续不断向地球放送，但是无法在地表停留储存。当生命出现之后，世界开始改观，能行光合作用的生物开始捕捉太阳能，把太阳能储存在有机碳分子里，无法行光合作用的生物则是靠代谢有机碳获得能量，物质和能量在生物之间传递，形成一个紧密的网络。

地球的最终能量来源于太阳，数十亿年始终如此。太阳辐射穿越大气层时，一部分能量会加速气体分子的运动产生热能，其他的能量到达地面之后被地表吸收或是再度反射到大气层里，这些能量大部分以热的形态散逸在大气中，只有一小部分能被生物体通过光合作用加以利用，制造葡萄糖等有机碳水化合物。虽然只是一小部分的能量被固定在生物体内，但已经足够地球生物生生不息的能量需求。进行光合作用的生物称为初级生产者（primary producer），不能进行光合作用而必须依靠初级生产者维生的称为初级消费者（primary consumer），依次类推，以初级消费者为食者称为次级消费者（secondary consumer）。这样的营养关系并不足以说明生态系的物质循环和能量流动，因为不论是生产者或是消费者，最终都会死亡，所以另一种类型的消费称为分解者（decomposer），分解者通力合作之后将物质还原成行光合作用之初的形态——H_2O 及 CO_2，分解之后，最终能量形态仍然是光和热。

光合作用方程式：$6H_2O + 6CO_2 \xrightarrow{\text{太阳能+叶绿素}} C_6H_{12}O_6 + 6O_2$

只要有光线的地方就有能行光合作用的生物，除了陆地之外，在淡水河川、湖泊和海洋，甚至在冰块的缝隙中都能找到这些生产者。水和冰隙中的生产者通称为藻类。近年发现体型微小的光合细菌贡献也很大。水中的藻类形态变化多端，大型的藻类体型可达数十米，例如褐藻。微小的藻类比细菌大不了多少，称为微藻，微藻和光合细菌可能附着在各种基质上，也会漂浮在水层之中。不论是哪一类型的藻类，都只能生存在光线充足、营养丰富的水中。溶在水中的营养物质很容易被藻类吸收，并通过进行光合作用获得能量，这些初级生产者则供养占地球表面积 70%的水域生态系。

藻类生活在水中，生长所需的氮、磷和钾等主要营养物质也都溶在水中。陆地上的绿色植物则靠土壤供应这些营养，不同的土壤加上气候条件让植物的生长有很大的区别。从赤道至极区可以看到不同的植群生长，每一种植群的结构都会形成其特有的生态系，从低纬度至高纬度分别为热带雨林、热带干燥雨林、热带稀树草原、温带落叶林、温带草原、北方针叶林以及冻原生态系，地中海型气候形成的生态系则比较特殊，分布也比较局限。海拔的影响也会让低纬度地区出现类似于高纬度的植群带，位于赤道的高山，山顶一样会出现耐寒的针叶林，台湾低海拔的山区和海岸属于热带的季风林，随着海拔的上升，先出现温带的落叶林，最后出现近似于寒带的针叶林。

每一种生态系中的生产者会决定其消费结构，因此每一种生态系物质和能量形成的金字塔大小及形状也不太一致。陆域生态系的金字塔最底下是质量庞大的生产者，顶端消费者的质量逐渐变少，这是一种正立的金字塔。水域生态系的生物质量或是能量金字塔明显不同于陆域生态系，金字塔是倒立的形状，因为水里的生产者体积很小，质量或是能量的综合在短暂的时间内永远比消费者少，虽然很快被消费者吃掉，但这些微小的生产者生产的速度很快，会快速补充。如果累积一段时间来看，水域生态系的金字塔仍然是正立的结构。

公众所需的能量也要透过营养层的传递。素食主义者看似为初级消费者，但是经常食用的菇和菌却是自然界的分解者；肉食爱好者食用的肉类也可能属于完全不同的消费层级，若食用属于初级消费者的偶蹄类的牛羊，公众则为次级消费者，若是食用海洋中的大型鱼类如鲔鱼，公众则是处于海洋食物链的顶端。公众不能自外于生态系而独自生存，必须依靠生态系的供养，虽然公众发展农渔业生产粮食，但是生态的基本法则仍然控制各营养层的生产。天下没有免费的午餐，要额外的生产就必须供应额外的能量，开垦、耕种、施肥及农药都需要耗费额外的能源。

5）生物与土壤的关系

土壤是陆地表面能够生长绿色植物的疏松表层。它是由矿物质、有机质（固相），土壤水分（液相）和土壤空气（气体）组成的三相体系。土壤固相是由一系列大小不同的无机和有机颗粒所组成，包括土壤矿物、有机质和微生物体；土壤液相含有各种可溶性无机物和有机物；土壤气相主要由氮气、氧气、二氧化碳和某些微量气体组成。土壤中这些组分的质和量随土壤类型不同而差异很大。

无论是动物还是植物，土壤都是重要的生态因子。土壤的物理性质对生物个体会产生影响，主要表现在以下几个方面：

土壤质地影响土壤中水分的渗入和移动，从而影响其他因素，如影响植物的养分吸收、根生长和分布及营养状况，影响穴居动物的挖掘等。

土壤结构的优劣直接影响植物分布和生长状况的好坏，从而间接影响动物的食源。

土壤水分可以直接被植物根系吸收，有利于各种营养物质的溶解、移动及有效程度的提高，并调节土壤温度。

土壤空气的成分不同于大气，其通气状况影响植物根系呼吸和动物呼吸，并影响微生物种类、数量和活动。

土壤温度影响种子萌发、根的吸收、呼吸、储藏、生长，影响微生物和动物的活动强度。

植物通常有主动吸收的能力，能从土壤中吸收矿质元素；动物所需要的元素则来源于食物、饮水和直接取食矿物质（如盐）。生物对元素的需求量有最适范围，而且生物需求的不仅是某种元素绝对的量，而是只有当各种元素相对比例合适时，植物的生长发育才最好。

6）生物对土壤的长期适应

植物对于长期生活的土壤产生了一定的适应性，并形成了以土壤为主导因素的植物生态类型。根据植物对土壤酸碱度的反应，可以把植物分为酸性土植物、中性土植物、碱性土植物；根据对土壤中矿质盐类（如钙盐）的反应，可以把植物分为钙质土植物和嫌钙植物；根据对土壤含盐量的适应，可以把植物分为盐土植物和碱土植物；根据对风沙基质的适应，可以把植物划分为沙生植物，并可再划分为抗风土蚀、抗沙埋、耐沙割、抗日灼、耐干旱、耐贫瘠等一系列植物生态类型。

4.3　大气与气候

4.3.1　大气的组成与运动

1. 大气的组成

连续包围地球的气态物质称为大气。大气是自然环境的重要组成部分和最活跃的因素，在地理环境物质交换与能量转化中是一个重要的环节。

大气圈：由地心引力形成的围绕地球的连续圈层，97%质量集中于地面上29km内，大气圈无截然的顶部界限。

地球大气是多种物质的混合物，由干洁空气、水汽、悬浮尘粒或杂质组成。

1）干洁空气

通常把除水汽、液体和固体杂质外的整个混合气体称为干洁空气，简称干空气。它是地球大气的主体，主要成分是氮、氧、氩、二氧化碳等，此外还有少量氢、氖、氦、氙、臭氧等稀有气体。其中，氮、氧、氩三种气体占干空气体积的99.97%。通常将85km以下的干空气当作一种相对分子质量为28.964的单一气体处理。

2）氮和氧

N_2 约占大气容积的 78%。N_2 对太阳辐射的远紫外光谱区 0.03～0.13μm 具有选择性吸收。O_2 占地球大气质量的 23%，容积比占 21%。除游离态外，氧还以硅酸盐、氧化物、水、臭氧等化合物形式存在。O_2 在波长小于 0.24μm 的辐射作用下分解，大气中臭氧层的形成就和 O_2 的分解作用有关。

3）二氧化碳

CO_2 只占整个大气容积的 0.03%，是火山喷发、大气底层有机化合物氧化作用的产物，集中于近地面 20km 的范围，冬多夏少，城市多、农村少。CO_2 很少吸收太阳长波辐射，但能强烈吸收地表长波辐射，从而使地表辐射的能量不易散失到太空中，对地球有保温作用。它可能改变大气热平衡，导致地面和底层大气平均温度上升，引起严重的气候问题。

4）臭氧

臭氧主要分布在 10～40km 高度处，极大值在 20～25km 附近，称为臭氧层。O_3 主要通过紫外辐射、有机物氧化、雷电及公众活动等产生。其具有强烈吸收太阳紫外辐射的能力和极强的氧化能力。O_3 最强的吸收带在波长 0.22～0.32μm 的紫外区，在红外区，还有 4.7μm、9.6μm 和 14.1μm 三条吸收谱线。

南极地区上空大气 O_3 含量逐渐减少，尤其是每年 10 月前后会突然减少 30%～40%，减少区域像一个空洞，因而称之为臭氧层空洞。

臭氧层保护及臭氧污染防治：反省公众行为，保护平流层中的臭氧层，防治生物圈中的臭氧污染。

5）水汽

水汽的主要来源：水面蒸发和植物蒸腾，特别是海洋蒸发。

水汽的分布：与时间、地点、大气环流、海陆分布密切相关。水汽含量随着海拔增加而迅速减少；随纬度增加而减少；离海洋越远，水汽含量越少。

水汽的作用：强烈吸收放出长波辐射，相变过程中的能量转换参与水分循环。

6）固、液体杂质

气溶胶粒子：大气悬浮固体杂质的液体颗粒，半径 10^{-2}～10^{-8}cm。固体杂质：烟粒、盐粒、土壤颗粒、火山烟尘、宇宙尘埃、细菌、植物孢子花粉、人为烟尘和粉尘等。液体颗粒：大气中的水滴、过冷却水滴和冰晶等水汽凝结物。其分布主要集中于大气底层。一般，陆地多于海洋，城市多于农村，夜间多于白天，冬季多于夏季。气溶胶粒子是成云致雨的必要条件，其也可改变大气透明度，影响辐射平衡。

2. 大气的运动

1）作用于空气的力

水平气压梯度力：气压分布不均产生气压梯度，使空气具有由高压区流向低压区的趋势。

地转偏向力（科氏力）：因地球转动产生的使运动空气偏离气压梯度方向的力。

惯性离心力：惯性离心力方向与空气运动方向相垂直，并自路径曲线的曲率中心指向外缘。通常小于地转偏向力，但在低纬或空气运动速度大而曲率半径很小时也可较大。

摩擦力：相邻气层间，空气与地表接触面产生的阻碍空气运动的力。前者称"内摩擦力"，后者称"外摩擦力"。距地面 1～2km 以上忽略不计，此高度下即"摩擦层"（或行星边界层），以上为自由大气。

2）自由大气中的空气运动

地转风：平直等压线的气压场中，当科氏力与气压梯度力平衡时，空气沿等压线做等速直线运动。

白贝罗风压定律：在北半球，背风而立，高压在右，低压在左；在南半球，背风而立，低压在右，高压在左。

梯度风：弯曲等压线的气压场中，当科氏力、气压梯度力与惯性离心力平衡时，空气沿等压线做水平等速运动。

旋转风：低纬度或小尺度低压中，当气压梯度力与关系离心力很大（忽略科氏力）且达到平衡时的空气运动。

3）风随高度的变化

地转风随气压高度的变化——热成风：由水平温度梯度引起的上下层风的向量差。北半球背风而立，高温在右，低温在左，南半球则相反。

摩擦层中风随高度的变化。摩擦层近地面：因摩擦力作用，气流运动方向与等压线形成一定的角度，陆地上其平均角度为 25°～35°，海洋上约为 10°～20°。摩擦层中上层：随着高度的增加，气压梯度力不断减小。北半球风向逐渐右偏，最终风向可与等压线完全一致，即风随高度呈螺旋式分布（埃克曼曲线）。

4）全球环流

全球气压带：由地表气温的纬度分布不均匀造成的。其可分为：赤道低压带、副热带高压带、副南极低压带、极地高压带。

行星风系：主要包括 3 个盛行风带，信风带、西风带、极地东风带。

经向三圈环流：南北半球分别形成 3 圈环流，信风环流圈、中纬度环流圈、极地环流圈。

高空西风带的波动和急流。罗斯贝波（高空波）：高空西风带均匀气流在纬向上产生的大波动。急流：风场上的一个突出特征，指风速≥20m/s 的狭窄强风带。

5）季风环流

大陆和海洋间的广大地区，以一年为周期、随着季节变化而方向相反的风系，称为季风，是大尺度的海洋和大陆间的热力差异形成的大范围热力环流。夏季由海洋吹向陆地的风为夏季风，冬季由大陆吹向海洋的风为冬季风。三种主要的形成机制：海陆巨大热力性质差异引起的气压系统季节倒转、信风季节性跨越地理赤道、高原冷热源的季节互换。

6）局地环流

海陆风。日周期变化，控制陆地 20～50km 范围，热带地区全年皆有，温带地区主要出现于夏季。由海陆热力性质差异引起。海风：白天，陆地增温强烈使近地面薄层空气受热膨胀，空气密度小于岸外海面凉爽空气，因而下层风由海面吹向陆地，上层则有反向气流。陆风：夜间，陆地迅速冷却使近地面薄层空气冷却收缩，空气密度大于岸外海面凉爽空气，气流由陆地吹向海洋。

山谷风。谷风：白天，山坡强烈受热膨胀，空气密度变小，气流上升，谷底空气沿山坡向山顶补充，热力环流圈下层，由谷底吹向山顶的气流。山风：夜间，山坡强烈辐射冷却，空气密度变大，气流沿山坡流向谷底，谷底空气混合上升，热力环流圈下层，沿山坡吹向谷底的气流。

焚风：出现在山脉背风坡，由山地引发的一种局部范围内的空气运动形式——过山气流在背风坡下沉而变得干热的一种地方性风。

4.3.2　气候的形成

1. 气候形成的辐射因子

太阳天文辐射量的大小取决于日地距离、太阳高度和日照时间。在这些因子的作用下太阳辐射总量具有与纬线圈平行呈带状分布的特点，这是形成气候带的主要原因。根据太阳天文辐射空间分布，通常可把地球划分为 7 个纬度气候带，即赤道带、热带、副热带、温带、副寒带、寒带和极地带。

2. 气候形成的环流因子

地表太阳辐射能量分布不均引起的大气环流是热量和水分的转移者，也是气团形成的根本原因。它促使不同性质气团发生移动，而气团的水平交换是不同地区气候形成及其变化的重要方式。因此，在不同纬度的不同环流形势下形成的气候类型也不相同。

1）大气环流与热量输送和水分循环

35°S~35°N 之间辐射热能收入大于支出，说明热带和亚热带有热量盈余，而高纬度地区则有热量亏损。但热带纬度并未持续增温，极地亦没有持续降温现象，表明必然存在热量由低纬到高纬的传输。大气环流在缓和赤道与极地温差上起着巨大作用。

大气环流调节海陆间的热量，造成大陆东西岸和大陆内部气温差异。大气环流还影响水分循环。

2）大气环流和海温异常

海温变化存在着明显的季节震荡，最著名的实例就是厄尔尼诺现象，即指赤道东部太平洋海面水温异常增暖的现象。而相反的现象则称为拉尼娜现象，即指赤道中部、东部太平洋海面大范围持续异常偏冷的现象。厄尔尼诺现象与南方涛动现象几乎同时发生。南方涛动，发生在东南太平洋与印度洋及印尼地区之间的反相气压振动，即东南太平洋气压偏高时印度尼西亚地区偏低，反之亦然。

3. 气候形成的地理因子

地理因子通过辐射因子和环流因子的作用影响于气候。

1）海陆分布对气候的影响

海陆的物理性质不同，对太阳辐射能的吸收与反射、热能内部交换、热容量大小以及地–气和海–气热量交换的形式等都有显著差异，致使同纬度、同季节海洋和陆地的增温与冷却显著不同，海上和陆上的气温差异明显。这不仅破坏了温度的纬度地带性分布，而且影响到气压分布、大气运动方向及水分分布，使同一纬度内出现海洋性气候和大陆性气候的差异。洋面、海岛和经常受海洋气流影响的大陆海岸带具有典型的海洋性气候；大陆内部，海洋气流影响不及或微弱的地区则有显著的大陆性气候特征。

2）洋流对气候的影响

　　洋流是地球表面热环境的主要调节者。洋流可以分为暖流和寒流。若洋流的水温比到达海区的水温高，则称为暖流；若洋流的水温比到达海区的水温低，则称为寒流。一般由低纬度流向高纬度的洋流为暖流，由高纬度流向低纬度的洋流为寒流。

　　洋流的热量输送对大陆东西岸气温差异起着很大的作用。自低纬度流向中高纬度的暖洋流使所经海面及其邻近地区气温偏高，而自中高纬度海域流向低纬度的冷洋流使所经海面及邻近地区气温偏低。一般说来，由于大洋两岸洋流性质不同，温带纬度大洋西岸温度低于东岸，亚热带纬度的温度则为大洋东岸低于西岸。

　　冷暖洋流对所经之地的降水也有较大的影响。经过洋流上空的气团，由于海-气温度差异将发生变化。冷空气在暖洋流上流过将逐渐变为暖湿海洋性气团，当它移向大陆时易于发生降水。空气与冷洋流接触则增加其稳定性，虽难于致雨但多雾，使海雾成为冷洋流或冷水海岸的气候特征之一。

3）地形对气候的影响

　　海拔、地表形态、方位（坡向和坡度）等影响水热条件的再分配，从而对气候产生影响。地形对温度的影响主要表现在气温随着海拔升高而降低。对流层自由大气中高度每上升 100m，气温平均下降 0.65℃。海拔越高下降率越大。季节上以夏季最大，冬季最小。地形对降水也有显著影响，水汽含量通常随海拔增加而减少，山地降水，迎风坡降水量显著高于背风坡。山地水热状况具有明显垂直变化，并可形成垂直气候带。

4.3.3　气候的变化

　　地球的气候并非亘古不变，而是寒冷的冰河期和温暖的间冰期交替出现，有些冰河期会持续数百万年，过去数十亿年间出现过这类大规模的冰河期有四次，最近的一次大冰河期称为卡鲁（Karoo）冰期，时间是距今的 3 亿 6 千万年前至 2 亿 6 千万年前之间的古生代。最近的数百万年之间也出现过许多次规模比较小的冰河期，每次的冰河期持续约数万年，冰河期之间间隔数十万年至数万年。最近一次冰河期出现在 18 000 年前，大约在 10 000 年前结束，当时地球约有三分之一的陆地被覆盖在数百米厚的冰层下。地球上的气候每当冰河期来临就会产生剧烈的改变，大气及海洋温度下降，急冻的地球大部分地区不适合生物生存，幸存的生物被迫适应寒冷的环境或是迁移至温暖的赤道附近。目前的地球处于温暖的间冰期，最近数百年还在持续增温，尤其是在西方工业革命之后，额外的二氧化碳使大气温室效应增温加速，南北极的冰帽及陆地上残存的冰河快速融化，海平面上升成为当下沿海陆地的最大隐忧。

从历史的角度看气候，古气候的冷与热让生物在地球随着气候大举迁移，无法迁移的物种之后就从地球消失。缩小时间的尺度看气候，一年之内，地球的气候在不同的空间和不同的季节有极大的差异，这是因为地球表面受太阳辐射不均匀。季节更替是因为地球的自转轴和绕太阳的公转轨道平面不是垂直的结果（自转轴与公转轨道平面的垂直线形成夹角 23°26′的倾斜），地球以固定方向歪斜23°26′绕着太阳转，北极会随着地球绕日公转而逐渐朝向太阳，此时北半球是夏季，南极此时朝向太空而是冬天，公转到南半球有大面积朝向太阳时，南半球是夏天，北半球则成了冬天。从冬天转到夏天或是从夏天转到冬天，太阳有一段时间是直射赤道，地球南北两半球的日照面积相同，此时的气候正是春天或是秋天的季节。赤道地区的四季并不明显，只有中纬度的区域一年之内有明显的四季变化，高纬度的地区春秋两季也不容易区分，四季只剩下夏天和冬天。

4.4　水循环与公众污染

4.4.1　水循环

水资源是指陆地上可以被人们利用的各种淡水资源。水循环是指地球上的水在太阳辐射和地心引力等作用下，以蒸发、降水和径流等方式进行周而复始的运动过程。自然界的水循环是连接大气圈、水圈、岩石圈和生物圈的纽带，是影响自然环境演变的最活跃因素，是地球上淡水资源的获取途径。地表水从液态蒸发成水蒸气进入大气，随着大气的移动形成降雨回到地面，水也因太阳供给的能量而不断循环。

地球表面71%被水覆盖，97%的水储存在海里，2%的水储存在冰川或是覆盖在南北两极的冰原，剩下1%的淡水在陆地地表移动或是储存在地底下，98%的淡水都储存在地下。水在地表的分布并非静态，受太阳辐射热的影响，液态水会蒸发成水蒸气，水蒸气上升后蓄积成小水滴，构成天空中的云雾，降雨再度把水送回地表，到达陆地的水一部分能够被生物吸收，另一部分被蒸发回到大气中，剩下的淡水注入淡水湖库或是流入河川。地面流动的淡水有很大一部分会渗入岩层，这部分称为地下水。地球上的水循环分为海陆间水循环、内陆水循环和海上水循环三个方面。海陆间水循环又称大循环，是指海洋水与陆地水之间通过一系列的过程所进行的相互转化，是陆面补水的主要形式。内陆水循环是指陆面水分的一部分或者全部通过陆面、水面蒸发和植物蒸腾形成水汽，在高空冷凝形成降水，仍落到陆地上，从而完成的水循环过程。海上水循环，就是海面上的水分蒸发成水汽，进入大气后在海洋上空凝结，形成降水，又降到海面的过程。地球的水循环示意图见图 4-2。

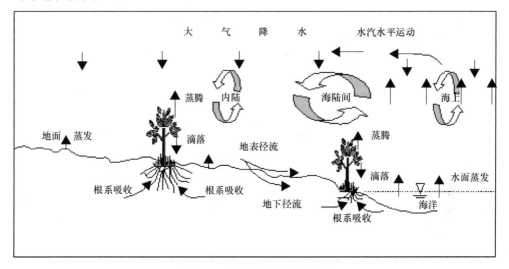

图 4-2　地球的水循环示意图

　　根据科学研究估计，水分子在大气中停留的时间最短，循环最快，平均约停留 10 天，河川内平均停留约 20 天，海洋内的水分子平均要停留数千年，地下水则停留更久。陆地的生物依靠淡水维生，陆地上的淡水不但量少且停留时间短，分布也非常不均匀，降雨不足的内陆形成沙漠，只有少数能忍受干旱的生物生存在沙漠中。

4.4.2　公众与水污染

　　公众的用水几乎全数来自陆地降雨，稀少淡水尤其珍贵，一点都不容浪费。话虽如此，大部分的水资源并未被公众所珍惜，除了浪费之外，更甚者是将河川当作废弃物的处理厂，从而污染水源，让水无法使用。水环境污染是指排入天然水体的污染物，在数量上超过了该物质在水体中的本底含量和水体环境容量，从而导致水体的物理特征和化学特征发生不良变化，破坏了水中固有的生态系统，破坏了水体的功能及其在经济发展和人民生活中的作用。

　　造成水污染的因素是多方面的，主要是：①向水体排放未经妥善处理的生活污水和工业废水；②含有化肥、农药的农田径流进入水体；③城市地面的污染物被雨水冲刷随地面径流而进入水体；④随着大气扩散的有毒物质通过重力沉降或降水过程而进入水体等。

据不完全统计，全世界每年排放的污水超过 4300 亿 t，造成 55 000 亿 m^3 的水污染，约占全球径流总量的 14%以上。根据联合国调查统计，全世界河流稳定流量的 40%左右受到污染；据 1979~1984 年的监测结果，世界上 10%的河流缺氧 30%以上，50%的河流含有较高的大肠杆菌类。世界卫生组织指出，缺乏清洁水和基本卫生设备是世界上近 80%疾病产生的根源。全球每天死于水源疾病的人数达 2.5 万，数百万人身体受损。

水资源污染的另一个重要领域是地下水污染问题。在我们可以获取的有限淡水中，大约 70%（包括永久性冷冻水）储藏在地下。全世界超过 15 亿人口饮用水依赖于地下水。由于人口增长及对水需求的增加，也增加了对地下水的压力。许多地区，地下水正遭受过度汲取，有些地区更变本加厉，其后果是使地下水水位降低，水井产水率减少，供水费用昂贵，土地下陷，盐水被引入淡水水源以及生态的破坏，如使湿地变得干涸等。地下水正受到污染，固体废物与危险废物堆放场，地下排污管道泄漏，化肥和农业径流，各类矿场、工业和生活废水，都可能造成地下水的污染。

4.5　食物的生产与人口

地球人口在 21 世纪中叶可能上升到 90 亿，随着人口增长，全球对粮食、饲料和纤维的需求将近增加 70%，而且更多的农作物会被用作生物质能或是工业原料。2050 年我们能否生产出足够便宜的粮食，或是更高粮价会不会使世界更多的人口推向贫困和饥饿？全球的土地和水资源还有多少利用的潜力，是否有更新的技术可以更有效地利用资源，稳定增加食物的产量？除了先进国家之外，贫困人口能否获得新技术？全球气候急速变迁的情况下，农业适应气候变化需要多少额外投资？更积极地来说，农业能为减缓极端天气事件的影响做出多少贡献？这些问题似乎很难回答，因为有限的土地和水资源供应是目前残酷的现实，农业需要大量的土地和水资源，农业增产的同时还必须与不断扩张的城市争夺土地和水，另一方面，有限的土地还要承担其他重要任务，维护自然生态系，努力减缓气候变化，保护濒危物种和维持高水准生物多样性。

公众的粮食需求是否完全无解？饮食如果纯粹只要满足所获取的能量及必需的营养，不需要额外的口腹之欲，那么降低肉类的需求也许可以让多出来的谷物喂饱地球的人口。能量传递的热力学定律告诉我们在能量传递和转化的过程中，除了一部分能可继续传递和做功外，大部分以热的形式消散，这部分称为能趋疲

（entropy）。如果把一个人身上所蓄积的能量当作方块，那他曾经吃下去的食物所含的能量绝对是一个超级大的方块，两个方块叠在一起称为能量金字塔（energy pyramid），能量由一个营养层（人获得的食物）传递到另一个营养层（人）是逐渐减少的过程。生态系中的生产者所固定的能量，在流动的过程中损失比例极大，一般来说，从一个营养层转换至另一个营养层，能量大约要损失 90%。比方说，现在有一块鸡肉重 100g，这块鸡肉是 1kg 的玉米所换来的成品，如果选择食用玉米，我们可以获得额外 900g 玉米的能量。

地球表面有生产者的地方，照射到地表的太阳能被固定在能进行光合作用的产物之中比例极低，平均不超过 0.5%，生产量高的地方也不超过 2%，贫瘠地区大约只有 0.1%。生产者本身的呼吸消耗也很高，玉米的呼吸消耗约占初级生产量 1/4，温带森林的呼吸消耗占初级生产量的 50%，热带雨林呼吸消耗占总初级生产量的 75%。净初级生产减掉呼吸消耗之后的净生产量才是消费者用得到的净初级生产量，初级消费者从生产者身上获益，即消费掉的生产者转换成初级消费者的成长。

科学家发现陆地上的能量转换效率不及海洋，海洋生态系统转换效率是陆地生态学的数倍，因此海洋的初级生产量虽低，但是其次级生产量的总和却比陆地高，尤其是海洋的涌升流和沿岸的水域。目前公众实际上从海洋取走大量的蛋白质，但是使用的方式并不经济，大量的沙丁鱼和鳀鱼被制成鱼粉而不是直接食用，鱼粉添加在各种饲料之中，人工饲养的家禽、家畜和鱼虾贝类都在食用鱼粉，但是 1000g 的鱼粉未必能换得 100g 的鸡肉！

第 5 章 自 然 资 源

自然资源是指人类可以直接从自然界获得并用于生产和生活的物质，它是自然环境的重要组成部分。自然资源主要包括土地资源、水资源、气候资源、生物资源和矿产资源等。自然环境与自然资源的具体对象往往是同一种物质，但却是两个不同的概念。前者是指人类周围所有的外界客观存在物；后者则是从人类的需用角度来理解这些因素的存在价值。自然资源的概念和范畴会随着社会生产力发展、科学技术的进步、认识能力和利用能力的提高而不断丰富、扩展。

自然资源一般可分为三类：一是不可再生的资源，又称非再生资源，如各种金属和非金属矿物、化石燃料等，它们需要经过漫长的地质年代才得以形成。它的储备是有限的，在开发利用中，只能消耗而无法持续利用，不能"取之不尽，用之不竭"。二是可再生的资源，又称可再生资源，在理论上可以永续利用，即用了一次之后又可恢复再度利用，这类资源是指生物及水。可更新自然资源不论是生物或非生物的，在自然界生物圈内能持续再生，即它们能在较短的时间内再生产出来或循环再现，但必须加以人为经营或保护。比如，草地、森林等在几年或几十年内就可以生长起来，而经过一定时期后人类即能再度利用；水可以通过循环、自净而再度利用。三是取之不尽的资源，如空气、风力和太阳辐射能等，它们被利用后不会导致在某地区的储藏量减少，也不会导致资源的迅速枯竭。这类资源有明显的地区性，只有掌握规律，运用近代科学技术，才能使之更好地为人类造福。

自然资源的类型复杂，各类资源又各具特性。自然资源也存在着一系列共同的特点：第一，整体性，土地、气候、生物、水等资源在生物圈中相互依存、相互制约，构成完整的资源生态系统，当生态系统一旦成为人类的利用对象，人类也就进入资源系统，成为其中的一个组成部分，构成人-资源-环境之间相互关联的网络关系，这种系统称为资源生态系统，因而公众在开发某一种自然资源时，必须考虑对其他资源和整个环境的影响，注意生态系统的平衡并防止环境恶化。第二，地域性，地球上一切自然资源都是在一定的自然条件下形成的，受各种自然要素的制约，有的受地带性因素的影响，有的受非地带性因素的影响，各地区资源开发利用的社会经济条件和技术条件也有差异。第三，有限性，任何自然资源在一定地区、一定时间内都是有限的，而且随人口的剧增和对物质消耗的增加表现得越来越明显，并对公众的生存和繁荣带来一定威胁。因此，根据自然资源的这些特点，有效地管理和开发利用自然资源是十分必要的。

5.1　能　　源

　　能源是可被公众利用并可由此获得能量的资源。它主要包括太阳能、风能、水能、生物质能、地热能、海洋能、核能、化石燃料、天然气等。公众利用能源的历史经历了三个时期：①柴草时期，从火的发现到 18 世纪产业革命期间，主要靠柴草当燃料取得热能。②煤炭时期，煤炭的开采始于 13 世纪，而大规模开采并使其成为世界的主要能源则在 18 世纪中叶。1769 年，瓦特发明蒸汽机，煤炭作为蒸汽机的动力之源而受到关注。第一次产业革命期间，冶金工业、机械工业、交通运输业、化学工业等的发展，使煤炭的需求量与日俱增，直至 20 世纪 40 年代末，在世界能源消费中煤炭仍占首位。③石油时期，第二次世界大战之后，在美国、中东、北非等地区相继发现了大油田及伴生的天然气，每吨原油产生的热量比每吨煤高一倍。石油炼制得到的汽油、柴油等是汽车、飞机用的内燃机燃料。世界各国纷纷投资石油的勘探和炼制，新技术和新工艺不断涌现，石油产品的成本大幅度降低，发达国家的石油消费量猛增。到 60 年代初期，石油和天然气的消耗比例开始超过煤炭而居首位。

　　按其使用方式可以将能源分为两大类，一类是存在于自然界的可以提供现成形式能量的能源，称为一次能源。其又分为可再生能源（太阳能、风能、生物能、海洋温差能、海洋潮汐能、地热能、火山活动）和不可再生能源［化石燃料（煤、石油、天然气、油页岩）、核燃料（铀、钍、氘）］。另一类是由一次能源直接或间接转化成的二次能源：电能、氢能源、煤油、柴油、火药、煤气、液化气、沼气、焦炭、酒精等（图 5-1）。

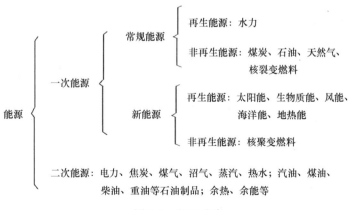

图 5-1　能源分类

目前，我国能源消费现状呈现节节攀升的趋势，其中煤炭的消费占 70%左右，而且在未来相当长的时期内，我国仍将是以煤为主的能源结构。同时石油和天然气所占能源的消费比例也开始慢慢上升，出现了石油、天然气对外依存度逐步加大趋势。从能源总量来看，我国是世界第二大能源生产国和第一大能源消费国，能源消费主要靠国内供应，能源自给率为 94%。煤炭是我国的主要能源供应，其次是石油，虽然我国水利资源丰富，但水电也只占 6%，煤炭、石油是可不再生能源，一旦枯竭，势必影响我国国民经济的运行。

5.1.1　新能源

新能源是石化燃料价格高涨之后的新兴能源。再生能源不因被人类利用而日益减少。常见再生能源包括风能、太阳能、生物质能（固态燃料、酒精、生物质柴油等）、地热、海流、潮汐、波浪、海洋温差及水力能等，它们可以循环再生，不会因长期使用而减少。

1. 太阳能、风能

我国的可再生能源利用的比例仍然比较低，风力发电、太阳能是发展的重点项目。太阳能是地球获得的最根本的，也是唯一极端丰富的，既无污染又可再生的天然能源。热能利用是当前太阳能利用工作中的重要方面，其关键设备是集热器，常见的太阳能主要用于干燥和太阳能采暖。

除热能外，太阳能还可以通过太阳能热电站转化成电能，即太阳能聚热器加上其他可再生能源技术，可将太阳光转换成电力。风能作为一种清洁的可再生能源，越来越受到世界各国的重视。风力发电是风能利用的主要形式，其是利用地区大气温差获得能量（大气层波动）的。目前北欧（如丹麦）、北非、南美洲南部、美国西部平原和热带信风带都是风力发电最有前途的地区。随着风力发电技术的不断成熟，我国新能源战略开始把大力发展风力发电设为重点，我国风能丰富的东南沿海和三北地区已经成为风力发电的主要地区。

2. 地热能

地热能即是地球内部蕴藏着的巨大的热能，是地球在漫长的演变过程中在地下积累起来的能量。其特点是能量巨大、可再生、开发简单、利用无污染。其分布与板块构造、岩浆活动及火山、地震活动等密切相关。从地表向地球内部深入，温度逐渐上升，地壳的平均温升为 20～30℃/km，大陆地壳底部的温度为 500～1000℃/km，地球中心的温度约为 6000℃。据估计全世界地表资源的总量相当于

4.948×10^{12} t 标准煤燃烧时所放出的热量。

根据地下热能储存的不同形式，地热能可分为蒸汽型、热水型、地压型、干燥型和岩浆型五类。根据热力学原理，地热能的利用是基于地下的岩石体和水与地面的水或空气之间所存在的温差。这一温差能产生热能，供直接利用或者转变成机械能与电能。近年来，许多国家重视直接利用地热能，因为其能耗小、对地下水的温度要求不高。在全部地热资源中，可直接利用的中温、低温地热资源十分丰富，但地热的直接利用往往受载体热介质、热水输送距离等的限制。我国是地热能相对丰富的国家，地热资源总量约占全球的 7.9%，可采储量相当于 4626.5 亿吨标准煤。

3. 生物质能

生物质能又称生物燃料，即储存于生物质中的能，是绿色植物通过光合作用将太阳能转化为化学能，储存于植物体中，再通过各种具有特殊生理功能的微生物类群的代谢作用、直接燃烧、热分解等不同途径，将这种潜能转化成能。地球上只要有太阳光和植物，光合产物就不断产生，能的转化作用就能持续下去。可以说，绿色植物是光能转换器和能源之源，碳水化合物是光能储藏库，生物质则是光能循环转化的载体。生物质能是一种重要的清洁能源，中国农村消耗的生物质能占全国能源消耗总量的 1/3。目前，生物质能主要通过直接燃烧而转变为热能，不仅利用效率极低，而且丢弃了其中可作为肥料的成分。若将其转化为可燃气体（沼气）或液体燃料（酒精），则既可利用其能量，又可利用其下脚料作为肥料。

沼气是一种主要的生物质能形式，它是 CH_4、CO_2 和 N_2 的混合物，具有较高的热值，可以作为燃料用以做饭、照明，也可以驱动内燃机和发电机。沼气原料来源于自然界的丰富有机物、废物、废渣、污泥等。沼气发生后的废渣同时可作为肥料施用于农田，不会造成任何污染。我国是一个生物物种繁多的大国，拥有相当可观的生物质资源。据调查我国每年有 6 亿～7 亿多吨农作物秸秆，2 亿多吨林地废弃物，25 亿多吨畜禽粪便及大量有机废弃物，这些农林废弃物可产出 8 亿吨标准煤能量。

4. 核聚变能

目前核能利用，是通过核裂变反应进行发电的，核裂变对环境具有一定的潜在污染威胁。从减少环境污染的角度出发，现在还在进行研究的核聚变将是理想的能源。

核聚变能是指轻原子核（如氢核）在极高温度下聚合时（如热核反应）放出的热量。核聚变的燃料有氘、氚，氘的发热量相当于同等量煤的 2000 万倍。海水中的氘有 45 万亿 t，而一座 100 万 kW 的核聚变电站的耗氘量只需 304kg。维持受控聚变运行的装置称为聚变反应堆，其优点是聚变反应不产生裂变碎片，所以其放射性影响不如核裂变那么严重。在安全方面，相较于核裂变发电，核聚变产生的核废料半衰期极短，核泄漏时总危害较低、安全性更高、管理成本也比较低。如氘和氚的核聚变反应，其原料可直接取自海水，来源几乎取之不尽，因而是比较理想的能源获得方式。

5.2　矿　产　资　源

除了煤、石油、天然气等能源外，还有金属、非金属等矿产资源，给人类无偿地提供着丰富的原材料，它们也属于不可再生能源。

矿产资源是指赋存于地壳内部或表层，由地质作用形成的呈固态、液态或气态的具有现实和潜在经济意义的自然富集。矿产资源是公众生活资料与生产资料的主要来源，是人类生存和社会发展的重要物质基础，目前其可作为 95% 以上的能源、80%以上的工业原料、70%以上的农业生产资料。根据矿产的特性及其主要用途，将矿产资源分为金属矿产、非金属矿产、能源矿产以及水气矿产等四种。

1. 金属矿产

金属矿产是指经过冶炼、加工可以从中提取金属元素的产品和矿产。金属矿产的种类有：

黑色金属，包括铁、锰、铬、钒、钛等。

有色金属矿产，包括铜、铅、锌、铝、镁、镍、锡、钼、铋、汞、锑等。

贵金属矿产，包括金、银、铂族金属（铂、钯、锇、铱、钌、铑）。

稀有金属矿产，包括钽、铌、铍、锂、锆、铯、铷、锶、铈族金属（Ce 等轻稀土元素）、钇族金属（Y 等重稀土元素）。

分散元素矿产，锗、镓、铟、铊、铪、铼、镉、钪、硒、碲。

放射性金属矿产，包括铀、钍、镭。

2. 非金属矿产

非金属矿产是指经过加工可以提出非金属原料或是可直接利用的矿产。非金属矿产的种类有：

冶金辅助原料，如菱镁矿、耐火黏土、硅石（石英石、石英砂岩、脉石等）、石灰石、白云石、萤石等。

特种非金属矿产，如金刚石、水晶、云母、冰洲石、光学萤石、硼、青石棉、电气石等。

化工原料非金属矿产，如磷、硫、钾盐、镁盐、天然碱、芒硝、钾长石、重晶石、明矾石等。

建筑材料及其他非金属矿产，如石灰石、石膏、黄土、黏土、铝矾土等水泥原料；石英砂、石英砂岩、白云母等玻璃原料；高岭土、石英等陶瓷原料等。

3. 能源矿产

能源矿产又称燃料矿产、矿物能源，是矿产资源中的一类。其赋存于地表或者地下，由地质作用形成，呈固态、气态和液态，具有提供现实意义或潜在意义能源价值的天然富集物。

我国已发现的能源矿产资源有 12 种，固态的有煤、石煤、油页岩、铀、钍、油砂、天然沥青；液态的有石油；气态的有天然气、煤层气、页岩气。地热资源有呈液态、气态的。石油、天然气和煤等能源矿产资源，也是工业的重要原料。能源矿产是我国矿产资源的重要组成部分。煤、石油、天然气在世界和中国的一次性能源消费构成中，分别占 93%和 95%左右。

4. 水气矿产

水气矿产指蕴含某种水、气并经开发可被人们利用的矿产。

5.2.1　我国矿产资源概况

我国地质条件复杂，具有多种矿产的成矿条件，是世界上矿产资源种类齐全、矿产储量丰富的少数几个国家之一。目前已经发现矿产 168 种，已探明有储量的矿产 157 种，其中能源矿产 9 种、金属矿产 54 种、非金属矿产 91 种、水气矿产 3 种，探明储量潜在价值仅次于美国和俄罗斯，居世界第三位。但由于人口基数大，中国人均矿产资源占有量仅为世界人均占有量的 58%，居世界第 53 位，从这方面看，中国又是一个资源相对贫乏的国家。

5.2.2　我国矿产资源特点

矿产资源丰富，储量大，但总体质量不高。一些重要矿产品位偏低，贫乏资源比重大。如我国铁矿平均品位只有 33%，比世界铁矿平均品位低 11 个百分点。

共生、伴生矿多，单一矿少。我国复杂矿多，含有伴生和共生的元素达到 10

多种或几十种，有的伴生的价值可超过主要成分的价值，但目前我国综合开发能力和技术不高。

能源矿产资源比较丰富，但结构不理想，煤炭资源比重偏大，石油、天然气资源相对较少。我国煤炭储量居世界第一位。全国已探明的保有煤炭储量为 10 000 亿吨，主要分布在华北、西北地区，以山西、陕西、内蒙古等省区的储量最为丰富。煤炭资源的特点是：蕴藏量大，但勘探程度低；煤种齐全，但肥瘦不均，优质炼焦用煤和无烟煤储量不多；分布广泛，但储量丰度悬殊，东少西多，北丰南贫；资源赋存东深西浅，露采煤炭不多，且主要为褐煤。

矿产资源利用率低，矿区生态环境破坏严重：我国金属矿石采选回收率平均比国际水平低 10%～20%；约有 2/3 具有共生、伴生有用组分的矿石未开展综合利用。

由于矿产资源是不可再生的资源，因此，对人口的增长和对资源的开采，都应该有计划地加以控制。

5.3 淡 水 资 源

5.3.1 世界淡水资源

地球上水的总储量约为 1.39×10^{18} m^3，其中 97%为海水。而占地球总水量 2.53%的淡水中的 70%分布在南北两极及高山高原地带以冰川状态存在，30%以地下水或土壤水形式存在，公众真正可利用的淡水资源只有河水、淡水湖水和浅层地下水，仅占全部淡水的 0.3%左右，占全球总水量的十万分之七。

世界淡水资源不仅短缺而且地区分布极不平衡。按地区分布，巴西、俄罗斯、加拿大、中国、美国、印度尼西亚、印度、哥伦比亚和刚果等 9 个国家的淡水资源占了世界淡水资源的 60%。约占世界人口总数 40%的 80 个国家和地区严重缺水，从而造成人均淡水资源数量上的巨大差异。

5.3.2 中国的淡水资源

1. 我国淡水资源总量较多，但人均占有量少

据《中国水资源公报》统计显示 2013 年中国淡水资源总量约为 2.8 万亿 m^3。其中，降雨量 6.3 万亿 m^3，地表水 2.7 万亿 m^3，地下水 0.81 万亿 m^3，由于地表水与地下水相互转换、互为补给，扣除两者重复计算量 0.71 万亿 m^3。虽然河川径流总量居世界第六位，但人均占有量为世界人均占有量的 1/4 左右，美国的 1/5，

位居世界第 121 位，是全球 13 个人均水资源最贫乏的国家之一。与世界上许多国家相比，我国淡水资源问题比较严重。

2. 淡水资源在地区上分布不均，水土组合不平衡

我国的水量和径流深的分布总趋势是由东南沿海向西北内陆递减，并且与人口数、耕地的分布不相适应。长江流域及其以南地区人口占了全国的 54%，但是水资源却占了 81%，而耕地面积仅占全国的 36%。北方人口占 46%，水资源只有19%，而耕地面积占全国 64%。简而言之就是"南多北少，东多西少"。

3. 淡水资源污染

2013 年中国水利部门对全国 5134 个水功能区进行了评价，满足水域功能目标的仅有 2538 个，占评价水功能区总数的 49.4%。在对全国 20.8 万 km 的河流水质状况进行评价发现，Ⅱ类水河长占 42.5%，Ⅲ类水河长占 21.3%，Ⅳ类水河长占 10.8%，Ⅴ类水河长占 5.7%，劣Ⅴ类水河长占 14.9%。在对全国开发利用程度较高和面积较大的 119 个主要湖泊共 2.9 万 km^2 水面进行水质评价中发现，全年总体水质为Ⅰ～Ⅲ类的湖泊有 38 个、Ⅳ～Ⅴ类湖泊 50 个、劣Ⅴ类湖泊 31 个，分别占评价湖泊总数的 31.9%、42.0%和 26.1%，形势不容乐观。

4. 用水效率低和过度开发并存

用水效率低。例如，严重缺水的黄河流域，农业灌溉大量采用的还是大漫灌的方式。宁夏、内蒙古灌区，每亩农地平均用水量都在 1000 m^3 以上，比节水灌区高几倍到十几倍；农业用水利用率普遍偏低，目前，生产单位粮食的用水量是发达国家的 2～2.5 倍。农业用水如此，工业用水也是如此。中国工业用水重复利用率远低于先进国家的 75% 的水平，我国万元产值的耗水量是 225 m^3，发达国家却仅有 100 多 m^3，一些重要产品单位耗水量也比国外先进水平高几倍，甚至几十倍。

5.4　自 然 景 观

自然景观是指由自然因素作用形成（或构成）的景观，也就是未受公众影响的景观。自然因素主要指天文、地质、水文、气象、生物等非人为因素，也被称为成景因素。

中国疆域辽阔，特殊的地理位置，西高东低的地势，复杂多样的地形，使我国形成类型齐全、数量丰富、北雄南秀、特色鲜明的自然景观。就自然景观类型中的宇宙景观、地质景观、地貌景观、大气景观、水体景观、生物景观而言，各种主要类型的典型景观均能在我国找到代表。北至漠河的北极光，南至南海的诸岛礁，既有"世界屋脊"之称的青藏高原，也有世界最大峡谷——雅鲁藏布江大峡谷；既有"全球陆地第二低"之称的吐鲁番盆地，也有世界最高峰——珠穆朗玛峰；既有台湾的"蝴蝶谷"胜景，也有山旺的古生物化石群景观；既有"人间天堂"之称的西湖，也有"死亡之海"之称的腾格里沙漠；既有一望无际的华北平原，也有壮丽非凡的黄果树瀑布群；既有延绵不绝的绒布冰川，也有气浪蒸腾的腾冲火山；还有蓬莱海市蜃楼、黄山云海令人称奇，长江、黄河哺育一方，更有以花岗岩地貌著称的天柱山、以丹霞地貌闻名的广东丹霞、以喀斯特地貌甲天下的桂林山水……如此丰富的自然景观资源，若能合理利用，不仅可以发展观光旅游产业，还能在一定程度上降低经济发展对工业的过度依赖。

截止到 2009 年 12 月，中国国家级风景名胜区已达 208 处，其中 22 处被列入联合国教科文组织《世界遗产名录》。随着现代社会生活和科学文化水平的提高，人们对自然的精神文化与科学研究需求日趋广泛和深入，这就需要开展科学研究和进行科普教育。现代游人，不仅需要游览、审美和体验，更需要探索大自然的奥秘，并从中获得更多的科学知识，从而有利于人的发展。

对风景区自然科学价值的研究和利用应当是现代风景区景观价值的首要取向，也是发挥风景区科研教育功能的重要任务。长期以来，我们都把风景区的美学价值作为首要取向，包括我们申报世界自然文化遗产时，都突出其美学价值，而轻视了科学价值。就美学而论，往往习惯于艺术美和情感美表述，而忽视了更主要的科学美的评价。风景区是一个复杂的自然与文化融合的综合体，需要多学科的专家共同协作研究才比较理想。对大自然的认识和研究是没有止境的，随着科研的深入和新的发现，对已经列入《世界遗产名录》的国家风景区的价值，还要作不断的修改和补充，尤其要补充有关地质学、地貌学和生态学内容。其目的是正确地客观地评价每项遗产的突出普遍价值。只有这样，才有利于遗产的保护和利用。

由于对遗产的价值和功能缺乏全面深入的认识，在市场经济和旅游大潮的冲击下，有些早已"超载"开发的世界遗产地，在列入《世界遗产名录》后，为了牟利，继续进行破坏性的旅游开发。大兴土木，开山伐木，乱建索道、宾馆、商店、娱乐城等，破坏景观，破坏生态，导致世界遗产地尤其核心地段的人工化、商业化和城市化，造成有史以来的最大破坏，严重损害了遗产的真实性和完整性。更有甚者，出让或变相出让国家风景资源及其土地，门票上市，使其企业化、股份化，从根本上改变了风景区的精神文化功能和社会公益事业的性质。与国家风景名胜区保护法规和世界遗产保护公约不符。

为了保护好世界遗产，为传承和弘扬中华民族的山水文化，建议国家采取紧急措施，保护和抢救遗产。为此，建议如下：

（1）加快立法，把世界遗产和国家遗产纳入法律保护范围之中。

（2）加强国家对遗产的统一有效管理，结束各自为政的局面。建立国家遗产管理（直属国务院），直接管理世界遗产和国家遗产（包括国家风景名胜区，国家自然保护区和国家不可移动的文物保护单位）。

（3）加强遗产的科学研究，做好遗产保护利用的传播工作。有计划地培训遗产管理干部和科技人员。

（4）严格保护，加强监督，按国际《保护世界文化与自然遗产公约》、《中华人民共和国文物保护法》和规划整治遗产地内违约、违章和违规的建筑物，拆除破坏性建筑物构筑物，清理超载开发的景区、景点，尽可能恢复其原有的景观风貌。

（5）为了正确处理好遗产的保护利用与发展旅游经济的关系，必须实行功能分区的原则，区内以满足人对自然的精神文化功能为主，带动地域经济发展。做到区内区外分工协作，达到最佳的社会效益、环境效益和经济效益。

（6）应立即停止风景名胜区门票经营权和以风景名胜资源为依托的旅游企业上市组建活动。对违反国务院关于"不得以任何名义和方式出让或变相出让风景名胜资源及其景区土地"事件进行严肃处理。

保护世界遗产和国家遗产是我们的历史责任，应当认真对待。

5.5　生　物　资　源

生物资源是指对公众具有实际或潜在用途或价值的遗传资源、生物体或其部分、生物群体或生态系统中任何其他生物组成部分。生物资源又称生物遗传资源，包括地球上所有植物遗传资源、动物遗传资源和微生物遗传资源，是自然资源的重要组成部分。按照生物的自然属性，可将生物资源分为植物资源、动物资源和微生物资源三类。

5.5.1　世界生物资源

地球上生物物种极为丰富，据估计全世界有 1300 万～1400 万个物种，但科学描述过的仅有约 175 万种，大多数现存物种尚未被记录与描述。一般而言，对高等植物和脊椎动物了解比较清楚，对昆虫、低等无脊椎动物、微生物的了解十分有限。每年都有大量的物种被发现和记录。昆虫、低等无脊椎动物，尤其是微生物数量巨大。有文献记录的微生物中的细菌和病毒，不到估计量的 1%。

生物资源在地球上不是均匀分布的，生物多样性丰富的国家主要集中于部分热带、亚热带地区的少数国家，包括巴西、哥伦比亚、厄瓜多尔、秘鲁、墨西哥、刚果、马达加斯加、澳大利亚、中国、印度、印度尼西亚、马来西亚等 12 个国家。然而，自 20 世纪以来，由于地球气候的变化和生态环境的恶化，一些生物物种正迅速走向濒危甚至灭绝。地球实际物种数正在迅速减少。

5.5.2　我国生物资源

我国疆域辽阔，地跨寒温带、温带、暖温带、亚热带和热带，生态环境复杂多样，物种多样性居世界第八位，生物种类约占世界总数的 1/10，是世界上生物资源最丰富的国家之一。其中有高等植物 3 万余种，仅次于巴西和印度尼西亚，居世界第三位。林木资源（乔木）有 2000 余种，蕨类植物 2400 多种，苔藓植物 2100 多种，北方草原上各种野生牧草 4000 多种。陆栖动物仅鸟、兽、两栖、爬行类就有 2290 种，约占世界总数的 10%，其中鸟类 1187 种，兽类 594 多种（居世界第一位），两栖类 270 多种，爬行类 320 多种。包括昆虫在内的无脊椎动物约有 100 万种。中国海洋生物有 2 万多种，鱼类近 3000 种，四大渔场中以舟山渔场最为出名。中国已知真菌约有 8000 余种，其中酵母占世界所有种类的 1/4。此外，由于独特的地质演化历史，在我国生存着许多北半球其他地区早已灭绝的古老孑遗种类，以及一些在系统发生上属于原始或孤立的生物类群，如大熊猫、白鳍豚、扬子鳄、金丝猴、野马、野生双峰驼。植物类群达 250 个属，如苏铁科、银杏科、麻黄科植物等，它们常被称为活化石。世界和中国物种估计数和已知数统计见表 5-1。

表 5-1　世界和中国物种估计数和已知种数统计表

类别	中国已知种数（种）	世界已知种数（种）	百分比（%）	世界估计种数（种）
哺乳动物	499	4 181	11.9	5 000
鸟类	1 186	9 040	13.1	11 000
爬行类	376	63 000	5.9	—
两栖类	274	4 010	7.4	—
鱼类	2 804	21 400	13.1	28 000
昆虫	40 000	751 000	5.3	1 500 000
高等植物	30 000	285 750	10.5	300 000
真菌	8 000	69 000	11.6	1 500 000
细菌	500	3 000	16.7	30 000
病毒	400	5 000	8	130 000
蕨类	5 000	40 000	12.5	60 000

　　我国虽然有得天独厚的自然环境和种类丰富的生物资源，但受粗放型计划经济的影响，我国生物资源的开发、利用存在着资源破坏严重、浪费严重、效益低下等问题。同时在开发利用的过程中存在着盲目开发、过度开发、无序开发的现状。历史上我国森林覆盖率曾达到50%，现在只有12%。热带、亚热带森林迅速消失，全国山地丘陵 2/3 以上面积裸露，森林多呈岛屿状，分散在大面积退化环境之中。由于生物种类栖息地丧失和环境污染，已导致我国部分动物、植物和高等真菌濒临灭绝。据统计,我国受严重威胁的物种占整个动植物区系成分的15%～20%，已有398种脊椎动物，1009种高等植物列入濒危物种名录。根据生物群落和食物链的研究表明，某一种生物往往与10～30种其他生物（如动物、真菌）相共存，任何一种生物灭绝都将会引起严重的链锁反应。照此推算，现今我国3000种植物濒危，则会有 3 万～9 万种生物的生存受到威胁。这种链锁式的生物物种灭绝危机正在威胁着公众的生存基础。

　　生物资源不仅给公众提供衣、食原料和保证健康的营养品和药品，而且还提供了良好的生态环境。生物资源为生物新品种的选育和当代农业技术研究提供了宝贵的基因来源。生物资源的急剧减少甚至灭绝，意味着这些物种所携带的遗传基因随之消失，而目前公众还不能创造这些基因，这将大大增加自然生态环境的脆弱性，并将大大降低自然界满足公众需求的能力，最终必将威胁到公众自身的生存。

第 6 章 节约能源与新能源

6.1 能   源

能源，简单地说是指各种能够提供能量的物质。从细胞代谢到家庭照明、工业制品生产、电器制品与食品生产、交通运输等都需要消耗能量。一部人类文明史，同时也是能源消费形态不断变化的历史。100 多万年前，人们因能自由地使用火，增加了生活的完全性、多样性及丰富性。后来人们学会了借助牲畜以及利用风力、水力等进行各种农业生产活动。直至进入铁器时代，使用石化燃料等庞大能源，为工业革命提供了原动力，也开启了物质文明。简而言之，工业革命，就是由使用薪材燃料转换至石化燃料的能源革命。

20 世纪初，能源的利用形态逐渐转向以石油、天然气为主，以石油为燃料的引擎逐渐取代了以煤为主要燃料的蒸汽机。加上环保因素，1979 年石油在世界能源结构的比重达到最高，被誉为是世界经济发展的"血液"，世界进入了"石油时代"。

直至今日，世界正在走向"后石油时代"。后石油时代是新能源、可再生能源快速成长和发展时期，也是石油替代产品的培育、成长和发展时期。能源利用形态的变化过程见表 6-1，不同时期各种能源在消费结构中所占比重见表 6-2。

相应地，能源的不断发展促进了社会的扩大及社会体制的变革，能源的种类也随着技术的进步而增加，公众对能源的需求也逐年增加，但另一方面，煤炭及石油等能源需求的增长，相对地球资源的快速消耗与后续气候的变迁，越发令人担忧。1972 年于罗马会议中发表的《增长的极限》，明确地指出人类因富有所带来的能源大量消耗，将逐渐演变为公众的一场危机。

表 6-1 能源利用形态的变化

转变时期	1860 年以前	1860~1920 年	1920~1964 年	1965~1979 年	1980~1989 年
特点	以薪柴为主	以煤炭为主	逐渐转向石油、天然气	以石油为主	逐渐转向石油、天然气、太阳能、核能、煤炭等
时间	1860 年	1920 年	1960 年	1979 年	1989 年
世界能源总消费量（亿吨标准煤）	5.56	21.48	42.48	—	114.47
世界人均能源总消费量（吨标准煤）	0.45	1	1.4	—	2.08

表 6-2 不同时期各种能源在消费结构中所占比重表（%）

		1860 年	1920 年	1960 年	1979 年	1989 年
	煤炭	24.7	62.4	52.2	18	27.8
	石油	—	6.7	31.2	54	38.3
能源消费结构	天然气	0.9	1.4	14.6	18	21.3
	薪柴	73.7	28.1	—	—	—
	水力	0.7	1.4	2	7*	7
	核电	—	—	—	2.8	5.6

*包括太阳能、地热。

　　自然界中现成存在的能源称为一次能源，如煤炭、石油、天然气、太阳能、水力、风能、地热能、海洋能、生物质能及核能等。2013 年世界一次能源消费见表 6-3。2013 年世界一次能源结构见图 6-1。

表 6-3 2013 年世界一次能源消费表

能源类别	石油	天然气	煤炭	核能	水力	再生能源	合计
百万吨油当量	4 185	3 020.4	3 826.7	563.2	855.8	279.3	12 730.4

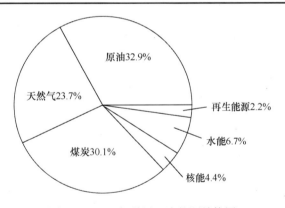

图 6-1　2013 年世界一次能源结构图

　　为了使用方便,将一次能源经直接或间接加工转换而成的能源称为二次能源,如蒸汽、电能、煤气、洁净煤、激光及各种石油制品等。一次能源和二次能源间的关系见图 6-2。

　　将一次能源转变为二次能源,进而为公众使用,由此可以看出今日人类文明离不开一次能源。而能量在转换、输送及储存时,各阶段间都有损失,这有赖于科技的提升以减少其耗损。

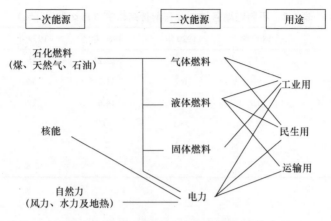

图 6-2　一次能源和二次能源间的关系

　　如果按能否再生，可以把一次能源分为再生能源和非再生能源。再生能源是指不需要经过人工方法再生就能够重复取得的能源。非再生能源有两重意义：一是指消耗后短期内不能再生的能源，如煤、石油、天然气和油页岩等；二是指除非用人工方法再生，否则消耗后也不能再生的能源，如原子能。

　　如果按科学技术水平来划分，则可分为常规能源和新能源。所谓的常规能源通常包括煤、石油、天然气，以及核裂变能和水能五种。其他正处在研究阶段、尚未大规模利用的能源则称之为新能源，详见本章 6.5 节。

6.2　能源与环境

　　20 世纪这一百年间，地球上人口增长了 4 倍，经济增长约 20 倍，相对地，能量的消耗量也约增加了 25 倍，能量的大量使用构成了能源环境问题。全球变暖、酸雨、大气污染及生态破坏等相关概念接踵而来。

　　工业革命前，大气中二氧化碳按体积计算是每 100 万大气单位中有 280 个单位的二氧化碳。之后，由于化石能源的大量燃烧，1988 年已达 349 个单位，如果大气中的二氧化碳浓度增加一倍，全球平均表面温度将上升 1.5～3℃，极地温度可能上升 6～8℃。这样的温度可能导致海平面上升 20～140cm，这将对全球许多国家的经济、社会产生严重影响。化石燃料燃烧所产生的 SO_2 和 NO_x 等污染物在一定条件下能够形成酸雨，不仅了改变酸雨覆盖区域的土壤性质，危害着农作物和当地生态系统，还会腐蚀建筑物及材料并造成巨大的经济损失。

　　1991 年 7 月伦敦召开的七国首脑会议中，有关能源与环境相关问题的宣言中也提到应该重视能源供给的安定性，环境问题以及相关的安全基准。七国达成了核能发电的开放与核废料处理的安全与再利用性，可再生能源商业化开发的可能性，促进平等自由无障碍的能源贸易并且提高供给保障水平及保护环境的一系列协议。

在能源与环境的关系中，能源对环境具有消极作用时，环境对能源也具有制约关系。能源与环境必须协调发展，其实质是要以环境保护作为制约条件促使能源的开发、加工、利用的不断合理化、最优化。

6.3　能源的来源及用途

目前世界上主要能源为石化燃料，其为数百万年前的生命有机体被埋于沉积物中而形成的有机化合物，经高温、高压将有机体浓缩转变成能量丰富的化合物，其种类及三相态分别为：

（1）煤：固体；

（2）石油（原油）：液体；

（3）油页岩及焦油砂：半固体焦油；

（4）天然气（甲烷及其他碳氢化合物）：气体。

物质燃烧放热现象，主要为物质本身化合物与氧结合，彼此间化学键断裂与生成间能量之差而得，所有石化燃料（石油、煤炭及天然气）主要由各种比例的碳（C）及氢（H）组成，C/H 之比越小，其放热量就越大，其放热量的大小分别为天然气＞石油＞煤。

6.3.1　天然气

天然气存在于地壳中，是碳氢比最小的有机化合物。天然气主要是伴随石油而来，主要成分为甲烷、乙烷，有害物质含量少且燃烧效率高，其燃烧放热量（约 12 200kcal/kg[①]）为煤的 2 倍，石油的 1.4 倍，大体上不会释放出硫氧化合物，又因其氮氧化合物为石油的 1/3，二氧化碳为石油的 3/4，仅为煤的一半，能有效减缓全球变暖。天然气可用船或管路输送，但跨洲船运仍具有危险性，且转换成液化天然气（liquid natural gas，LNG）须付出更多的设备费。

以世界目前消耗量而言，天然气储量约可供应 60 年，但其价格随石油波动。天然气是世界第三大商用燃料，世界天然气主要消费国（部分）的消费量见表 6-4。

---

① cal 为非法定单位。1cal=4.1868J。

表 6-4　世界主要天然气消费国 2009～2013 年的消费量、2013 年增幅及所占份额

	2009 年 （10亿m³）	2010 年 （10亿m³）	2011 年 （10亿m³）	2012 年 （10亿m³）	2013 年 （10亿m³）	2013 年增幅（%）	占 2013 年份额（%）
美国	648.7	682.1	693.1	723	737.2	2.4	22.2
俄罗斯	389.7	414.2	424.6	416.3	413.5	−0.4	12.3
伊朗	143.2	152.9	162.4	161.5	162.2	0.7	4.8
中国	89.5	106.9	130.5	146.3	161.6	10.8	4.8
日本	87.4	94.5	105.5	116.9	116.9	0.2	3.5
加拿大	94.9	95	100.9	100.3	103.5	3.5	3.1
沙特阿拉伯	78.5	87.7	92.3	99.3	103	4	3.1
德国	78	83.3	74.5	78.4	83.6	7	2.5
英国	87	94.2	78.1	73.7	73.1	−0.6	2.2
印度	51.9	63	61.4	58.8	51.4	−12.2	1.5

　　天然气可直接作为燃料，燃烧时有很高的发热值，对环境的污染也较小，同时还是重要的化工原料。天然气市场非常广阔，它主要应用于以下几个方面。

1）发电燃料

　　天然气发电在国外已大量采用，我国天然气发电也将加快发展，预计到 2020 年将占到总发电量的 5.6%～7.1%。天然气作燃料，采用燃气轮机的联合循环发电，具有造价低、建设周期短、启停迅速、热效率高、有利于环境保护等特点。因此天然气发电的成本低于燃煤发电和核电，特别是在利用小时数较低的情况下，天然气发电具有电网调峰的特殊优势。

2）民用燃料

　　天然气是优质的民用及商业燃料，据预测，中国城镇人口到 2020 年将超 8 亿。其中大中城市人口 4 亿，气化率将为 85%～95%，其他城镇的气化率将达 45%。

3）化肥及化工原料

　　氮肥的主要原料包括合成气和天然气，其中天然气作为氮肥原料的比例约占 50%。同时天然气还可作为生产甲醇、炼油厂的制氢以及其他化工用气。

4）工业燃料

　　天然气用作工业燃料主要用于石油天然气的开采、非金属矿物制品、石油加工、黑色金属的冶炼和压延加工以及燃气生产和供应等方面。

5）交通运输

经过液化的天然气，可用于车辆，作为传统燃料的替代品或混合燃料，在一定程度上可减轻对石油的依赖。

> 相关名词：可燃冰是由甲烷与水构成的冰状结晶，由于甲烷是天然气的主要成分，点火即可燃烧，因此称为可燃冰。可燃冰在高压低温下产生于永冻土地带或陆地边缘的海底。

6.3.2　石油

石油为目前世界上主要化石燃料能源，含量仅次于煤。目前，石油消费逐年增多，世界部分主要石油消费国 2009～2013 年的消费量、2013 年增幅及所占份额见表 6-5。石油为数百万年前，海中无数生命有机体沉降，经厌氧菌发酵为有机化合物，再经高温、高压，有机体浓缩转变成能量丰富的化合物。一般认为，有效的生油阶段从 50～60℃时开始，到 150～160℃时结束。

表 6-5　世界部分主要石油消费国 2009～2013 年的消费量、2013 年增幅及所占份额

	2009 年 （千桶/d）	2010 年 （千桶/d）	2011 年 （千桶/d）	2012 年 （千桶/d）	2013 年 （千桶/d）	2013 年增幅（%）	占 2013 年份额（%）
美国	18 771	19 180	18 882	18 490	18 887	2	19.9
中国	8 306	9 317	9 867	10 367	10 756	3.8	12.1
日本	4 422	4 474	4 470	4 709	4 551	−3.8	5
印度	3 237	3 319	3 488	3 685	3 727	1.2	4.2
俄罗斯	2 772	2 892	3 089	3 212	3 313	3.1	3.7
沙特阿拉伯	2 592	2 803	2 847	2 989	3 075	3.1	3.2
巴西	2 467	2 669	2 730	2 807	2 973	5.8	3.2
德国	2 409	2 445	2 369	2 356	2 382	0.9	2.7
加拿大	2 190	2 316	2 404	2 394	2 385	−0.5	2.5
法国	1 822	1 763	1 742	1 689	1 683	−0.6	1.9

石油的主要成分是碳、氢组成的烃类，如烷烃、环烷烃、芳香烃等，占95%～98%。此外，还有微量钠、铅、铁、镍、钒等金属元素，以及少量的氧、氮、硫以化合物、胶质、沥青质等非烃类物质形态存在。

开采出来的石油（原油）虽然可以直接作燃料用，而且价格便宜。但是例如对于车辆、发动机来讲，则必须把原油制成燃料油才能使用。

1. 石油产品

石油产品又称油品，主要包括各种燃油（汽油、煤油、柴油等）和润滑油以及液化石油气、石油焦炭、石蜡、沥青等。生产这些产品的加工过程常被称为石油炼制，简称炼油。

根据应用目的的不同，石油可以加工成的产品种类主要分为以下几类。

1）燃料油

燃料油包括石油气、汽油、煤油、柴油、重质燃料油。石油气用于制造合成氨、甲醇、乙烯和丙烯等，汽油用于汽车和螺旋桨式飞机，煤油用于照明、喷气式发动机和农药制造，柴油用于柴油发动机。

2）溶剂油

溶剂油包括石油醚、橡胶溶剂油、香花溶剂油等，主要用于橡胶、涂料、油脂、香料、药物等领域作溶剂、稀释剂、提取剂和洗涤剂。

3）润滑剂有关产品

包括用于汽油发动机和柴油发动机的汽、柴油机油；用于纺织机、机床的机械油；用于传动机、变速箱的齿轮油；用于汽轮机、冷冻机和气缸的压缩机油；用于液压机械的传动装置的液压油以及用于变压器、电缆绝缘的电器用油等等。

4）石蜡和地蜡

主要用于火柴、蜡烛、蜡纸、电绝缘材料、橡胶。

5）沥青

沥青用于建筑工程防水、铺路，以及涂料、塑料、橡胶等工业。

6）石油焦

主要用于制造电极、冶金过程的还原剂和燃料。

2. 石油化工产品

石油化工产品由炼油过程提供的原料油进一步化学加工获得。生产石油化工产品的第一步是对原料油和气（如丙烷、汽油、柴油等）进行裂解，生成以乙烯、丙烯、丁二烯、苯、甲苯、二甲苯为代表的基本化工原料。第二步是以基本化工原料生产多种有机化工原料（约 200 种）及合成材料（塑料、合成纤维、合成橡胶）。它为农业、能源、交通、机械、电子、纺织、轻工、建筑、建材等工农业和人民日常生活提供配套和服务，在国民经济中占有举足轻重的地位。是化学工业的重要组成部分，在国民经济的发展中有重要作用，是我国的支柱产业部门之一。

6.3.3　煤

目前世界能源需求的 1/3 的煤炭，是 2 亿～3 亿年前寒地型原生植物，埋于地下经地热、地压及厌氧菌作用分解碳化而得，其依碳化程度可分为：褐煤（HM，lignite）、烟煤（YM，bituminous coal）、无烟煤（WY，anthracite coal）三种，其分类指标及用途见表 6-6。煤的组成复杂，其中碳是最重要的组分，碳、氢、氧三者总和约占有机质总量的 95%以上，此外，煤炭中还有极少量的硫、磷、氟、氯、砷等有害元素。

表 6-6　煤的工业分类和各类煤的用途

分类名称		分类指标		煤的用途
		挥发分 V/%	胶质层厚度 Y/mm	
无烟煤		0～10	—	良好的动力和民用煤，并可作化工用煤
烟煤	贫煤	>10～20	0（粉状）	多作动力和民用煤
	瘦煤	>14～20	0（块状）～20	一般做配焦用煤
	焦煤	>14～30	>8～25	主要是炼焦用煤
	肥煤	>26 或<26	>25	配焦用煤
	气煤	>30	>5～25	可作气化、炼油和配焦用煤
	弱黏煤	>20～37	>0（块状）～9	可作气化、配焦和动力用煤
	不黏煤	>20～37	0（粉状）	可作气化、动力和民用煤
	长焰煤	>37	>0～5	可作气化、炼油和动力用煤
褐煤		>40	—	多作化工、气化、炼油和民用煤

世界煤炭消费见表 6-7。

在我国能源结构中，煤占 70%以上，是我国基础能源和重要能源，广泛地应用于国民经济的各个领域。

1）燃烧发电和供热

煤炭是当前世界第一大发电用能源，全世界约有 40%的电力来自煤炭。在锅

表 6-7　世界主要煤炭消费国 2009～2013 年的消费量、2013 年增幅及所占份额

	2009 年 (百万吨油当量)	2010 年 (百万吨油当量)	2011 年 (百万吨油当量)	2012 年 (百万吨油当量)	2013 年 (百万吨油当量)	2013 年 增幅（%）	占 2013 年 份额（%）
中国	1470.7	1609.7	1760.8	1856.4	1925.3	4	50.3
美国	496.2	525	495.4	436.7	455.7	4.6	11.9
印度	250.3	260.2	270.1	302.3	324.3	7.6	8.5
日本	108.8	123.7	117.7	124.4	128.6	3.6	3.4
俄罗斯	91.9	90.2	93.7	98.1	93.5	4.4	2.4
南非	92.9	91.5	88.4	88.5	88.2		2.3
德国	71.7	76.6	76	80.1	81.3	1.8	2.1
英国	29.9	31	31.5	39.1	36.5	6.2	1

炉中燃烧产生热水供工业或民用也是煤炭的基本用途。通过气化将固体煤转化为 CO、H_2、CH_4 等可燃气体，通过气化生产的气体可作为民用或工业燃料、化工原料、燃料油合成气等。

2）煤炭炼焦

把煤置于干馏炉中，隔绝空气加强热，煤中有机质随温度升高逐渐被分解，其中挥发性物质以气态或蒸气态逸出，成为焦炉煤气和煤焦油，而非挥发性固体剩余物即为焦炭。焦炉煤气是一种燃料，也是重要的化工原料。煤焦油可用于生产化肥、农药、合成纤维、合成橡胶、油漆、燃料、医药、炸药等。焦炭主要用于高炉炼铁和铸造，也可用来制造氮肥、电石，电石是制造塑料、合成纤维、合成橡胶等合成化工产品的重要原料。

3）煤炭气化

煤炭气化是指煤在特定的设备内，在一定温度及压力下使煤中有机质与气化剂（如蒸汽、空气或氧气等）发生一系列化学反应，将固体煤转化为含有 CO、H_2、CH_4 等可燃气体和 CO_2、N_2 等非可燃气体的过程。通过气化生成的气体可以作为民用或工业燃料、化工原料、制氢及作为燃料油合成原料气等。

4）煤炭液化

煤的液化方法有直接液化和间接液化两大类。间接液化是先把煤气化制成合成气，然后通过催化剂作用将合成气转化成烃类燃料、醇类燃料和化学品的过程；直接液化是指煤在氢气和催化剂的作用下，通过加氢裂化转变为液体燃料的过程。煤直接液化油可生产洁净优质汽油、柴油和航空燃料，但是由于直接液化对于煤种的要求特殊，反应条件较苛刻，大型化设备生产难度大，因而适合于大吨位生产的直接液化工艺目前尚没有商业化。

煤的含硫量较石油多，除将增加大气中二氧化碳及硫氧化物的浓度，增加环境污染问题外，其采掘、搬运及燃烧效率等也不及石油，特别是国内目前采掘环境非常恶劣，亟须采用新型安全的煤炭开采技术。煤炭的转换过程需要提供大量的能量，不但费时而且费用昂贵，因此，煤炭液化转换技术有待进一步地提高。

6.3.4　油页岩、焦油砂

油页岩是一种高灰分的固体可燃有机矿产，低温干馏可获得页岩油，但其平均分子质量为 250~450g/mol，主要由碳、氢比高的石蜡所组成，于室温下近石油固体，虽含硫少但含重金属及氮，需经过精炼过程处理后，性质才可与石油相同。2005 年世界油页岩可开采量（折算成页岩油）约为 4086 亿 t，其埋藏量巨大，约为煤炭的一半，主要埋藏于美国、俄罗斯、中国、爱沙尼亚等国。

我国油页岩资源丰富，主要分布在 20 个省和自治区、47 个盆地，共有 80 个含矿区。全国油页岩资源为 7199.37 亿 t，页岩油资源为 476.44 亿 t，页岩油可回收资源为 119.79 亿 t。主要集中在东部区和中部区，东部区油页岩资源为3442.48 亿 t，中部区油页岩资源为 1609.64 亿 t，青藏区油页岩资源为 1203.20 亿 t，西部区油页岩资源为 749.94 亿 t，南方区油页岩资源为 194.61 亿 t，油页岩形成时代从西北至东南方向逐渐变新。油页岩资源巨大的盆地有：松辽盆地、鄂尔多斯盆地、准噶尔盆地，占全国油页岩资源的 76.79%以上。

焦油砂是富含天然沥青的沉积砂，可用于提炼重油沥青，但精炼时需添加大量热碱液，因而排放出大量污水，不得不考虑对环境的污染问题。已探明储量中约 95%在加拿大，我国排第五位。目前加拿大有商业规模的采挖及精炼。

目前估算能开采的石油供应量，通常不包含潜在而大量的非传统石油资源，如大量开采油页岩及焦油砂，当然可使油的总储量增加约一倍，但其产生毒性淤泥、消耗水资源、岩石被加热时会涨大，导致废弃岩石比开采出来的岩石体积增加 2~3 倍，因而不得不考虑开采后得付出大量的环境成本。

6.4　节　约　能　源

人类目前正在大规模使用的石油、天然气、煤炭等化石资源在人类可预期的时间内不能再生，属于不可再生资源。就目前的储量而言，势必有枯竭之日。截至 2013 年年底，世界石油探明储量为 1.6879 万亿桶[①]，仅可以满足 53.3 年的全球

---

① 桶为非法定单位，1 桶=$1.58987 \times 10^2 dm^3$。

生产需要；全球天然气探明储量为 185.7 万亿 m³，仅能保证 54.8 年的生产需要；全球煤炭探明储量为 8915 亿 t，还可以开采 113 年。面对如此严峻的局势，人类势必应将能源问题放在一个关乎自身存亡的高度。

社会发展离不开能源的消费，如何有效地利用好有限的能源是世界各国不得不面对的重大课题。2012 年 10 月发布的《中国的能源政策（2012）》白皮书称，维护能源资源长期稳定可持续利用，是中国政府的一项重要战略任务。中国能源必须走科技含量高、资源消耗低、环境污染少、经济效益好、安全有保障的发展道路，实现节约发展、清洁发展和安全发展。

白皮书指出，中国将通过坚持"节约优先"等八项能源发展方针，推进能源生产和利用方式变革，构建安全、稳定、经济、清洁的现代能源产业体系，努力以能源的可持续发展支撑经济社会的可持续发展。节约能源即减少能源消费，同时提升能源的使用效率。节约能源可以从三个方面入手。

1）调整经济和社会结构

通过调整产业结构、产品结构和社会的能源消费结构，淘汰落后技术和设备，促进产业结构优化和升级，提高整体技术装备水平。经济和社会结构的调整和转型必须结合各地的实际情况，选择合理的替换产业和社会能源消费模式。

2）减少能源的消耗

旨在减少不必要的浪费，例如节约用电、多乘公共交通工具等。

3）提高能源的使用效率

通过各种技术手段，在不改变生产、生活质量的前提下，减少能源的消耗；开发和推广应用先进高效的能源节约和替代技术、综合利用技术及新能源和可再生能源利用技术；加强管理，减少损失浪费，提高能源利用效率。例如改善燃烧、废热利用、设备改善等。

尽管世界各国努力提升能源效率及降低耗能，但其能源效率也仅为 35% 左右，发展中国家则更低。节约能源的概念与行动还有待提升。

6.4.1　工业节能

我国工业能源消费量约占全国能源消费总量的 70%。技术与装备良莠不齐，部分装备技术性能低下，生产工艺落后，导致能耗指标较高，总体用能效率低，严重制约国民经济持续快速发展。

1. 电力行业

电力工业是国民经济的基础产业和主要能源行业，同时也是主要的能源资源消耗和污染物排放行业之一。2009 年电力部门煤炭消耗量占工业部门煤炭消耗总量的一半以上，二氧化硫排放量占全国排放总量的 55%。

电力用能分为三大部分：①转为二次能源送出；②由于能源转换带来的损失；③自身消耗。我国发电能源利用效率的提高与我国能源资源状况、技术结构和技术水平密切相关，主要通过结构调整、技术改造和加强管理来实现。

1）结构调整

电力行业是装备型企业，机组等级决定了能效基本水平，结构调整、增量部分准入控制是最重要的因素。首先，应当从国家能源战略出发，发电行业以大型高效机组为重点优化发展煤电，在保护生态基础上有序开发水电，积极发展核电，加快发展风能、太阳能、生物质能等可再生能源，提高能源利用效率，在开发中实现节约；其次，提高能源转换和利用效率，在生产、传输和消费等领域，通过采取法律、经济和行政等综合性措施提高能源利用效率，以最少的资源消耗获得最大的经济和社会收益。

火电燃煤是我国发电节能的重点。根据国际能源署（IEA）报告，在世界主要工业国家发电能源中，尽管燃煤发电比例相差悬殊，但近年来煤电比重在逐步上升。优化发展煤电，需要不断提高煤炭用于发电及热电联产的比例，做到高效、清洁利用煤炭，也可以大幅度提高整个社会的能源利用效率。新建的燃煤机组要节能、节水、节地，加快高耗低效机组的技术改造及淘汰，建设高效节能机组，发展洁净煤技术，因地制宜发展热电联产及多联供技术，形成低投入、低消耗、低排放和高效率的节约型电力工业增长方式。2005 年我国的新建发电机组中，600 MW 机组占 68%，300 MW 及以上机组占 90%，已经出现了大机组、大容量、高效率的新格局。

2）技术改造

要提高发电存量资产能效，重点在于对役燃煤火电机组的改造。通过提高机组安全性和可靠性、开展清洁生产（节能、节水、环保、综合利用）、完善自动化及信息化，实现对 125MW、200 MW 及部分早期 300 MW 机组重点系统和设备技术升级、运行方式优化，50～100 MW 纯凝汽式机组逐步进行以大代小、热电联产和综合利用改造，综合提高现有电厂经济效益和环境效益。

经对锅炉热机及辅机系统的改造，在提高机组安全性、可靠性的同时，必须综合考虑调节性能和环保性能的提高，包括锅炉燃烧系统适应低负荷稳燃的调峰要求和降低氮氧化物排放，增强煤种适应性。例如，省煤器管、水冷壁管、过热器管、再热器管（以下简称"四管"）是火力发电厂锅炉的重要设备之一，分别承担着加热给水、蒸发给水、加热蒸汽、加热做功蒸汽的重要任务。通过对"四管"受热面进行防磨防爆改造，减少锅炉尾部漏风，或者通过对汽轮机围绕改善性能的通流部分、汽封结构部分的改造和凝汽器抽气设备等的技术升级，都会有助于提高发电机组的节能效果。

此外，泵与风机改造也是发电企业降低厂用电的重点。根据运行和调峰要求，原来采用挡板调节流量的泵与风机，需采用电动机加装调速装置的方法进行改造，达到节能降耗和提高电动机设备安全运行可靠性的目的。合理选取容量，使各种设备在经济负荷范围内运行，并与其他设备容量匹配合理。

在节约厂用电方面，除了以上调速改造外，还需要采取一些综合措施，比如通过对分离器改造降低制粉系统单耗；提高发电机和励磁机的运行效率，降低铁损和铜损；改善氢油水系统的配置，提高发电机冷却效果，降低损耗；对于封闭母线，增大母线截面、改变母线连接部位状况，减小母线的阻抗，降低母线的温度，电缆材料、界面选用合理，减少发热损耗；淘汰能耗高的机电产品；厂区采用绿色照明技术，配备高效率照明器具和功率损耗低、性能稳定的附件；开展电平衡测试，对耗电大的设备进行电机效率测试，主变、厂用变进行电损耗测试，在测试基础上制订技术措施等。

3）加强管理

为了加强机组运行管理，须通过机组运行监测及优化，使机组在设计工况下运行。通过改造完善煤质检测、风粉监测、吹灰及在线分析、飞灰经济性分析、减少锅炉漏风和凝汽器泄漏等系统和手段，优化调整机组的运行方式，根据调度下达的负荷曲线，将总负荷以最佳方式分配到每台机组，确保经济运行。优化辅机经济运行方式，根据机组负荷情况和季节变化合理安排主要辅机运行，提高辅机调峰运行的经济性。通过分散控制系统（DCS）、厂级信息监控系统（SIS）和信息管理系统（MIS）提高电厂的生产自动化水平和管理信息化水平，结合机组特性应用在线能损分析功能软件，提高机组运行效率。

燃煤火电机组降负荷运行是电网调峰的主要手段，但对机组效率影响很大。根据电网要求，机组根据设备具体情况参与调峰，200 MW 及以上机组以旋转调峰为主，100 MW 机组可以参与两班制或少汽运行调峰。定参数下的调峰运行方式，会增大节流损失，给水泵功耗比例加大，采用滑压调峰技术是提高高压缸效率、降低汽轮机热耗的有效途径。水电应在符合国家资源节约政策的前提下参与调峰，平水期蓄水式水电应优先参与电网调峰，径流式水电及丰水期水电应尽可能满负荷发电，充分利用水能资源。燃气联合循环机组、燃油机组以及抽水蓄能机组只参加调峰，以保证大型燃煤机组负荷稳定。

开展发电厂负荷的经济性优化调度，包括并列运行机组间负荷的优化分配、单元机组的优化组合和开停机计划的确定。在完善机炉协调控制系统基础上，提高机组对自动发电控制（AGC）的适应能力。电网负荷低谷期间，部分发电机实施进相运行，提高整个系统效率。

2. 钢铁行业

2000 年以来，钢铁行业经过年平均 18.5%的跨越式发展，产能严重过剩，同时环境、能耗、污染等问题突出。目前，钢铁行业已成为我国能源资源消耗和污染排放的重点行业，占全国工业总能耗的 25%以上，节能降耗、提高原燃料利用率和附加值，已成为钢铁行业发展的重中之重。

钢铁行业节能降耗的关键在于提高原燃料利用率，加大对余热、余能的回收。目前，钢铁行业各工序主要的节能技术如下：

（1）烧结工序：烧结余热回收技术；烧结机的厚料层烧结技术。

（2）焦化工序：干熄焦技术、干熄焦发电技术；焦化加热自动控制；焦煤调湿技术；焦煤成型煤技术。

（3）炼铁工序：高炉煤气干法除尘技术；高炉炉顶余压发电技术；热风炉富氧及余热回收技术；高炉富氧喷吹技术。

（4）炼钢工序：转炉煤气湿法回收技术；转炉煤气干法回收技术；蒸汽回收技术；蓄热式燃烧技术。

（5）热轧工序：连铸坯热送热装技术；蓄热燃烧技术；高效隔热材料；加热炉自动燃烧控制；加热炉汽化冷却技术；脉冲烧嘴技术。

（6）冷轧工序：耐火纤维应用；能耗精益化管理；蓄热式燃烧技术。

（7）其他：高炉煤气燃气轮机发电技术；转炉煤气合成技术。

上述方法主要针对化石能源产生的高温煤气余热、余压的回收，以及提高冶炼强度降低燃料比的富氧和喷吹技术，对于提高煤气利用率的研究较少。近年来，随着钢铁企业对余热、余压回收的重视，以及高炉富氧大喷煤的发展，上述技术进一步发展的空间不大，因此，拓展煤气利用方式、提高煤气利用率，是钢铁行业未来节能发展的重要方向。另一方面，我国钢铁行业以高炉–转炉长流程为主，铁前（烧结+焦化）和炼铁工序占吨钢能耗超过 90%，焦化是必不可少的重要环节，因此，铁前和炼铁工序是钢铁行业节能应关注的重点所在。基于上述情况，目前钢铁行业的节能技术发展方向主要集中在以下几个方面。

1）降低高炉焦比和燃料比

高炉炼铁工序占吨钢能耗近70%，降低高炉焦比和燃料比对节能的效果显而易见。目前主要的研究在提高富氧率、增加喷煤量、采用精矿进料以及高炉专家系统等方面，以提高冶炼强度、降低燃料比和焦比，全氧高炉、焦炉煤气返吹、高炉煤气脱碳等技术尚处于试验过程中，尚未实现工业化。

2）提高焦炉煤气利用率

焦化工序是钢铁流程的能源转化中心，焦化富产的焦炉煤气是钢铁企业中最好的优质燃气，同时也是折合能耗最高的燃气，提高焦炉煤气的利用率对于钢铁行业的节能来说意义重大。焦炉煤气发电是最常用的利用方法，但存在转化效率低、能耗损失严重等缺点，利用焦炉煤气制海绵铁、制天然气、制氢气等，可以更好地提高焦炉煤气利用率。同时，可以增加焦化工序的产品附加值，是当前以及未来焦炉煤气利用的发展方向。

3）提高二次能源回收

钢铁行业的副产品，如高温煤气与烟气的余热回收是钢铁行业节能降耗的重要方向。目前的研究主要集中在高温煤气、烟气的回收，中、低温煤气，烟气的余热回收尚未得到重视，同时对于回收得到的蒸汽存在大量的高质低用现象，如高压蒸汽经管网减压后送至低压蒸汽用户等。因此，分阶段（高温、中温、低温）进行余热回收和利用，开发低品质余热余能的高效利用技术，是当前以及未来二次能源回收的发展方向。

3. 有色金属行业

中国是世界最大的有色金属生产国和消费国。有色金属行业属于高耗能产业，2009年消耗能源1.14亿吨标准煤，占工业耗能量的比重为5.2%，比2005年提高0.8个百分点。有色金属行业能源消耗主要集中在矿山、冶炼和加工三大领域，消费结构中以电力为主，2009年耗电量占行业能源消费总量的比重高达75%；其次为煤炭，占18%。从用能环节上看，有色金属行业的能源消耗集中在冶炼环节，约占产业能源消费总量的80%。从用能领域来看，铝工业（电解铝、氧化铝、铝加工）生产耗能占有色金属工业能源消费量的80%左右。具体节能措施主要可从以下几个方面出发。

1）建立和完善科学合理的有色金属能耗标准体系

对有色金属产品能耗标准进行深入研究，制定发展战略和规划，进而建立和完善科学合理的有色金属能耗标准体系，并适时制订出一批能耗标准，确定各能耗标准的框架内容和各项技术指标，建立和完善科学合理的有色金属能耗标准体系。中国有色金属工业协会认为，制定耗能标准有利于推动有色金属技术进步、产业进步，鼓励先进、淘汰落后。能耗标准的制订要有先进性，要适合今后的国情，才能达到节能的目的。

2）大力发展有色行业循环经济

一方面要从原生资源的开采中千方百计节能，另一方面要大力发展有色行业循环经济，从根本上改变能耗结构已经成为解决能耗过高问题的必由之路。2013年，中国再生有色金属主要品种（铜、铝、铅、锌）总产量约为 1073 万 t，同比增长 3.3%。其中再生铜 275 万 t，与 2012 年持平；再生铝 520 万 t，同比增长 8.3%；再生铅约 150 万 t，同比增长 7.1%；再生锌 128 万 t，同比下降 11.1%。据有关行业协会测算，2012～2013 年期间，与生产等量的原生金属相比，废有色金属回收利用相当于减少原生矿开采 7.1 亿 t。

3）大力发展节能技术，淘汰落后工艺和技术

可以推广的节能新技术包括：电解铝生产中，采用大型预焙电解槽，以及相关控制技术、稳流技术等成果的应用，限期淘汰自焙电解池。该技术在 2010 年产占比已达 97 %，在建工程几乎全部采用 400 kA 电解槽；氧化铝生产中，对低品位矿石采用选矿拜耳法、管道化间接加热溶出、降膜蒸发、闪速焙烧等工艺。"十一五"期间，新建项目均采用拜耳法生产工艺，单位产品能耗比烧结法降低一半以上。铅锌冶炼生产中，可采用艾萨炉炼铅技术、具有自主知识产权的 SKS 氧气底吹-鼓风炉炼铅技术；铜熔炼可采用先进的富氧闪速及富氧熔池熔炼工艺，替代反射炉、鼓风炉和电炉等传统工艺，提高熔炼强度；锌冶炼生产中，宜发展新型湿法工艺，淘汰土法炼锌。

4. 石化行业

2011 年石油和化工行业能源消费总量为 4.45 亿吨标准煤，占全国工业能耗的比重为 18.6%，其中石油和天然气开采业耗能 3614.84 万吨标准煤、石油加工及石油制品耗能 9006.86 万吨标准煤、化工原料及制品业耗能 3.1 亿吨标准煤、橡胶制品业耗能 864.14 万吨标准煤。

1）优化炼油结构，实现装置大型化

"大规模、长周期、系统联合"是石化企业实现大幅度节能减排的一个非常重要的因素。通过采用大型化的装置，会使得能量逐级利用、热联合以及低温余热

利用更加合理，经济效益也将更好。对于新建的炼油厂来说，炼油结构的合理布局和装置的大型化需从设计之初考虑；对于已有的炼油厂来说，需要视情况逐步优化炼油结构，实现装置的大型化。

（1）炼油结构的优化。炼油结构的优化包括多套装置的集成设计、产品调和比例的优化以及落后工艺技术的改进等。例如，催化蒸馏技术通过将减压蒸馏、加氢脱硫、渣油热转化等多套装置进行组合设计，不仅大幅度减少设备数量，节省投资约30%，而且还能显著降低运行成本，燃油消耗节省约15%。

（2）装置规模的大型化。我国现在整体炼油规模水平不高，千万吨规模的炼油厂较少，有些地方还有一些规模不到百万吨的小炼油厂。规模偏低是造成我国石化企业能耗高和排放多的重要原因。只有炼油规模做大企业才能做强，我国石化行业需要更多千万吨级的炼油厂，更多采用先进的低能耗、低排放的工艺技术，而高能耗、高排放的小炼油厂和小化工厂需要尽快改造、兼并甚至关停。

2）优化装置操作与联合

单套装置操作的优化包括原料的优化、产品的优化、操作条件的优化以及装置效率的优化等方面。通过这些方面的优化可以最大限度地发挥装置的作用，降低能耗和生产成本，增大产品效益。此外，装置与装置之间也可以通过联合和优化来降低能耗和排放。

（1）优化原料。原料的优化不仅仅是针对某套装置原料的优化，更重要的是从整体布局出发，对炼油企业的多套相关工艺和装置的原料进行系统优化。在进行原料优化时需要综合考虑各套装置的作用，比如当重油催化裂化装置的原料质量差且拥有渣油加氢装置时，可以考虑将全部或部分重油原料先进行加氢处理，加氢尾油再作为催化裂化的原料。再如当减压渣油的质量差不适合作为渣油加氢或者重油催化裂化装置的原料时，可以考虑先用溶剂脱沥青工艺"浓缩"劣质渣油中的重金属、硫和残炭等，然后将脱沥青油作为加氢裂化的原料，或者将其经加氢处理后再作为催化裂化的原料。

（2）燃料气替代燃料油，提高加热炉效率。加热炉是石化企业的主要耗能装置之一，其常规燃料是燃料油，如何提高加热炉的效率以节省燃料油的消耗是企业节能降耗所考虑的重要问题之一。炼油企业的炼厂干气资源相对比较丰富，用干气替代燃料油作为加热炉的燃料，不仅能够节省燃料油，而且干气的燃烧比燃料油更加清洁高效，替代后可减少炉内构件的积灰程度，提高传热效率，同时还能减少污染物排放。

（3）装置热联合。装置热联合包括装置间的热进出料以及物流换热，突破了单套装置用能体系单一的局面，实现装置间用能体系的相互协调与取长补短。装置间的热进出料指的是中间产品出装置后不经冷却而直接进入下游加工装置，通过减少冷却与加热过程来达到减少能量损失的目的，进而实现节能降耗。

（4）加快炼化一体化步伐。炼化一体化将炼油厂和化工厂联合在一起，可以实现原料的互供，提高原料的综合利用水平，并通过资源的优化配置形成大规模、集约化、短流程、高灵活的结构组合优势，进而实现石化企业的节能降耗并提高经济效益。炼化一体化可优化原料配制，例如炼油厂的石脑油和加氢裂化尾油可直供化工厂的蒸汽裂解装置，裂解汽油可直接用作商品汽油的调和组分；裂解汽油和催化重整汽油可同时作为芳烃抽提的原料以及生产苯、甲苯、二甲苯等基本化工原料；催化裂化干气与苯烷基化生产乙苯，进而脱氢生产苯乙烯；焦化气体、催化裂化气体和加氢裂化气体等炼厂气经过简单处理后可作为蒸汽裂解的原料；蒸汽裂解装置副产的氢气可作为炼油厂加氢装置的廉价氢源等。

3）依靠科技创新，不断推进企业节能减排

创新是一个民族进步的灵魂，是一个国家兴旺发达的不竭动力。石化企业要实现节能减排，必须依靠科技创新。在众多的节能减排创新技术中，只有从"源头"注入节能减排的理念而开发的新技术，才能实现石化企业大幅度的节能减排。

（1）研发新型催化剂与助剂，加速企业节能减排。石化企业的加工过程涉及众多的催化反应，需要使用大量的催化剂，催化剂的革新和进步对企业的节能减排起着非常重要的作用。轻质油收率体现了石油资源的有效利用水平，与能耗直接相关，提高轻质油收率可降低能耗。我国炼油企业的平均轻质油收率为74%，而国外先进水平在80%以上。我国炼油行业的加工量巨大，轻质油收率即使提高一点，对整个行业节能降耗的意义都非常重大。在炼油过程中采用一些新型催化剂和助剂，可以提高轻质油的收率，同时能够降低能耗，减少污染排放。

（2）催化反应替代热反应。一些热反应过程的温度普遍较高，利用催化反应来替代热反应，通过改变反应机理与途径，可大幅度降低操作温度，进而实现节能降耗。在炼油工艺技术发展的历史进程中，在热反应过程中引入催化剂而开发的催化反应过程往往伴随着生产技术革命性的进步。比如由热裂化演变为催化裂化、由热重整演变为催化重整，以及由热叠合演变为催化叠合等过程中，催化剂都发挥了决定性的作用。催化剂的引入不仅降低反应温度和能耗，而且还具有拓宽原料范围、改善产品分布等作用。

（3）实现清洁生产，减少污染排放。随着人们环保意识的增强和环保法规的日益严格，石化企业不仅要为消费者提供清洁的产品，而且自身的生产过程也要实现清洁化。尽可能避免使用有毒、有害、有碍人体健康的酸碱等辅助原材料和催化材料，尽可能回收"三废"中的有用资源，尽可能减少污染排放。

（4）开发与应用节能减排新技术。节能减排新技术包括新的分离技术，如超临界分离、膜法分离、变压吸附分离、磁性分离、微波分离、络合分离、抽提蒸馏以及膜法蒸馏技术等；新的反应技术，如反应蒸馏、超临界反应技术等；新型换热器与分离器；新的热能回收、热电联产技术等。

5. 水泥行业

建材工业占全国能源总消耗的 7%左右，其中水泥工业又占建材能源消耗的 75%，同时水泥行业也是 CO_2 排放大户，因此水泥单位产品能耗对建材工业节能降耗具有举足轻重的地位。

目前我国水泥行业较为成熟的节能减排技术途径主要有如下几种。

1）淘汰技术落后的立窑企业

立窑企业规模小，技术落后，能耗高，对环境污染严重，因此淘汰立窑、建设大型新型干法窑是水泥行业节能减排最有力和最有效的宏观调控措施。

根据中国水泥协会秘书长孔祥忠报道的数据，"按每年淘汰 5000 万 t 落后水泥测算，可节电 45 亿 kW·h，减少粉尘排放 60 万 t，减少一氧化碳排放 4000 多万 t，节煤 700 万 t"。

2）多掺混合材，多生产掺混合材的水泥（特别是复合硅酸盐水泥）

多掺混合材不但可增加水泥产量，改善水泥某些性能，还可消纳工业废渣，是水泥行业节能减排最有效的措施。我国 2007 年水泥总产量达 13.6 亿吨，大多数为普通硅酸盐水泥。如果每吨水泥多掺 1%混合材而少用 1%熟料，那么每年将节约 1360 万吨熟料。我国新型干法窑每吨熟料热耗约在 110～130kg 标准煤，即使按平均值 120kg 标准煤计，每多掺 1%混合材而少用 1%熟料就可节约 1.2kg 标准煤/t 水泥。若普通硅酸盐水泥的混合材最大含量由 15%提高至 20%，全国所有的水泥都多掺了 5%的混合材，那么一年将节约 816 万吨标准煤，相当于节约 1040 万～1142 万吨原煤（原煤按低热值 5000～5500×4.18kJ/kg 计）。按 1t 水泥熟料产生 1t CO_2 计，可减少 CO_2 排放量 6800 万吨；按原煤含硫 1%计，可减少 SO_2 排放 20.8 万～22.8 万吨；按 1t 标准煤产生 7.4kg NO_x 计，可减少 NO_x 排放量 6.0 万吨，节能和减排量都相当可观。

3）废气余热中低温余热发电

"十一五"国民经济发展规划提出了单位国内生产总值能源消耗降低 20%、工业固体废弃物综合利用率提高到 60%这两项约束性指标。利用水泥窑余热纯中低温余热发电技术，把熟料生产过程中排放出来的余热进行回收，转化为电能再用于生产，是水泥工业能耗降低 20% 的重要举措。

水泥窑余热纯中低温余热发电技术已在多家水泥厂实践，现在的技术经济指标均能达到 35kW·h/t 熟料以上，相当于节约标准煤 13.6kg/t 熟料。

4）寻找替代原料

可从原料上下手，利用工业废渣来代替石灰石在原料中的比重，达到节能减排的效果。目前，含有 CaO 的工业废渣很多，包括碳化炉渣、矿渣、钢渣等，这些废渣经高温处理过，其中 CaO 已经转化为硅酸盐、铝酸盐、铁酸盐形式。其含量可以保证在物料被利用时不需要再像石灰石那样对 $CaCO_3$ 进行加热分解处理。实践证明，处理石灰石中的 $CaCO_3$ 能源消耗占熟料烧成热耗的 50% 以上。

5）利用预粉磨技术和助磨剂降低水泥粉磨电耗

立磨和辊压机终粉磨技术是目前水泥行业能耗最低的粉磨技术。辊压机终粉磨系统，单位产品电耗可降低 40%，生料单位电耗一般为 15～18kW·h/t，水泥则为 20～25kW·h/t，视物料易磨性和矿物结构不同而有所差别。

利用助磨剂可节约水泥粉磨电耗 3～41kW·h/t，相当于节约标准煤 1.14～1.52kg/t 水泥。助磨剂用量约为 300～400g/t 水泥，即使经济上不节约，也可降低水泥粉磨电耗。

6）风机用变频调速技术节能

一般每生产 1t 水泥大约耗电 100kW·h，其中参与工况调节的粉磨及烧成系统的风机耗电量很大，约占 30% 左右，而随着立磨系统越来越多被采用，风机耗电占总耗电量的比例越来越大。实践经验表明，风机采用变频调速技术可节电 2.5kW·h/t 熟料，约可节约 1kg 标准煤，一般两年可收回投资。

6.4.2　建筑节能

建筑节能就是有关建筑的节能技术，涉及建筑设计、建筑材料、建筑施工、建筑物日常运行等问题。就一般而言，建筑节能是指在建筑材料生产、房屋建筑施工及使用过程中，合理有效利用能源，以便在满足同等需要及达到相同目的的条件下，尽可能降低能耗，以达到提高建筑舒适性和节省能源的目标。从建筑节能的一般性定义可知其包含三层含义：一是建筑节能涉及建筑物的整个生命周期过程，包括建筑的设计、建造、使用等过程；二是建筑节能的前提条件是在满足同等需要及达到相同目的的情况下，达到能源消耗的减少，也就是说，不能通过减低建筑的舒适性来节能，如减少照明强度，缩短空调使用时间，这些都不是积极意义上的节能；三是建筑节能不能简单地认为少用能，其核心是提高能源使用效率。

1. 建筑设计节能技术

所谓建筑设计节能技术，就是在设计阶段引入节能技术，使建筑物以后的运行节能工作更好地开展。

（1）建筑格局朝向设计节能技术。在地理环境许可的前提下，建筑物格局和朝向设计时应尽量考虑坐北朝南，即建筑物的轴线为东西走向，有利于冬暖夏凉。这样夏天可降低制冷能耗，冬天可减少采暖能耗，从而达到节能的目的。

（2）外形结构设计节能技术。除了建筑物整体格局朝向在设计规划阶段需要注意外，建筑物本身外形结构设计中也要注意节能设计。建筑物外形结构设计主要涉及建筑物的体型系数、面积、长度、宽度、幢深、层高和层数等，这些外形结构的数据对建筑物制冷和采暖负荷有较大的影响。

（3）热工参数优化设计节能技术。所谓建筑物热工参数就是建筑物在制冷和供暖时的工作参数，它包括建筑物室外的热工参数、建筑物室内的热工参数。室内环境参数包括室内空气温度、空气湿度、气流速度和环境辐射等。在满足生产要求和人体健康的基本情况下，尽量按照"冬季取低，夏季取高"的原则来进行参数选择。在加热工况下，室内温度每降低 1℃，能耗可减少 5%～10%。在冷却工况下，室内温度每升高 1℃，能耗可减少 8%～10%。

（4）其他节能设计。在建筑照明、用能设备选择等方面预先做出设计，为以后的建筑节能改造在建筑物本体上预留一定的空间和位置。

2. 建筑结构节能技术

1）窗体节能

对建筑物而言，环境中最大的热能是太阳能辐射，从节能的角度考虑，建筑玻璃应能控制太阳辐射和黑体辐射，照射到玻璃上的太阳辐射，一部分被玻璃吸收或反射，另一部分透过玻璃成为直接透过的能量。

目前窗体面积大约为建筑面积的 1/4，围护结构面积的 1/6。单层玻璃外窗的能耗约占建筑物冬季采暖、夏季空调降温的 50%以上。窗体对于室内负荷的影响主要是通过空气渗透、温差传热以及辐射热的途径。根据窗体的能耗来源，可以通过相应的有效措施来达到节能的目的。窗体节能的主要措施有：①采用合理窗墙面积比，控制建筑朝向；②加强窗体的隔热性能，增强热反射，合理选择窗玻璃；③增加外遮阳，减少热辐射；④安设窗体密封条，减少能量渗透。

2）屋顶与地板节能技术

在建筑物的外围护结构中屋顶占了很大的部分，所以加强屋顶节能是建筑节能当中相当重要的环节。屋顶按其保温层所在位置分类，目前主要有：单一保温屋顶、外保温屋顶、内保温屋顶和夹芯屋顶。屋顶若按保温层多用材料分类，可以分为加气混凝土保温屋顶、乳化沥青珍珠岩保温屋顶、憎水型珍珠岩保温屋顶、玻璃棉板保温屋顶、浮石砂保温屋顶、水泥聚苯板保温屋顶、聚苯板保温屋顶以及彩色钢板聚苯乙烯泡沫夹芯保温屋顶等。

屋顶的节能工作应注意以下几个问题：①屋面保温层不宜选用吸水率较大的保温材料，以防止屋面湿作业时，保温层大量吸水，降低保温效果；②屋面保温层不宜选用堆密度较大、热导率较高的保温材料，以防止屋面质量、厚度过大；③在确定具体屋面保温层时，应根据建筑物的使用要求、屋面的结构形式、环境气候条件、防水处理方法和施工条件等因素，经技术经济比较后确定。

地板（指不直接接触土壤的地面）是楼层之间的分割构件，在保证强度、隔声及防开裂渗水的前提下，尽量减少传热及导热性能，可参考屋顶的节能方法加以实施。

3）墙体节能技术

目前在建筑物墙体中可选择的新型墙体材料主要是新型砖材料、建筑砌块及新型保温节能墙板三大类。新型砖材料主要指各种空心砖[0.35～0.40W/（m·K）]，建筑砌块主要是加气混凝土砌块、轻骨料砌块、粉煤灰空心砌块等 [0.12～0.15W/（m·K）]，新型保温节能墙板主要有彩钢聚苯乙烯复合墙板、彩钢岩棉复合墙板等。

对于一般的居民采暖空调系统而言，通过采用节能墙体材料，可以在现有基础上节能 50%～80%。复合材料墙体的节能关键问题就在于保温的性能，其方式包括：内保温复合墙、外保温复合外墙以及夹芯保温复合外墙。对于最佳建筑节能墙体方式的选择，由于受到很多客观因素的影响，譬如材料、价格、施工技术、政策等方面的制约，尚无在节能方面孰优孰劣的判断。

墙体外保温是将保温隔热绝热体系置于外墙外侧，使建筑达到保温的施工方法。由于结构层在系统的内侧，外界对墙体影响甚微，使其较高的保温蓄热性能得到充分的利用。

外墙内保温墙是将保温隔热体系置于外墙内侧，使建筑达到保温的施工方法。由于保温层在系统的内侧。尽量方便施工和维修，但相对于外保温而言，墙体较高的蓄热性能没有得到充分利用。

4）建筑空调节能技术

　　暖通空调系统耗能占建筑耗能的 60%～70%，占全国总能耗的 25% 以上。建筑暖通空调的节能工作首先应将空调系统合理区分，尽可能根据温湿度要求、房间朝向、使用时间、洁净度等级划分不同的空调分区系统。在此基础上，可以采用的节能方法如下：①加大冷热水和送风的温差，以减少水流量、送风量和输送动力；②降低风道和水管的流速，减少系统阻力；③采用热回收系统，回收建筑内多余的能量；④采用蓄冷蓄热系统储存多余的能源；⑤采用全热交换器，减少新风冷、热负荷；⑥采用变风量、变水量空调系统，节约风机和水泵耗能；⑦最后采用能效比高的空调器和风机盘管。

6.4.3　交通节能

　　建设我国节能型综合交通运输体系，充分发挥铁路、公路、水运、民航及管道运输的优势，合理配置运输资源，提高交通运输能源利用的整体效率。

1. 铁路运输

　　（1）大力发展电力牵引。在主要繁忙干线、运煤专线、长大坡道和隧道线路上优先采用电力牵引。

　　（2）推广先进的电力牵引供电方式。提高电力机车的功率利用率和牵引变压器的容量利用率，降低变压器和接触网的损耗，提高功率因数。在电气化区段运行的旅客列车，取消发电车，实行接触网供电，研制和开发再生制动。

　　（3）合理发展内燃牵引。在不同纵断面的区段运行时，内燃牵引要发展控制合理用油的节能装置，寒冷地区的内燃段应建立保温库或地面预热装置。加强对内燃机车用柴油、润滑油的质量检验，确保机车用油品标准。大力推广内燃机车低烧一号柴油和各种节能技术。

　　（4）采用新材料、新结构提高国产机车、车辆的设计制造水平。要加快机车交流传动技术的应用，重视机车车辆或动车组的流线化设计，增加车辆载重，减少自重。报废 50 吨以下杂型货车，发展载重 75 吨以上及轴重 23 吨以上的大型货车。客货车辆应普遍采用滚动轴承，老旧型号货车应改造安装液动轴承。加快淘汰车型老、能耗高的机型。合理配置车辆品种，实现标准化、系列化。

　　（5）铁路线路要发展重轨、无缝线路和超长无缝线路。

　　（6）改善运输组织，合理调配机车。充分利用运输能力，减少欠轴，避免和减少单机开行和信号机外停车。实行长交路，节约使用机车。提高货物列车重量，扩大旅客列车编组。发展直达运输和集装箱运输。

2. 公路运输

（1）提高汽车的技术、经济性能。开发、推广汽油发动机直接喷射、多气阀电喷、稀薄燃烧、提高压缩比、发动机增压等先进技术；开发柴油发动机轿车；开发、推广混合动力汽车；研发自重轻、载重量大的运输设备。

（2）发展使用节能型汽车。鼓励发展节能型轿车；加快轻型汽车的柴油化进程，发展使用柴油的汽车、专用车、厢式车和重型汽车，提高柴油车在运营车中的比重；提高专用车、厢式车和重型汽车列车在载货车中的比重。重点发展适合高速公路、干线公路的大吨位多轴重型汽车列车，短途集散用小型货运汽车和适合农村道路的客车。

（3）研究、推广现代化物流技术。建设一批客货运输综合枢纽，形成布局合理，大、中、小配套的公路客、货运站体系；建立以主枢纽为货运节点的道路货运信息服务系统，为我国道路货运中小型企业提供社会化的货物配载、交易及其他的信息服务；引导道路运输扩展仓储、配送等运输功能和服务范围；引导运输企业向规模化方向发展，推广甩挂运输、拖挂运输技术。

（4）完善城市交通体系，调整交通结构，优化交通流。优先发展公共交通、轨道交通和其他节能型交通运输方式。提高公共交通的运输效率。逐步确立公共交通在城市交通中的主体地位，特大城市形成以大运量和快速交通为骨干，常规公共汽（电）车为主体，出租汽车等其他公共交通方式为补充的城市交通体系。大中城市基本形成以公共汽（电）车为主体，出租车为补充的城市公共交通体系。

（5）发展公交优先和交通智能管理技术。开辟城市公共交通车辆专用或优先行使通道，建立公共交通信号优先系统。建立智能交通综合调度系统、信号灯自适应系统、紧急情况处理系统等智能交通体系。

（6）加快国家高速公路网的建设，增加高等级和等级公路比重。按交通量大小进行公路技术改造，逐步提高我国公路网的路面技术等级，提高路面铺装率；建立整治超载超限的长效机制，杜绝超载车辆对公路的损害。推广道路沥青路面材料再生技术和乳化沥青铺路技术。

（7）统筹考虑路车关系，促进汽车运输节能。研究路网布局、路面等级、交通标志设置等与汽车行驶油耗的关系，制定公路工程节能设计及公路节能评价等规范标准，保障公路项目建设节能。完善评价标准，加强监测和评价能力建设。

（8）研究、完善汽车技术状况检查方法及实施车辆检测维护（I/M）制度，推广确有效果的汽车节能新工艺、新材料、新技术、新产品。

（9）推广汽车替代燃料技术。因地制宜推广汽车利用天然气、醇类燃料、合成燃料和生物柴油等替代燃料技术，开发研究电动汽车、氢气汽车等新型动力。

3. 水路运输

（1）开发和采用节能新船型，降低老旧船和落后机型比重和数量。推广钢制船，淘汰水泥船、挂桨机船等落后船型。加强对新建船舶和进口二手船舶能耗水平和指标的审批、监督和检查。

（2）发展船舶节能新技术。鼓励采用新技术、新材料、新结构提高船舶设计制造水平；研究、推广船舶节能新产品、新技术。

（3）调整海洋和内河船队运力结构。远洋船队应大力发展大型集装箱船、液化石油气（LPG）船、液化天然气（LNG）船、滚装船以及大型散货船和专用化学品船；内河船队应在主要干线和支流上，发展分节驳顶推船队；在水网地区，发展适合不同水域和不同货源的多层次机动驳系列船队；发展系列浅吃水江海直达船；促使远洋船队向大型化、专业化，内河船队向标准化、系列化方向发展。

（4）发展船舶运输管理技术，引入运输智能化、电子信息化等先进技术，完善运输生产组织，合理科学用船，提高船舶营运效率。同时鼓励发展海峡、海湾和陆岛客货混装运输及商品车辆集装单元化运输等多种联运现代运输组织方式，促进发展现代综合物流。

（5）推广减速航行和经济车速技术，主机与增压器优化调整技术，机桨匹配优化、最佳纵倾节能技术，船舶热能综合利用节能技术，船体防污、除污和船舶营运组织优化节能技术。

（6）加大航道整治力度，提高内河航道等级，形成支干直达运输网络。

（7）发展海上运输新技术研究、推广液化天然气（LNG）和压缩天然气（CNG）海上运输技术。研发、推广船舶新型替代燃料，适度在船舶上推广应用燃料电池等清洁能源。

4. 航空运输

（1）调整空域结构，协调优化航路、航线。推广采用区域导航（RNAV）、所需导航性能（RNP）、航空器进离港排序等新技术。发挥协同决策在空中交通流量管理中的作用，增加航路可用高度层、缩小垂直间隔（RVSM），选择航路直飞；使用有利高度，灵活使用航路、航线，减少航路堵塞和地面、空中等待，降低航空器整体运行的废气排放。

（2）提高航空公司运行控制水平。推广计算机飞行计划，国际航线使用二次放行，减少加载多余的备份油；鼓励建立航空公司运行控制中心（AOC），做好签派放行管理。

（3）加强飞行员的技术培训。推广和采用有利于节约燃油的飞行操作方法。

（4）提高技术装备水平。逐步淘汰老旧飞机，引进技术含量高、经济性能好的新飞机。结合航线特点，选择合适的机型实施航班运输。

5. 港口、航站节能技术

（1）推广照明和空调系统节能改造。推广港口、铁路站、场、机场等的照明节电改造，完善、提高地面信号的显示能力，改善空调的温度控制调节。

（2）推广有利于提高装卸设备机械效率的节能技术。逐步更新港、站、场装卸装备，优化装卸工艺，提倡采用轨道式龙门吊等高能效设备；提高港区电网供电质量，鼓励采用电能回馈装置；新建工程项目杜绝选用能耗大、效率低的装卸设备，优先选用以电能作为动力源的装卸设备。

（3）优化港口布局，引导建设专业化码头。鼓励发展煤炭、进口铁矿石、进口原油等大宗散货的大型、专业化码头，重点建设集装箱干线港，相应发展支线港和喂给港。

6.5　新　能　源

在环保意识逐渐加强的 21 世纪，如果燃料价格持续居高不下，公众寻求兼具经济效益和环保效益的替代能源就有其必要性。目前公众使用的能源中，仍以石化燃料为主，但其储存量有限，终有被用完的一天，为了永续经营且在不影响气候的条件下，不得不开发新能源，而新能源应符合经济、有一定可开采量以及污染少等原则。

本节考虑的新能源主要是至今各国持续开发中的太阳能、风能、地热能、海洋能、生物质能、氢能源及核聚变能等。这些能源资源丰富、可以再生且清洁干净，是最有前景的替代能源，将成为未来世界能源的基石。下面对一些主要新能源进行简要介绍。

6.5.1　太阳能

太阳内部不断进行由"氢"到"氦"的核聚变反应，其所产生的能量约为 $3.8 \times 10^{23} \text{kW}$，其中二十亿分之一到达地球大气层。太阳辐射同时可形成风能、水能、海洋能、生物质能等其他可再生能源，而煤、石油、天然气也是远古时代积累的太阳能，所以广义的太阳能几乎包括了所有能源形式；通常狭义的太阳能资源仅限于现时太阳的直接辐射和漫射到达地面的能量，特别是直接辐射的能量。它是一种绿色且永久的能源，其缺点为能量密度较低。

太阳能的转换和利用方式主要有三种：光热转换、光电转换和光化学转换等。直接利用太阳能的场合，通常集热板可得到约 100～300℃的温度，可用于太阳能房屋。如使用集热镜片的太阳炉，其温度可达 3000～3500℃，利用收集的太阳光，将水转换为水蒸气以发电，其大多为工业目的而使用。太阳能热水系统是太阳能热利用的主要形式。它是一种利用太阳能将水加热并储存于水箱中以便于利用的装置。

太阳能产生的热能可以广泛应用于采暖、制冷、干燥、蒸馏、温室、烹饪以及工农业生产等各个领域，并可进行太阳能热发电。利用光伏效应原理制成的太阳能电池，可将太阳的光能直接转换为电能，称为光电转换，即太阳能光电利用。虽然我国过去十年光伏产业迅速发展和技术水平显著提升，光伏发电效率不断提高，组件价格持续下跌，但是相比其他发电方式，光伏发电的成本仍然高居不下，部分发电形式发电平均成本见表 6-8。光化学转换目前尚处于研究开发阶段，这种转换技术包括半导体电极产生电而电解水产生氢、利用氢氧化钙或金属氢化物热分解储能等内容。

表 6-8　部分发电形式发电平均成本

发电形式	火力发电	水力发电	核能发电	风力并网发电	光伏发电
发电成本（平均值）[元/（kW·h）]	0.3	0.4	0.9	0.55	3.3

6.5.2　风能

风能利用就是将风的动能转换为机械能，再转换成其他能量形式。最直接的用途是风车磨坊、风车提水，但最主要的用途是风力发电。风力发电是一种不需要燃料的绿色能源，也是目前世界上技术最成熟的一种风能利用方式。其最大弱点为风速及风向的不安定，会产生不可忽视的风切噪声，再加上须得使用能长期耐风雨的材料，成本较高。

风力发电系统通常由风轮、对风装置、调速（限速）机构、传动装置、发电装置、储能装置、逆变装置、塔架及附属部件组成。风力发电的运行方式可分为独立运行、并网运行、集群式风力发电站、风力-柴油发电系统等。风力机的类型丰富多样，目前国内外多数采用螺旋桨式风力机（图 6-3）。

现代风力发电事业始于 20 世纪 80 年代初。由于得到政府研究资金、优惠税收政策和保证联网等方面的鼓励，丹麦和美国在风力发电初期发展很快。到 20 世纪末，化石燃料价格不断上涨，传统化石能源生产的环保要求日益提高，各国二氧化碳减排的压力越来越大。欧洲、美国以及亚洲的印度、中国风力发电的发展出现强劲势头，其中丹麦的风电量已经超过了总发电量的 20%，到 2011 年年底，全球风力发电装机容量已经达到 237.6GW，比前一年增长了 20.5%，并且继续保持高速增长的势头（图 6-4）。

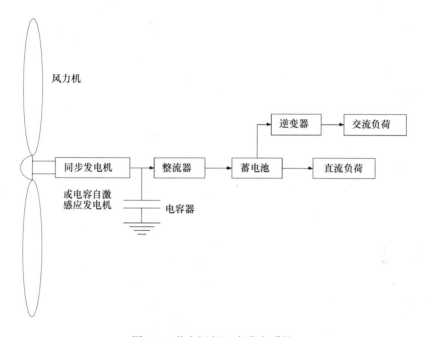

图 6-3　独立运行风力发电系统

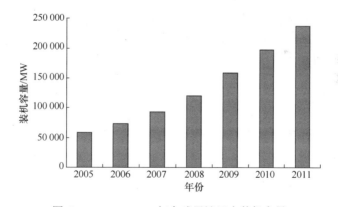

图 6-4　2005～2011 年全球累计风电装机容量

6.5.3　地热能

地热能，就是来自地下的热能，即地球内部的热能。它源于地球的熔融岩浆和放射性物质的衰变。地热资源是指，在当前技术经济和地质环境条件下，能够从地壳内科学、合理地开发出来的岩石中的热能量和地热流体中的热能量。地热资源的分布与板块构造、岩浆活动及火山、地震活动等密切相关。从地表向地球内部深入，温度逐渐上升，地壳的平均温升为 20～30℃/km，大陆地壳底部的温升为 500～1000℃/km，地球中心的温度约为 6000℃。据估计，全世界地热资源的总量相当于 $4.948×10^{12}$t 标准煤燃烧时所放出的热量。

地热资源按温度高低可分为高温型、中温型、低温型，其主要用途和温度分级如表 6-9。

表 6-9　地热资源用途及温度分级表

温度分级		温度界限（℃）	主要用途
高温		$T \geqslant 150$	发电、烘干
中温		$90 \leqslant T \leqslant 150$	工业利用、烘干、发电、制冷
低温	热水	$60 \leqslant T \leqslant 90$	采暖、工艺流程
	温热水	$40 \leqslant T \leqslant 60$	医疗、洗浴、温室
	温水	$25 \leqslant T \leqslant 40$	农业灌溉、养殖、土壤加温

20 世纪 60 年代，新西兰及美国开始利用地热蒸汽发电。日本为亚洲最早利用地热发电的国家，1942 年即在九州的别府试验 1000W 的地热发电成功。我国是地热能相对丰富的国家，地热资源总量约占全球的 7.9%，可采储量相当于 4626.5亿吨标准煤，但在全部地热资源中，可直接利用的中、低温地热资源十分有限，地热利用往往还要受载体热介质、热水输送距离等的限制。为了扩大使用量，开发深部地热有其必要性，这不仅不得不付出昂贵费用，还有可能影响观光地区，导致温泉干涸，其蒸汽喷出也连带产生噪声、重金属离子流出等问题。综合考虑种种环保生态因素，目前地热发电未能被世界各国所大量开发。

6.5.4　海洋能

海洋能按能量的储存形式可分为机械能（也称流体力学能）、热能和物理化学能。主要有潮汐能、波浪能、海流能及温度差能、盐度差能五种形式。海洋可再生能源估计见表 6-10。

表 6-10　海洋可再生能源估计值

资源种类	发电量（TW·h/a）	能量（EJ/a）
潮汐能	22 000	79
波浪能	18 000	65
温度差能	2 000 000	7 200
盐度差能	23 000	83
总计	2 063 000	7 427

1）潮汐发电

1966 年，法国拥有一发电量 24 万 kW 的发电所，其发电原理与水库发电类似，涨潮时海水注入河口的储水池，退潮时放出，利用海水涨退，流经发电机发电。又因发电条件需拥有涨退潮时水位差大的地理条件，欧洲潮汐差 8m 上的地区，如法国及英国两国皆拥有此特殊地形，亚洲如韩国的仁川（差约 8.1m），所以世界上使用此大规模发电的地区非常有限。

2）波浪发电

利用海面波浪的上下波动，压缩圆柱体内的空气来发电，目前约有 100kW 的小型发电实用化，用于无人灯塔及标志浮标的电源上。日本山形县在一实验船"海明号"上安装 8 台发电机，成功获得 1000kW 的发电量，目前以能获得 2 倍发电量，即 2000kW 的计划正在实施中，如果计划成熟，未来预定利用太平洋海面下 30～200m 潮流动以发电。

3）海流能

海流能是指海水流动的动能，主要是指海底水道和海峡中较为稳定的流动，以及由于潮汐导致的有规律的海水流动能量。一般来说，最大流速 2m/s 以上的水道，其海流能均有实际开发价值。海流能遍布世界各大洋，全世界可利用的海流能理论估算值约为 5×10^4MW。

4）海洋温差能

目前未能实用化，其原理为利用高水温的表面海水与低水温的深层海水间的温度差以发电，此场合需表面水温 25～30℃，深层水温约 5～7℃，温度差约为 20℃才可实施。通过热水泵抽取温海水送往蒸发器中的介质（如液氨）吸收了温海水的能量后，沸腾变为氨气，氨气推动涡轮机旋转，从而带动发电机发电。诺鲁共和国于 1981 年运转此模型，并成功获得 100kW 的电量，美国夏威夷州目前则进行 2000kW 发电量模型试验中。因采用的循环气体为氟利昂化合物，对环境有破坏的风险，且冷水向上提升需消耗电力，所以经济上还有待考量其可行性。

5）盐度差能

盐度差能指海水和淡水之间，或者两者盐浓度不同的海水之间的化学电位差能，主要存在于在江河入海口含盐量高的海水与江河流的淡水之间。盐度差能是海洋能中能量密度最大的一种可再生能源。通常，海水(3.5%盐度)和河水之间的盐度差能有相当于 240m 水头的位差能量。这种位差能量可以利用半渗透膜在盐水和淡水交接处实现，利用这一水位差就可以直接由水轮发电机发电。

6.5.5　生物质能

生物质能，就是太阳能以化学能形式储存在生物质中的能量形式，即以生物质为载体的能量。它直接或间接地来源于绿色植物的光合作用，可转化为常规的固态、液态和气态燃料，是唯一可再生的碳源。

生物质能可以分为传统和现代两种。传统生物质能利用方式即直接燃烧以做饭或取暖，这是在发展中国家占主导地位的生物质能利用方式。这种利用方式效率低，并污染空气，但这种对生物质能的利用方式占世界生物质能利用的绝大部分。

现代生物质能是指那些可以大规模用于代替常规能源的各种生物质能。现代生物质能主要来源于木质废弃物（工业性的）、甘蔗渣（工业性的）、城市废物、生物燃料（包括沼气和能源型作物）等生物质。根据转化途径和利用目的不同，可以将它的能源化利用方式分为两大类：一类是生物质发电，另一类是制取生物燃料，分别见图 6-5 和图 6-6。

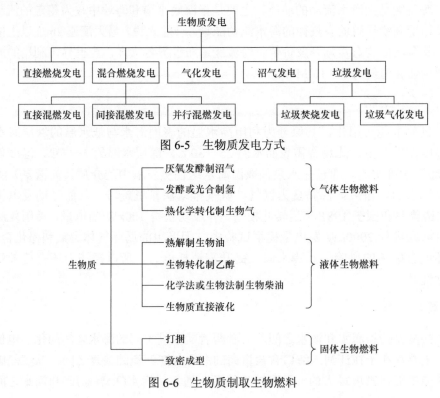

图 6-5　生物质发电方式

图 6-6　生物质制取生物燃料

生物质是当前能够制造液体燃料以代替石油产品的唯一可再生能源。美国和巴西是世界两个最大的燃料乙醇生产国，2007 年两国生产的燃料乙醇就已经占到了世界燃料乙醇产率的 90%。目前美国有近 40 个州正推行汽油醇（即于汽油内添加约 10%的乙醇）。巴西于 1975 年实施了世界上规模最大的乙醇开发计划，其乙醇燃料已占该国汽车燃料消费的 50%以上。但乙醇计划也有很大后遗症，即需要大量生产蔗糖、玉米为原料。巴西政府为获得耕地，大量砍伐雨林破坏生态，甚至使用大量谷物来生产乙醇，导致粮价上涨，使贫穷人口也不断攀升，该计划实施后利弊皆有，其是否成功，未来才能有真正公评。另一方面，生物柴油也是一种重要的生物燃料。目前生物柴油是由植物油（主要包括豆油、棕榈油、葵花籽油、菜籽油和椰子油）、动物脂肪和油脂的酯化反应获得的。生产生物柴油与从玉米生产乙醇相比，由于中间不要进行发酵或蒸馏，能耗不再那么大，然而从油料作物中获取生物柴油与生产乙醇相比，每生产单位能量要多需要 5 倍的土地。生物柴油主要在欧洲和美国有生产，近年来生物柴油的增长速度也非常快，但与生物乙醇相比，其数量还是要小得多。

我国是一个生物物种繁多的大国，拥有相当可观的生物质资源。据调查我国每年有 6 亿~7 亿多吨农作物秸秆，2 亿多吨林地废弃物，25 亿多吨畜禽粪便及大量有机废弃物，这些农林废弃物可产出 8 亿吨标准煤能量。这些生物质能主要通过直接燃烧而转变为热能，不仅利用效率极低，而且丢弃了其中可作为肥料的成分。若将其转化为可燃气体（沼气）或液体燃料（乙醇），则既可利用其能量，又可利用其下脚料作为肥料。

相关名词：沼气。沼气是一种主要的生物质能形式，它是 CH_4、CO_2 和 N_2 的混合物，具有较高的热值，可以作为燃料用以做饭、照明，也可以驱动内燃机和发电机。沼气原料来源于自然界的丰富有机物、废物、废渣、污泥等，是在隔绝空气（还原条件），并在适宜的温度、pH 下，经过微生物的发酵作用产生的一种可燃烧气体。沼气属于二次能源，并且是可再生能源。沼气发生后的废渣同时可作为肥料施用于农田，不会造成任何污染。

6.5.6　氢能源

氢能源没有直接的资源蕴藏，需要从别的一次能源如石化燃料（煤气化制氢、烃类水蒸气重整制氢、甲醇重整制氢等占世界氢气总产量的 90%以上）、生物质能（如生物质气化）、太阳能（如光解水制氢）或二次能源（如电解水制氢）转化得到，所以氢能源是一种二次能源。与汽油、柴油、电能、蒸汽等传统二次能源不同的是，氢能源是取之不尽、用之不竭的，并且燃烧只生成水，不会产生诸如一氧化碳、二氧化碳和粉尘颗粒等对环境有害的污染物质，可以同时满足资源、环境和可持续发展的要求。

按氢能源释放形式（化学能和电能），可将氢气的应用分为直接燃烧和燃料电池两大类。燃料电池是将氢气与氧气通过电池，以产生电化学反应，所得能量直接转为电流的装置，基本原理如图 6-7。虽然比水力发电规模小了很多，但效率却提升了许多，现在效率约为 45%，将来可望达到 50%以上，可用于大楼供电，废热可提供为暖气或热水用。

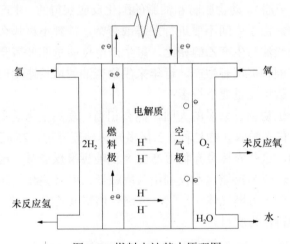

图 6-7　燃料电池基本原理图

氢能源是一种二次能源，但任何的能源转换都会造成巨大损失，并且氢在储存、运输和分配上仍有许多技术问题。在通常条件下，能量相同氢气所占的体积大约相当于汽油的 4000 多倍，然而氢是自然界最难液化的物质之一，其液化需要繁琐昂贵的工艺。另外由于氢是自然界最轻的元素，能够非常容易地从容器中逃逸出去，即使用真空密封燃料箱，也能以每 24 小时 2%的速率逃逸。氢还能改变容器的物理性质使其变脆甚至破裂，很难有哪种材料能廉价而高效地储存和运输氢。这些都是氢能源目前主要用于某些特殊行业、特殊领域以及特殊地区而无法广泛应用的原因。

6.5.7　核聚变能

从核反应中所得能量有两种形式，分别为核裂变能及核聚变能。目前世界各国用于商业运转的核能电厂，利用的是核裂变能；另一方面，太阳能即为核聚变能，核聚变能能否为人类取用（控制），目前仍处于实验阶段，其方法为利用两轻核，聚变成一重核。从原子弹爆炸到原子能的开发，为核能发电打开了和平用途的途径，最近 20 年间世界各国仍持续着核电厂的建设。

"第一代"核聚变是氘和氚，反应如图 6-8，优点是燃料便宜，缺点是有中子。

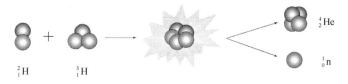

图 6-8　氘、氚核聚变示意图

"第二代"核聚变是氘和氦-3 反应。这个反应本身不产生中子，但其中既然有氘，氘氘反应也会产生中子，可是总量非常少。如果第一代电站必须远离闹市区，第二代估计可以直接建在市中心。

"第三代"核聚变是让氦-3 与氦-3 反应。这种聚变完全不会产生中子，这个反应堪称终极聚变。

氘的发热量相当于同等量煤的 2000 万倍。天然存在于海水之中的氘有 45 万亿 t，而一座 100 万 kW 的核聚变电站的耗氘量只需 304kg。在安全方面，相较于核裂变发电，核聚变产生的核废料半衰期极短，核泄漏时总危害较低、安全性更高、管理成本也比较低。如氘和氚的核聚变反应，其原料可直接取自海水，来源几乎取之不尽，因而是比较理想的能源获得方式。

目前核聚变实验遇到的瓶颈为高温所需的活化能，以及如何在一段时间内保持高温，以利聚变反应的进行。于 $10^7 \sim 10^8$K 的温度内分子无法存在，其皆以原子态的阳离子及电子的离子化形态，这些形态称为电浆。电浆如果碰触到固体，就会转化为蒸气形式，进而电浆冷却，离子动能降低，两个核的融合概率也随之降低。故如何让电浆处于高温状态，为融合反应待克服的一大课题。目前主要有以下几种可控核聚变方式：①超声波核聚变；②激光约束（惯性约束）核聚变；③磁约束核聚变［托卡马克（Tokamak）核聚变］。

第 7 章 生物多样性

工业革命伊始，人们大规模地使用机器于生产制造以及土地开发，造就了科技进步、工商繁荣的奇迹。然而在此种令人叹为观止的人造奇迹背后，接踵而来的是环境的污染与资源的耗竭。森林滥伐、植被消失、过猎、过渔、引进外来种等，大肆破坏地球生态环境的稳定平衡以及生物多样性。生物多样性环境修复是 21 世纪的重大议题之一，也是地球持续发展，公众赖以生存的重要基石。1992 年联合国《生物多样性公约》明确表示，各国应加强对于濒临灭绝的植物和动物的保护，最大限度地保护地球上的多种多样的生物资源，以造福当代和子孙后代，那么什么是"生物多样性"呢？

7.1 生物多样性的概况

7.1.1 生物多样性的缘起

生物多样性是一个庞杂的概念，具有悠久的历史。地球生物的多样性，是因为其构成是经过三四十亿年漫长岁月演化，有数百万种不同生物。

生物多样性的概念缘起，可追溯至 19 世纪末，西方国家的生态环境保护意识产生的萌芽阶段。1949 年 Aldo Leopold 在《沙乡年鉴》中反思了人类的文明，认为真正的文明"是人类与其他动物、植物、土壤互为依存的合作状态"。1962 年，Rachel Carson 在《寂静的春天》一书中呼吁防治人为污染对于土壤、水、空气、野生物种的影响，将环境修复的概念拓展至整个生态系统。19 世纪 70 年代的生物学家更加大了对生物多样性消失情况的宣传力度，积极倡导对生物多样性的恢复。1972 年，联合国在瑞典首都斯德哥尔摩召开的"联合国人类环境会议"（United Nations Conference on Human Environment）则将生物多样性的恢复列为重点工作。1980 年，国际自然及自然资源环境保护联盟（International Union for Conservation of Nature and Natural Resource，IUCN）对于生物多样性环境修复的推动更是不遗余力。

但若说到生物多样性一词，哈佛大学演化生物学家 Edward O. Wilson 是第一位提出"生物多样性"（biodiversity）一词的人，也因此被尊称为"生物多样性之父"。1986 年他在美国华盛顿特区举行的"生物多样性国家论坛"中，及随后所

编著的 *BioDiversity* 一书中，首次将 biological diversity 合并为 biodiversity，从此开启了大众对于生物多样性一词的接受与运用。

7.1.2　生物多样性的内涵

Wilson 将生物多样性定义为：包含所有层次（从属于同种物种的基因变异，到不同物种、属、科，以及更高的分类层次）的生物类型，以及各个类型的生态系。美国国会技术评价办公室（Office of Technology Assessment，OTA）及 McNeely 等指出，生物多样性包括所有植物、动物、微生物和生态系统，以及生态系统中所有的生态过程；对于自然的多样化程度来说，生物多样性是一个概括性的术语，它把生态系统、物种或基因的数量和频度包含在一组内，故可简单地说是"生物之间的多样化和变异性，以及物种生境的生态复杂性"。

1992 年联合国环境与发展会议所拟定的《生物多样性公约》（Convention on Biological Diversity），其中第二条阐明了生物多样性的内涵，认为生物多样性包括了陆地、海洋和其他水生生态系统及其所构成的生态综合体，其包括种内、种间及生态系统的多样性。

美国国土安全部认为生物多样性通常包括三个不同的层次：基因多样性、物种多样性以及生态系统多样性。

Hunter 指出，生物多样性的定义重心应该有两个方面，一是所有的有生命，二是生态系统组成内生物占据的层次。前者指的是物种，后者则指生态学方面的物种分布的均匀程度，可称为生态多样性或群落物种多样性。

吕光洋、林耀松及赵荣台等学者认为生物多样性是陆生、海洋以及其他水生生态系统系等所有生态系中活生物体的变异性，它涵盖了所有的基因、个体、物种、种族、生态系到地景等各种层次的生命形式。林耀松还进一步阐释了生物多样性的定义，认为生物多样性是指地球上的动物、植物、微生物和它们拥有的基因、生物体和环境所构成的生态系统，所以它包括：物种多样性（species diversity）、遗传（基因）多样性（genetic diversity）、生态系统多样性（ecosystem diversity）。

1. 物种多样性

所谓的物种（species），生物学上的定义是："在自然环境下可以相互交配繁殖后代，而其后代同样具有繁殖能力。" 物种多样性是用来测量物种数量及其分布均匀度的指标。物种丰富度是指所有出现物种的数量，并未考虑研究对象的面积与数量。而物种均匀度则通常指某个样地或区域的多样性与该区域最高多样性水平的比率。物种多样性是生物多样性的一个重要层次，是遗传多样性分化的来源，同时又是生态系统多样性的基础，起到承上启下的作用。狮子与狮子或老虎与老虎皆为同种，因为在自然环境下，它们会交配繁殖后代，且小狮子和小老虎在成长后同样能再生产下一代；而狮子与老虎因为在自然环境下不会相互交配，且即使在非自然环境下交配了，产生的后代狮虎或虎狮也没有繁殖能力，所以它们就是不同种。

地球上的生物物种虽然繁多，但依其细胞构造可将其分为两大类，原核生物（prokaryotes）及真核生物（eukaryotes）。其中原核生物皆为单细胞生物，真核生物则包含单细胞及多细胞生物。如果将生物的分类加以区分，通常生物又分为五界：原核生物界（*Monera*）、原生生物界（*Protisa*）、真菌界（*Fungi*）、植物界（*Plantae*）及动物界（*Animalia*）。原核生物界全是单核细胞生物，原生生物界大多数是单细胞生物，其余三界则多是多细胞生物。

地球上到底有多少物种呢？有人估计 500 万种、1000 万种、3000 万种，更有人估计 5 亿种、10 亿种，哪一个正确呢？严格来说，因为没有知晓确切的数字，所以也没有所谓正确或不正确的答案，有的只是保守或大胆地估计。1980 年一篇关于研究巴拿马热带森林昆虫的报道指出，在 19 棵树上所发现的 1200 种昆虫，有 80%是先前科学家不认识的，也难怪世界资源研究所（World Resource Institute，WRI）会有感而发地说："……多令人惊讶呀！科学家对银河中有多少星座的了解，远比对地球上有多少物种清楚。"根据若干相关的研究，Erwin 于 1983 年认为地球上的物种可能有 1000 万~3000 万，方国莲则认为较为合理的估计约为 1300 万~1400 万。目前人类熟悉、有记录的物种约有 150 万~175 万种，远比全球物种估计值少得多。

2. 生态系统多样性

生态系统多样性是指生物圈内生境、生物群落和生态过程的多样化以及生态系统内生境差异、生态过程变化巨大的多样性。其中，生境多样性是生物群落多样性甚至整个生物多样性的根基。生物群落多样性则是指群落的组成、结构以及动态（如波动或演替）等的多样性，生态过程多样性主要指生态系统组成、结构以及功能在时间和空间尺度上的变异。一个生态系统（ecosystem），就组成而言，包括生物因子与非生物因子。生物因子有生产者、消费者、分解者，而非生物因子则是一些化学及物理因子等。生物的生存、成长、繁衍、分布需要自然界的资源供应以及不同的地形、地势、阳光、水分、温度等环境因子，提供不同的资源与生存条件。地球上海洋占 7/10，陆地占 3/10。然而庞大的海洋，由于远洋区海底地势平坦，而且深海属于无光带，生物种类远比陆域少，这也是海洋之所以被称为"海洋沙漠"的原因。

在地球陆域环境，由于地形、雨量、温度、日照及许多因素的共同影响，造就了各种不同的生态环境。若按纬度由北往南，会发现有各种不同的生态系统，例如：北极冻原、针叶林、混合林、阔叶林、草原、沙漠、莽原、热带雨林等；若按地势海拔，由高往低，也是可见高山寒原、亚高山森林、山林地、草原或沙漠等不同的生态系统。水域环境则可以分为海洋、溪流、湖泊、沼泽湿地、河口以及地下水等各种不同的生态系统。这些生态系统不是彼此隔离的，而是互相自然连贯的。生态系能够为生物提供足够的水土、养分等重要的生存基础，因此生态系统的多样性关系着物种与遗传的多样性，不可或缺。

3. 遗传（基因）多样性

基因多样性是指一个物种内遗传物质的变异，是指物种内不同种群之间或同一种群不同个体的基因变异性，这是生物多样性的基础。育种生物学家能够培育出符合公众所需的农作物品种，依据的就是遗传物质的多样性。日常生活中，我们食用的稻米、玉米有许多不同的品种，农家所饲养的鸡有不同的用途，如蛋鸡、肉鸡，在花园所有观赏的各种花卉、盆栽都有不同的花色、形态等，凡此种都是因具有遗传多样性才产生的结果。

遗传多样性有利于一切物种的适应与繁衍。统一物种内具有不同遗传特性的个体将可能有不同的形态、生理、行为表现，其所能适应环境及所具有的生态适应度也就不同。因而就一物种而言，若其内个体所具有遗传多样性，个体所能适应环境也就越多元，因此不管环境如何变动，多半时候该物种总有一些个体能存活下来，物种生命也就得以延绵不绝了。樱花钩吻鲑是我们国宝鱼，相关单位花了许多心血研究从事抚育的工作，然而对于这些国宝鱼的未来，大家仍是担心的，究其缘由，气候变化，栖息地的消失、破坏固是原因，而最根本的是基因库太小，近亲繁殖造成遗传多样性的消失。

综合上述，生物多样性是指各种不同类型的生态系统中多种多样的物种以及物种的遗传成分，都会随着时间及生态环境的改变而改变，因天择、适应而不断地变化，而生态系则是提供生物水土、养分等重要的基础物质，因此其多样性关系着物种遗传多样性的存续，不可或缺。

7.1.3　生物多样性的概况

1. 世界生物多样性

生物多样性的丰富程度通常直接以某地区的物种数来表达。全世界大约有

500 万～5000 万个物种，但实际上在科学上记述的仅有 140 万种，除对高等植物和脊椎动物的了解较清楚外，对其他类群如昆虫、低等无脊椎动物、微生物等类群还很不了解，初步估计有昆虫 75 万种，脊椎动物 4.1 万种，有花植物和苔藓约 25 万种。中国是世界上生物多样性最丰富的国家之一，物种数约占世界的 10%，生物多样性丰富程度列世界第 8 位，北半球第 1 位。另外，中国的特有种资源十分丰富，仅特有植物就有 1.5 万～1.8 万种，约占维管植物总数的 50%～60%，位居世界第 7 位。

　　生物多样性并不是均匀地分布于全世界 168 个国家，全球生物多样性主要分布在热带森林，仅占全球陆地面积 7% 的热带森林容纳了全世界半数以上的物种。热带生物学研究重点委员会（NAS）根据生物多样性的丰富程度、高度的特有种分布以及森林被占用速度等因素，确定了 11 个需要特别重视的热带地区：厄瓜多尔海岸森林、巴西可可地区、巴西亚马孙河流域东部和南部、喀麦隆、坦桑尼亚山脉、马达加斯加、斯里兰卡、缅甸、苏拉威西岛、新喀里多尼亚、夏威夷。Myers也以类似方法确定了 10 个世界生物多样性热点地区，这 10 个地区约占原始热带森林总面积的 3.5%，全球陆地面积的 0.2%，但却拥有占世界总种数 27% 的高等植物，其中 13.8% 还是这些地区的特有物种。这些地区分别是：马达加斯加、巴西大西洋沿岸森林、厄瓜多尔西部、哥伦比亚乔科省、西亚马孙河高地、喜马拉雅山东部、马来半岛、缅甸北部、菲律宾、新喀里多尼亚。遗憾的是，由于中国生物多样性研究起步晚、资料缺乏，因此在上述地区中，中国诸多具有世界意义的关键地点没有被列入。

　　海洋也蕴藏着极其丰富的多样性。海洋生态系统比陆地及淡水生物群落变化有更多的门及特有门。世界生物多样性较丰富的海域包括西印度太平洋、东太平洋、西大西洋。位于或部分位于热带的少数国家拥有全世界最高比例的生物多样性（包括海洋、淡水和陆地中的生物多样性），这些称为生物多样性特丰国家（megadiversity country）。在包括巴西、哥伦比亚、厄瓜多尔、秘鲁、墨西哥、扎伊尔、马达加斯加、澳大利亚、中国、印度、印度尼西亚、马来西亚的 12 个多样性特丰国家，拥有全世界 60%～70% 甚至更多的物种。巴西、扎伊尔、马达加斯加、印度尼西亚 4 国拥有全世界三分之二的灵长类，巴西、哥伦比亚、墨西哥、扎伊尔、中国、印度尼西亚和澳大利亚 7 国具有全世界一半以上的有花植物，巴西、扎伊尔、印度尼西亚 3 国分布有全世界一半以上的热带雨林。

2. 中国生物多样性概述

中国国土辽阔，海域宽广，自然条件复杂多样，加之有较古老的地质历史（早在中生代末，大部分地区已抬升为陆地），孕育了极其丰富的植物、动物和微生物物种，极其丰富多彩的生态组合，是全球 12 个"巨大多样性国家"之一。具体体现在：

（1）生态系统类型多样。我国拥有北半球所有的生态系统类型，主要有森林、草原、荒原、农田、湿地和海洋等，共有 561 类较主要的生态系统，其中仅陆地生态系统就有 27 个大类、460 个类型。另据初步统计，中国陆地生态系统类型有森林 212 类，竹林 36 类，灌丛 113 类，草甸 77 类，沼泽 37 类，草原 55 类，荒漠 52 类，高山冻原、垫状和流石滩植被 17 类，总共 599 类。淡水和海洋生态系统类型暂时尚无统计资料。

（2）生物种类繁多。中国是地球上种子植物区系起源中心之一，承袭了北方第三纪、古地中海古南大陆的区系成分；动物则汇合了古北界和东洋界的大部分种类。中国有高等植物 32 800 余种，占世界总种数的 12%，居世界第 3 位。其中，种子植物 24 500 余种、裸子植物 236 种、蕨类植物 2600 余种、苔藓植物 2100 余种，分别占世界总种数的 10%、30%、20% 和 5%。我国动物种类约 10.45 万种，占世界总种数的 10%。其中，兽类 560 种、鸟类 1186 种、爬行类 320 种、两栖类 210 种、鱼类 2200 种，分别占世界总种数的 10%、13%、5%、7%、10%，还有昆虫约 10 万种。不仅如此，特有类型之多，更是中国生物区系的特点。已知脊椎动物有 667 个特有种，为中国脊椎动物总种数的 10.5%；种子植物中有 10 个特有科、321 个特有属、约 10 000 个特有种。兽类中有 1 个特有科、8 个特有属、63 个特有种。由于我国古陆受第四纪冰川影响较小，从而保存下许多古老子遗属种，特有种和子遗种中有许多世界著名的珍贵种类，如大熊猫、金丝猴、丹顶鹤、扬子鳄、白鳍豚、银杉、珙桐、桫椤、攀枝花苏铁、金花茶等。我国海域辽阔，已记录的海域生物物种超过 13 000 种，占世界海洋物种总数的 25% 以上。

（3）经济物种多。我国有植物药材 4773 种、淀粉原料植物 300 种、纤维原料植物 500 种、油脂植物 800 种、香料植物 350 种、珍贵用材树种 300 种、已开发利用的真菌 800 多种、动物药材 740 种、有经济价值的野生动物 200 种，其中毛皮兽有 70 多种。

（4）驯化物种及其野生亲缘种多。中国有 7000 年以上的农业开垦历史，中国农民开发利用和培育繁育了大量栽培植物和家养动物，其丰富程度在全世界是独一无二的。这些栽培植物和家养动物不仅许多起源于中国，而且中国至今还保有它们的大量野生原型及近缘种。我国是世界三大栽培植物起源中心之一，水稻、大豆、谷子、黄麻等 20 余种作物均起源于中国，并拥有大量栽培植物的野生亲缘种，如野生稻、野生大麦、野生大豆、野生茶叶、野苹果等。

中国共有家养动物品种和类群 1900 多个。在中国境内已知的经济树种就有
1000 种以上。水稻的地方品种达 50 000 个，大豆达 20 000 个。中国的栽培和
野生果树种类总数无疑居世界第一位，其中许多主要起源于中国或中国是其分
布中心。除种类繁多的苹果、梨、李属外，原产中国的还有柿子、猕猴桃，包
括甜橙在内的多种柑橘类果树，以及荔枝、龙眼、批杷、杨梅等。中国有药用
植物 11 000 多种，牧草 4200 多种，原产中国的重要观赏花卉 2200 多种。我国
常见的栽培作物有 50 多种，果树品种万余个，畜禽 400 多种，居世界首位。
我国各种家猪的地方品种有 200 多个，中国猪的遗传多样性对世界猪种有重要
影响。

7.2　生物多样性的价值

说到价值一词，诠释的向度、方式相当多元。金恒镳、Perlman 及 Adelson
认为价值至少包括两种不同的定义，第一种价值代表的是信念、偏好、态度。
例如，风景的价值、纪念价值，完全属于个人内在的心向，无法用金钱来衡量，
也无法买卖。第二种价值代表的是物品实际的价格，值多少钱，是经济学用词，
会因市场供需，或稀有与普见而变动，也会受时间与空间因素的影响。在经济
学上所谓环境资产评价的一般分类法则包括使用价值与非使用价值。使用价值
指某自然资源实际被使用的价值，其下又可分为直接使用价值和间接使用价值。
非使用价值则是指不去使用某资源所具有的价值，但如果该资源消失则有丧失
其价值的感觉，其可再细分为遗赠价值及存在价值。此外，为了争取政府决策
者的注意与支持，McNeely 认为首先需要证明生物多样性对于国家社会和经济
发展的价值，因此将生物资源的价值分为直接使用价值和间接使用价值；其中
包含消耗性利用价值和生产性利用价值，而间接价值包含了非消耗使用价值、
选择价值及存在价值。

生物多样性是公众赖以生存发展的环境基础，地球上任何生物都有其功能与
角色，因此每个生物都有其存在的自然意义与价值。要环境修复生物多样性、永
远使用生物多样性资源，我们就应对生物多样性的价值有所认识。

汪静明认为生物资源的价值有：

（1）自然生态价值：生物的生长繁殖、分布与演化皆有其生态特性，生物须
能适应环境才得以生存、成长、茁壮，因此生物与其生长环境之间有着密不可分
的关系。

（2）生活文化价值：生物资源提供人们生活所需，在公众的长远历史演进中，
其已融入到人们的生活文化中，往往具有特殊的意义与价值。

（3）学术的研究价值：生物素材、族群分布、形态特征皆足以作为基础科学研究，或种源鉴定、环境变迁等研究的依据，因此具有重要的学术科研价值。

（4）环境教育价值：通过对生物资源分布的独特性与珍贵稀有性的探索，可了解生物环境与物理环境的变迁，因此深具环境教育的价值。林耀松和赵荣台等先后指出生物多样性对于公众社会的价值可分为直接价值与间接价值两方面。直接价值在于提供公众生存的物质基础，如食物、医药及工业原料；间接价值在于提供生命维持系统因子，如稳定水文、调节气候、保持土壤、促进元素循环与能量流动，以及维持生态系统的平衡。

（5）提升公众心灵层次：生物多样性所蕴含的动植物以及景观之美，在公众娱乐、美学、科学、教育、社会文化、精神等各个方面皆扮演着重要的角色，有助于人们心灵层次的提升。

（6）确保永续发展的希望：生物多样性所涵盖的物理、基因、生态系的多样，能够供应源源不绝的各种再生性资源，为公众未来的发展与社会的永续，提供无限的希望与机会。

价值与重要性可说是一体的两面。关于生物多样性的重要性，杨晓佩建议可以从道德观、实用价值和生物在生态系统的维持上所扮演的角色三方面探讨。就道德观而言，人与其他生物一样都是属于自然界的成员，基于平等的原则，公众无权决定任何物种的存减；就实用价值而言，公众的食衣住行娱乐各方面，皆直接或者间接地依赖各种自然资源，生物多样性的维持正好确保公众所需资源的宝库；就生物在生态系统上维持所扮演的角色而言，每一种生物在地球长久的演变过程中，都扮演着重要的角色与功能，唯有生物多样性的健全方足以确保自然界的平衡、稳定。

上述所说的价值多半都属态度、信念、道德层次，但从经济学角度来检视，生物多样性组成生命之纲，为稳定平衡的生态系统提供服务，如：水、土壤的形式与保护、污染的分解及吸收、气候的稳定及自然危害等的恢复等。这些价值多少呢？根据国际自然及自然资源环境保护联盟（IUCN）的估计，大约为每年 33 兆美元，而 2008 年美国一年的 GDP 只有 14.4 兆美元，欧盟也只有 14.94 兆美元，生物多样性价值之高可见一斑。

总之，生物多样性是公众赖以生存的物质基础，其为公众提供了食物、医药与工业原料，也提供了公众赖以生存的生态系统，另外也在公众娱乐、美学、教育、科学、精神、文化方面中扮演着重要的角色，因此，生物多样性的维持是公众生存与福祉的保证，吾人必须加以正视，保护环境、保护生态、保护生物多样性。

7.3　生物多样性的危机

7.3.1　生物多样性的消失

目前有多少物种消失呢？这是一个大家都很喜欢问却也很难回答的问题。以下是一些研究结果及数据：Simberloft 研究指出，由于热带雨林的破坏，百年来造成 12%的鸟类及 15%的植物的灭绝；Wilson 估计全球热带雨林物种灭绝的速率为每年 50 000 种；联合国粮农组织（UNFAO）1993 年指出全世界有 75%的作物品系已经灭绝；世界资源研究所（WRI）估计，全球热带雨林自 1960～1990 年间消失了 1/5，保守估计约有 5%～10%的物种消失；国际自然及自然资源环境保护联盟（IUCN）植物中心认为到 2050 年，物种可能灭绝 66 万～186 万种。

事实上，我们所处的是一个大而复杂的世界，总是有新的物种不断被发现，我们并不确切知道，到底有多少物种存在在地球上，因此我们就无法真正知道，到底有多少物种在消失中。然而，可以确定的就是，有许多事实与迹象告诉我们，状况是不好的。据估计，现今物种灭绝的速率是常速的 1000～10 000 倍，而每年大约有 0.01%～0.1%的物种会消失，假若保守估计地球有 200 万种物种，则意味着每年有 200～2000 种消失；若大胆估计地球有 1 亿种生物，则意味着每年有 1 万～10 万种物种会消失，也就是每天大约会有 30～300 种物种消失，此种恶化的趋势若不加以改善的话，50 年后的地球将有四分之一的物种消失。

不像过去地质年代的大灭绝事件，现今的灭绝被认为是第六次大灭绝危机，几乎全是公众的责任。所以实在不必去争谁对、谁错，或确切的数字为何，对于生物多样性危机存在的事实，大家应该达成共识才是。

7.3.2　生物多样性消失的原因

在地球长达三四十亿年的生命演化史上，至少曾有五次生物种类大量灭绝的记录，其分别发生在四亿三千九百万年前的奥陶纪末、三亿六千七百万年前的泥盆纪、二亿五千一百万年前的二叠纪末、二亿八百万年前的三叠纪末及六千五百万年前的白垩纪末。上述自然力量造就的大灭绝，虽然曾经使地球遭受极大的摧残，90%以上的物种消失，然而因间隔时间长久，使得生态系、物种能有喘息的机会，能够自然发生变异，演化出更多的新物种。

近年，300 年来由于公众的经济活动，加速了自然资源的耗竭、生物栖息地的破坏及物种的灭绝。Diamond 指出，干扰、季节变化和环境改变均可造成种的变异；生物多样性的增加或减少，取决于当时环境的状况及变化的强度。因此，Wilson 提到，公众的行为可能已经启动了有史以来的第六次物种多样性大灭绝，其与历史上过去五次大灭绝发生的成因是相当不同的，若从地质年代的角度来看，此次大灭绝是在瞬间灭绝了极多的物种，尤以热带雨林为最。

关于生物多样性消失的原因相当多，有所谓的 HIPPO 危机，主要表现为以下几点。

1）栖息地（habitat）破坏

任何一种生物皆有其特定栖所的需求，因此栖地的大小、形状、分布便影响了该生物族群的发展。由于人为影响的侵入，在水域，水坝、拦沙坝破坏了大部分的河川与溪流；海岸的开发则摧毁了珊瑚礁及近海的海洋生态；在陆域，都市及农村的分隔，形成生物栖息地的切割、变小，自然形成一座座不连续的孤岛；农牧地的开垦则造成森林地的退缩、消失。此种栖息地的丧失、切割和恶化，终究威胁物种的存续，导致生物多样性丧失。

2）外来种（introduced species）引入

借由观赏、使用与不经意的携带等方式引进外来物种，除了不能适应而死的例子之外，常见的是外来种与原生种发生竞争、捕食、杂交、传染疾病等现象，严重扰乱生态系，造成物种的灭绝，导致程度不一的生态、经济灾难，此对岛屿生态的影响尤其显著。

3）人口（population）增加

人口大量增加、人口太多常是环境问题的根本原因，而就生物多样性消失的原因而论亦然。在公元元年，全世界人口大约 1 亿。19 世纪初为 10 亿，20 世纪初为 20 亿，而今 21 世纪预计世界人口已达 70 亿。由于人口过多，相对的粮食需求激增，因此许多森林被砍伐用以建设房屋、开垦为农牧地，甚至为了增加农作物生产以及易于栽种，单一作物的栽培更是屡见的农业生态系模式，凡此种种都造成了生物多样性的逐渐消失。

4）环境污染（pollution）

来自大气、水、土壤的污染会破坏生态环境，影响生物的安全与健康，且往往在对公众产生危害之前，已对其他生物造成不可磨灭的损害。由于生物浓缩效应（biological concentration），许多污染物，如重金属、化学药剂、环境荷尔蒙等，常会沿着生物链不断地累积，持续地危害，大大危害物种的健康与生存，最终导致其他种群的减少与灭绝，影响生物多样性。

5）资源过度利用（overused）

对于森林、鱼类和野生资源的过度采伐、过渔、过猎、过捕，或公众的过度开发行为，由于利用、消耗自然资源的压力大于生态系自然修补的能力，便可能埋下物种灭绝的危机，乃是对生物多样性最为直接的伤害。历史上，台湾梅花鹿在 300 年内从台湾的野外消失，就是一个过度利用资源的典型例子。

另外，气候变化、人为活动干扰也会影响到生物多样性。根据研究显示，地球从上一次冰河期后，2 万年来温度已升高 5～9℃，若全球温室气体排放仍不改善，下一世纪将持续上升 2～6℃，造成海平面上升 1～2 m，此大规模的气候变化最终将造成气候区移转及陆地面积缩减，影响生物的生存适应，进而使全球生物多样性遭受巨大损失。而人为活动干扰，例如砍伐森林，开垦土地，改变地形、地貌，不但严重影响着山林的保水功能，同时也改变动植物的结构，破坏各种物种间的密切关系；人们饲养及放生外来物种的行为，也将对当地的生态系统造成无法预期的影响，因而导致生物多样性降低。

7.4　生物多样性的环境修复

生物多样性是所有现今家庭、社区、国家及未来世纪生存所依赖的资源，而多样性的降低，则可能意味着数以百计的人们将面临食物、饮水供应短缺的窘境，因此说生物多样性的消失将是世界稳定及安全的重大威胁，实不为过。也难怪，1986 年有许多著名生物学家，如：Jared Diamond，Paul Ehrlich，Tomas Eiser，G. Evalyn Huchinson，Ernst Mayer，Charles D. Michener，Harold A. Mooney，Peter Raven，Edward O. Wilson 等，在美国生物多样性国家论坛中共同声明，"物种灭绝危机对公众文明造成的威胁仅次于热核战争"。

生物多样性是公众共同遗产（common heritage），其消失所造成的损害与影响是难以估计且无法弥补的，因此生物多样性环境修复成为 20 世纪以来人们所共同关切的问题。身为国际社群的一份子，每个国家、每个人对生物多样性环境修复都负有共同责任。

早在 20 世纪 70 年代，生物学家便已诏告世人生物多样性的警讯，因此生物多样性环境修复的工作很早便已开展。1972 年在瑞典首都斯德哥尔摩召开的"联合国人类环境会议"（United Nations Conference on Human Environment），已将生物多样性环境修复作为重点。翌年联合国环境规划署指导委员会（UNEP's

Governing　Council）第一届会议也把自然、野生动物和遗传资源的环境修复列为重点。因此，70 年代所通过的与生物多样性环境修复有关公约相当多，例如：1971年有关湿地的公约（the Ramsar Convention），1972 年的《世界遗产公约》（the World Heritage Convention），1973 年《华盛顿公约》（Convention on International Trade in Endangered Species of Wild Fauna and Flora，CITES）和 1979 年的《遗传物种公约》（Migratory Species Convention）。

1980 年国际自然及自然资源环境保护联盟（IUCN）出版《世界环境修复策略》（*World Conservation Strategy*）一书，强调维持基本生态系统及过程、环境修复遗传多样性、保证物种永续利用等三大目标，其在 1984～1989 年间的许多建议被纳入后续的生物多样性公约草约中；1987 年，联合国环境规划署（UNEP）经过多年的努力，生物多样性的消失不但没有缓减，反而每况愈下，警觉环境修复生物多样性行动的迫切，乃成立了特设工作组，并出版《生物多样性环境修复》杂志；1990 年更进一步在既有的公约上建立一个新的纲要公约，以环境修复生物多样性；1992 年地球高峰会议通过《生物多样性公约》，其目标为保护生物多样性、持久使用其组成部分以及公平合理分享由利用遗传资源而产生的惠益，该公约自 1994 年生效以来，已有超过 188 个缔约国加入；2002 年里约会后 10 年，在南非的约翰内斯堡召开"永续发展世界高峰会议"，其中生物多样性与生态系统经营乃是五大议题之一。里约热内卢环境与发展大会之后，我国全面部署制定了可持续发展的国家战略，通过了《中国 21 世纪议程》，该议程明确指出："中国的可持续发展建立在资源的可持续利用和良好的生态环境基础上，国家保护整个生命支持系统和生态系统的完整性，保护生物多样性。"该议程共 20 章，生物多样性保护作为第 15 章专门论述。可见我国政府对生物多样性是何等的重视。在国家一级设立了由国务院有关部委和直属机构组成的"中国履行《生物多样性公约》工作协调组"。1994 年制定并发布了《中国生物多样性保护行动计划》，提出了我国生物多样性保护的优先项目。1998 年，《中国生物多样性国情研究报告》正式出版。该报告对我国广阔国土和海域上的生物及其生境的理论研究、实践活动以及近年开展保护生物多样性的各种活动及其经济评估作了全面总结。《中国生物多样性国家策略》也在制定之中。这一切都充分说明了我国政府高度重视生物多样性。

过去传统的生物环境修复着重在拯救濒危、稀有的个别物种，忽略了其他物种、基因与生态系，加上人力、经费的限制，因此无法有效挽救生物多样性消失的危机。然而，科学家们在历经数十年的研究观察，面对地球物种异常速度的灭绝，再加上生态伦理的萌芽，终于要推动生物多样性环境修复，在观念及行动上应有调整，应以更整体的、生态系的、非公众中心的观念方式来实施。Wilson、赵荣台指出，生物多样性的环境修复方式有：就地环境修复（*in situ* conservation）、移地环境修复（*ex situ* conservation）、复育（restoration）。

1）就地环境修复

当一个地域内有若干濒临灭绝的生物物种时，以整个生态系为对象，保障生物的栖息环境，让栖息环境内所有生物能够繁衍不息，自然替补，达到环境修复的目的。

2）移地环境修复

当自然栖息地环境难以维持、无用时，以人为的方式、技术，将特定的生物物种个体搬移原来的栖息地，加以保存在特定的地域内，例如动物园、植物园、水族馆等；或收集某物种的胚胎（种子、精子、卵子），而将之保存在特定的储藏库内，例如种子库、花粉库、精子库、胚胎库、组织培养等。

3）复育

将已经劣化破坏的生态系利用人工的方式加以保护、复原，或是将生态系内已经消失的物种重新引入，以期使生态系恢复。

我国已制定了一系列保护和持续利用生物多样性的措施：

（1）生态系统多样性保护措施。建立自然保护区、风景名胜区、森林公园等是保护生态系统多样性的主要措施。至 1995 年底，全国建立了 799 个自然保护区、512 个风景名胜区、755 个森林公园。初步形成了全国自然生态系统保护区网络，有效地保护了一批具重要科学、经济、文化价值的自然生态系统。自然保护区面积已超过国土面积的 8%，风景名胜区面积占国土面积的 1%。根据 1993 年底的统计资料，全国共建立以各种自然生态系统为主要保护对象的自然保护区 433 个，保护面积为 4703 万 hm^2，分别占中国自然保护区总数和总面积的 56.7%和 71.1%。其中：已建立森林生态系统类型自然保护区 371 个，面积 1429 万 hm^2，建立草原与草甸生态系统类型自然保护区 14 个，面积 137.8 万 hm^2；建立荒漠生态系统类型自然保护区 7 个，面积 3066.7 万 hm^2；已建立内陆湿地和水域生态系统类型的自然保护区 16 个，面积 91.6 万 hm^2；已建立海洋和海岸生态系统类型自然保护区 25 个，面积 37.8 万 hm^2。在生态建设上，国家投入大量资金，实施了一系列重大植树造林工程，动员全民植树造林，初步做到森林面积和林木蓄积量逐年增长，促进了我国生态环境的逐步改善。

（2）物种多样性保护措施。物种多样性保护措施主要是就地保护和迁地保护。就地保护主要是建立自然保护区。至 1993 年底，全国共建立野生生物类（包括野生动物和野生植物两个类型）自然保护区 284 个，面积 1904 万 hm^2，国家公布的《重点保护野生动物名录》和《重点保护野生植物名录》中的大多数物种已得到保护。其中，已建立野生动物类型自然保护区 214 个，面积 1800 万 hm^2，其中许多自然保护区是专门保护某一动物或几种动物，如建立专门保护大熊猫的自然保护区，建立了 20 多个保护鹤类和 10 多个保护天鹅的自然保护区，还为保护金丝猴、黑叶猴、猕猴、东北虎、华南虎、野牛、亚洲象、赤斑羚、长臂猿、羚牛、坡鹿、白唇鹿、野骆驼、白鳍豚、儒艮、朱鹮、扬子鳄、海龟、中华鳄、文昌鱼等数十种野生动物建立了专门的自然保护区。自然保护区的建立使一些濒危物种的种群得到恢复和增殖。已建立野生植物类型自然保护区 70 个，面积 104 万 hm^2，其中许多保护区是专门保护某一植物种群或群落，例如，建有专门保护水杉原始林和保护珙桐、银杉、桫椤、金花茶、苏铁、银杏、人参、望天树、连香树、水青树、龙血树等植物的专门自然保护区，还建立了许多野生药用植物资源的自然保护区。物种迁地保护主要是建立动物园和植物园及珍稀濒危动植物人工繁育基地。目前全国共建有动物园和动物展区 171 个，其中具有一定规模的动物园 28 个。这些动物园保存的脊椎动物有 600 余种，10 万余只（头）。此外，全国已建各种野生动物繁育中心 126 个，并建立了大熊猫、海南坡鹿、扬子鳄、麋鹿、高鼻羚羊、野马、白鳍豚、东北虎等珍稀动物驯养中心和珍贵动物救护中心等共 14 处。目前已对极少量驯养动物进行了野化回归试验。至 1994 年，已建植物园和树木园 110 个，引种各类高等植物 23 000 种，其中属于中国区系成分的 13 000 种以上，还在华南植物园建立了木兰科、姜科、苏铁科植物保存园等。此外，还在各地建立了地区性珍稀濒危植物引种基地和人工繁育中心。

（3）遗传多样性保护措施。我国建立了一批遗传资源保存设施，例如，中国科学院在北京建立了微生物菌种保存库，收集保存活菌 90 000 多株，在上海、昆明建立了野生动物细胞库；中国医学科学院在北京建立了药用植物种质保存库，保存了 900 种药用植物；中国农科院在北京建立了一个容量达 40 万种质材料的大型作物种质资源长期保存库，保存有 30 多万份作物种质材料。农业部门还在全国建立了各种作物种质资源中期保存库共 27 座；建立了 15 个果树资源保存圃，入圃品种资源 2.27 万份；建立了 10 个多年生作物种质资源圃；还建成淡水鱼类种质资源综合库，鱼类冷冻精液库，试验性牛、羊精液库、胚胎库等。至 1993 年底，林业部门已建林木种子库 19 个，林木良种基地 624 处，面积 6 万多 hm^2，其中在河南建立了世界上最大的泡桐基因库。

　　地球属于人类，也属于其他生物，人类只有与其他生物"公平"相处，整个社会才能持续地发展。尽管我国初步建立起了保护生物多样性的法律体系及制定了具体的保护措施，但保护生物多样性的任务依然艰巨，需要我们长期不懈地努力，切实保护好地球上的生物多样性，以最终实现社会可持续发展。

　　目前，生物多样性的环境修复政策、科技、方法多元而周全，然而最重要的，人们对于生物多样性所持有的态度、价值观与所展现的行为，才是生物多样性环境修复成功与否的关键！人类不是大地的主人，而是自然系统的一份子，无法脱离自然而存在，让我们一起关怀生命，尊重万物的生存权！

第8章 环境健康

环境与健康之间的关系复杂而广泛，包含环境科学、医学、生物学、管理学等方面的内容。环境健康有广义和狭义的两种理解。广义的环境健康以世界卫生组织给出的定义为代表，包含由环境因素决定的公众健康和疾病，如暴露状况、病理影响等方面，也包括如健康风险、健康影响评价、环境健康指标、环境健康管理等评估和控制对健康有潜在影响的环境因素的理论和实践。狭义的环境健康则主要关注健康的物理影响，是由自然、化学物质、生物和社会环境等因素决定的公众健康状况，化学药品、辐射和一些生物制品等的直接病理影响，还有其对广义的物理、心理、社会和审美环境的健康和福利的间接影响。

8.1 环境健康学的形成

早在两千多年前，人们就已认识到环境与人体健康的关系。古希腊医学家希波克拉底（Hippocrates，公元前 460—前 377 年）在他的论文《空气、水、土地》中，从季节、气候、城市的位置以及水质等方面阐述了环境与人体健康的关系。他还指出，居民的饮食习惯、生活方式以及是否参加体力劳动等都与健康有密切关系。我国的《黄帝内经》中就曾提出人与天地相应的观念，认为自然是公众生命的源泉，人与自然之间有着不可分割的联系，因此强调"顺四时而适寒暑"、"服天气而通神明"、"节阴阳而调刚柔"。中国医学将自然环境中的风、寒、暑、湿、燥、火称为六气，六气太过为六淫，认为机体受六淫侵袭可引起多种疾病，同时也认识到人体本身内在的喜、怒、忧、思、悲、恐、惊等情态变化也是重要的致病原因。而两千多年前的《吕氏春秋》对水质成分与健康的关系也作了阐述。

上述可见，我国古代劳动人民对环境与健康的关系有着较深刻的认识，积累了一定的环境与健康关系的经验。

近代的环境卫生学（Environmental Hygiene）是进入 19 世纪后开始形成的。德国医学家 Max von Penttenkofer（1818—1901）首次提出肠伤寒和霍乱等传染病的流行与空气、水以及食物等生活环境有关，并于 1865 年在德国的慕尼黑大学开设卫生学讲座，以空气、水、食物、住宅、土壤等为研究对象，采用物理和化学方法，开展了空气中二氧化碳浓度测定方法的研究，当时称为实验卫生学

（Experimental Hygiene），是现在环境卫生学的基础。之后，环境卫生学的发展进入一个新的阶段，实现了专业分化，产生了环境卫生学等多种专门学科。

近几十年来，环境科学（Environmental Science）的蓬勃发展，使其各分支逐渐形成和成熟，分工日益明确，形成了诸如环境工程学、环境化学、环境生物学、环境管理学等，与传统的环境卫生学在研究内容上相互交叉。在此背景下，环境卫生学的研究内容从强调"hygiene"逐渐转变为以健康（health）为核心，环境健康学（Environmental Health）也应运而生。因此，环境健康学是在环境卫生学的基础上逐渐发展起来的，从环境卫生学的发展过程中可以看出环境健康学产生的时代条件。

环境健康学是环境科学的重要分支之一，也是公共卫生和预防医学的重要组成部分。环境健康学研究环境中的物理、化学、生物、社会以及心理社会因素与人体健康，包括生活质量的关系，揭示环境因素对健康影响的发生、发展规律，为充分利用对人群健康有利的环境因素，消除和改善不利的环境因素提出卫生要求和预防措施，并配合有关部门做好环境立法、卫生监督以及环境保护工作。

8.2　环境健康学的研究对象和内容

环境健康学的主要研究对象是公众及其周围的环境，环境（environment）指围绕公众的空间以及各种因素、介质，从我们身边的生活环境到宇宙环境。人与环境之间存在着相互作用，环境因素可对人体健康产生影响，同时人体也可对环境因素的作用作出反应。作为生态系统的一部分，公众与环境之间不断进行着物质、能量和信息的交换，二者之间保持着动态平衡。

环境健康学的研究内容很多，范围也很广，并且随着时代的不同其研究的侧重点也有所不同，概括起来有以下几个方面：大气、水体、土壤与健康；饮水卫生与健康；住宅及室内环境与健康；公共场所卫生；人居环境与健康；家用化学物品个人用品与健康；环境质量评价和健康危险度评价；环境卫生监督与卫生管理；灾害卫生；全球环境变化与健康。

8.3　环境健康学的基本任务

环境健康学的基本任务在于揭示公众赖以生存的环境与机体二者之间的辩证关系，阐明环境对人体健康的影响及人体对环境的作用所产生的反应，调控两者之间的物质、能量和信息交换过程，寻求解决矛盾的途径和方法，以求人体健康与环境的协调和持续发展。

　　对于公众而言，环境包括自然环境和社会环境。自然环境是指围绕着人群的空间及其中能直接或间接地影响公众生存和发展的各种因素的总和，是一个非常复杂的庞大的系统。它由环境介质和环境因素组成，环境介质是指以气态、液态和固态三种物质形态存在的，能容纳和运载各种环境因素的公众赖以生存的物质环境条件，比如：大气、水、土壤、岩石和所有的生物体；环境因素则是指被介质容纳和转运的成分或介质中各种无机和有机的组成成分。随着社会工业的不断发展，公众过度地开发利用自然资源，给环境带来了极大的破坏和生态平衡的失调。环境的污染、生态平衡的失调引起畸形新生儿出生率上升，恶性肿瘤的发病率和病死率增加，各种已被控制的恶性传染病死灰复燃等，严重威胁着公众的健康，使公众的生存和生活质量下降。

　　为了使社会进步、公众健康和环境能协调一致的发展，我们认为环境健康学面临着以下一些任务。

　　（1）揭示各种环境因素对人体健康的关系。

　　（2）研究与环境有关的各种自然疫源性疾病、地方病、公害病的发生、发展和分布规律，探索这些疾病的环境学病因，为控制这些疾病提供对策依据。

　　（3）进行环境医学监测，通过对环境致病因子、生物材料、人体健康状况、疾病谱的检测和个体负荷监测，阐明环境污染物、地球化学元素等对人群健康的影响，建立环境负荷和人体负荷的数据库，进行环境性疾病的亚临床效应研究。

　　（4）研究环境卫生基准，为国家制定环境法规、标准提供依据。

　　（5）通过环境流行病学和环境毒理学的研究，揭示环境污染物的健康效应、作用机理，为制定环境性疾病的诊断标准提供依据。

8.4　环境健康学的基本研究方法

　　为阐明环境因素对人群健康的影响，在运用现代科学技术了解环境因素的物理、化学和生物学性质和特征的同时，还需要认识环境因素作用于机体时引发的各种生理、生化和病理学反应。在环境健康学领域，主要采用环境流行病学和环境毒理学的研究方法来探讨环境与健康的关系。

　　环境流行病学是应用流行病学方法，结合环境与人群健康关系的特点，研究环境因素与人群健康的宏观关系。与一般流行病学相比，环境流行病学在内容和方法上有其自身的特点。环境流行病学是研究某个或某几个环境因素对人群健康产生的影响，因而首先要对该环境因素是否具有产生该疾病或健康效应的可能性进行探讨。环境因素对人群健康的影响不仅反映为疾病，而且是一个健康效应谱。因此，环境流行病学不仅研究疾病的分布规律，而且更经常研究疾病前的状态，包括生理和生化功能的改变、疾病的前期等各种健康状况。环境流行病学的最终目的是改善环境，保护人群健康。环境流行病学特别注意发现、控制和消除病因，研究暴露效应关系和暴露反应关系，这是制订环境卫生标准和环境质量标准的根据，也是制订卫生政策、法规和条例的重要依据。

环境毒理学是研究环境污染物，特别是化学污染物对生物有机体，尤其是对人体的影响及其作用机理的科学。在探讨环境与健康的关系时，人们常常需要了解环境污染物在人体内的吸收、分布、转化和排泄特征，污染物毒作用的大小，阈剂量，剂量效应关系，污染物的靶器官和靶组织，污染物毒作用的基本特征和机理，污染物的特殊毒作用如致突变、致癌和致畸性，环境污染物对健康影响的早期指标和生物标记物，环境化学物质的安全性评价方法等。

环境流行病学与环境毒理学研究方法在环境与健康研究中相辅相成，互为补充。环境流行病研究有许多优势，如研究结果不需要种属间的外推，研究对象可以包括所有的易感人群，可以研究实际环境暴露情况下的健康效应而一般不需要由高剂量向低剂量的外推，通过日常测定或常规工作就可以获得较为准确的暴露水平和健康效应资料等。此外，环境流行病学可研究不同的暴露模式和健康效应，尤其是当没有系统的动物模型或暴露条件在实验室难以模拟时更为有用。然而，由于人在遗传、社会、职业或心理上存在有很大的差异，在环境流行病学调查研究中很难找到只是暴露条件不同而其他完全相同的两个人群，也难以控制暴露条件或将研究对象维持在某一特定的环境。相反，环境流行病学研究的上述不足都可以在严格控制的条件下，采用动物试验和体外试验等毒理学的方法来完善和补充。近年来，随着生命科学的飞速发展，毒理学特别是分子毒理学手段在环境流行病学研究中的应用越来越多。另一方面，在动物试验和体外试验的基础上，为加强对人体生物标记物的研究，人体毒理学近年来也得到了很大的发展。总之，环境流行病学与环境毒理学在内容和方法上也不断在相互交叉和融合。

第9章 环境伦理

9.1 环境伦理的定义与内容

我们是自然界的一份子，我们周遭的一切都是我们的环境，而我们对环境所抱持的一种态度称为环境伦理。DesJardins 则主张"环境伦理"就是对公众和大自然之间的道德关系，给予系统性和全面性的解释。一种"环境伦理"学说，基本上都必须包括：①解释这些伦理的规范有哪些；②解释公众必须对谁负起责任；③解释这些责任应如何证成。

环境伦理学主要包含以下三方面的内容：尊重与善待自然，关心个人并关心公众，着眼当前并思虑未来。

9.1.1 尊重与善待自然

环境伦理学要回答的基本问题是：自然界到底有没有价值，有什么样的价值；公众对待自然界的正确态度是什么；公众对于自然界应该承担什么义务。

1. 自然界的价值

自然界对于公众的价值是多种多样的，它包括：

（1）维生的价值：公众生活在地球上，离不开自然界的空气、水、阳光、土壤，大自然为公众提供了各种动植物作为食物和营养，可以说是自然生态为公众提供了最基本的生存与生活的需要。

（2）经济的价值：公众在发展经济的过程中，需要从大自然开采各种资源，这些资源经过加工制造成为产品以供公众利用，也可以作为商品得到流通，这些都具有极大的经济价值，这种经济价值首先是大自然所赋予的。

（3）娱乐和美感的价值：自然生态不仅能满足公众的物质需求，还可以使公众获得精神和文化上的享受。大自然的种种奇观，以及野生的各种奇葩异草、珍奇动物，可以使人们获得很高的美学享受。

（4）历史文化的价值：公众的活动离不开自然，公众发展历程的每一步脚印都铭刻在自然界的景观和场所里。自然界是公众文明进步的最好见证和记录：它可以使公众获得历史的归属感和认同感。此外公众的历史要比自然史短暂得多。自然界是一座丰富的自然历史博物馆，它记录了地球上出现公众以前的久远的历史。

（5）科学研究和塑造性格的价值：科学研究是公众特有的一种高级智力活动，从起源上说，科学研究来自对自然的想象、好奇和探索。大自然是公众特有的一种高级智力活动进行科学研究最重要的源泉之一。对于生活在工作节奏紧张的都市环境中的人们，大自然中天然的山川、河流、森林、草原、海洋对人们有愉悦身心的作用，人们可以从秀美壮丽大自然中获得情趣。大自然还可以磨炼人们勇于面对危险、迎接挑战和敢于冒险的精神与性格，这种性格对于公众的生存和发展是不可或缺的。

以上讨论的大自然的价值，都是对公众在地球上的生存和发展具有相当重要性的"有用的"价值。其实，大自然还有其自身的价值，这种价值可以被称为"内在的"价值。如果我们超越了"公众中心主义"的立场，即不从公众自己的利益和好恶出发而是从整个地球的进化过程来看自然，我们就能发现，自然界值得珍惜的一项重要价值就是它对生命的创造。地球上除了人类这一高级生物以外，还有成千上万种其他生物物种，它们和公众一样具有对外部环境的感知和适应能力，这种生命的创造是大自然的奇迹，也是公众应对自然表示尊重和敬意的原因之一。地球"生物圈"值得珍惜的另一种价值是它的生态区位的多样性和丰富性。自然在进化过程中不仅创造出种类繁多的生命物种，而且创造出了适宜生命物种生存和繁衍的多种多样的生态环境。各种不同的生命物种以"生态群落"的形式出现，各有其不同的生态环境，处于不同的生态区位，而这些适合不同生命体生存和生长的各种生态环境正是由大自然所提供的。除了创造生命和为生命物种提供生存与生活的环境外，大自然的价值还表现在它作为一个系统所具有的稳定性和统一性。其稳定性和统一性体现着地球作为一个整体的价值高于局部价值。就是说，从地球这个生态系统来看，包括人类在内的地球上的一切生命物种，以及生态系统中的任何组成部分都是地球生态系统某一功能的执行者，它们的价值都不能大于地球生态系统的整体价值。

2. 公众对自然界的责任和义务

对自然生态价值的认识与承认导致了公众对自然的责任和义务。公众对自然生态系统的责任和义务，从消极的意义上说，是要控制和制止公众对环境的破坏，防止自然生态的恶化；而从积极的意义上说，则是要保护和爱护自然，为自然生态的进化和达到新的平衡创造并提供更有利的条件和环境；从维持和保护自然生态的价值出发，环境伦理学要求公众尊重自然、善待自然，具体应做到以下几个方面。

1）尊重地球上一切生命物种

　　地球生态系统中的所有生命物种都参与了生态进化的过程，并且具有它们生存的目的性和适应环境的能力，它们在生态价值方面是平等的，公众应该平等地对待它们、尊重它们的生存权利。这方面，公众应该放弃自以为高于或优于其他生物而鄙视"低等"生物的看法，相反公众作为自然进化中出现最晚的成员应该具有道德与文化上的优越性。公众特有的这种道德和文化能力不仅意味着公众是迄今为止自然生态系统中能力最强的生命形式，同时也是评价力最强的生命形式。因此，公众的伦理道德意识应该不仅表现在爱同类上，还应该表现在平等地对待众生万物和尊重它们的生命权利。公众应该体会到保护珍惜生命是善，摧毁扼杀生命是恶。

　　平等对待众生万物并不意味着抹杀它们之间的区别，而是平等地考虑到所有生命体的生态利益。由于每种生命物种在进化过程中有着不同的位置，它们的要求与利益也不相同。在对待不同的生命物种时，我们应该采取区别对待的原则。例如，草原上生存着羊和狼，为了获得更多的食物和保护自身的安全，公众圈养羊而赶杀狼；然而草原中狼的数量过少，放养羊的数量过多，最终将破坏草原的生态。因此从生态平衡和环境伦理的角度，公众应当适度尊重狼的存在；推而广之，公众应当对草原生态环境中存在的各种生命体，采取平等而有区别的方式对待，从而使草原生态环境能持久地维系其中的各类生命活动。因此，区别地对待不同的生物，在道德上不仅是许可的，也是必需的。

2）尊重自然生态的和谐与稳定

　　地球生态系统是一个交融互摄、互相依存的系统。在整个自然界中无论是海洋、陆地和空中，一切生命体乃至各种无机物，都是地球这一"整体生命"不可分割的组成部分。作为自组织系统，遭受破坏的地球虽然有其自我修复的能力，但它对外来破坏力的承受能力毕竟是有限的，对地球生态系统中任何部分的破坏一旦超出其忍受值，便会环环相扣，危及整个地球生态，并最终祸及包括公众在内的所有生命体的生存和发展。因此为了保护公众和其他生命体的生态价值，首要的是必须维持它的稳定性、整体性和平衡性。在整个自然进化的过程中，只有公众才有资格和能力担负起保护地球自然生态及维持其持续进化的责任，因为公众是地球进化史上晚出的成员，处于自然进化的最高级，只有公众对整个自然生态系统的这种整体性和稳定性具有认识能力。

3）顺应自然的生活

　　顺应自然的生活不是指公众要放弃自己改造和利用自然的一切努力，返回到生产力极不发达的原始人的生活中去，而是说公众应该从自然中学习到生活的智慧，过一种有利于环境保护与生态平衡的生活。历史的发展证明，公众的活动可能与自然生态的平衡相适应，也可能会破坏自然生态的平衡。由于公众在自然生态系统中与自然的关系是对立统一的，因此，即便是公众认识到要保护环境，但在历史发展的过程中，还是会遇到公众自身利益与生态环境利益相冲突、公众价值与生态价值不一致的情形。为此，所谓顺应自然的生活，就是要从自然生态的角度出发，将公众的生存利益与生态利益的关系加以协调。以下的几条原则是顺应自然的生活所必须遵循的。

（1）最小伤害性原则：这一原则从保护生态价值和生态资源出发，要求人们在人类利益与生态利益发生冲突时，应采取对自然生态的伤害减至最低限度的做法。例如，公众在与各种野生动物或有机体相遇时，只有当自己遭受或可能遭受到这些生物体或有机体的伤害或侵袭时，才允许采取自卫的行为，而那些主动伤害生物体和有意招来伤害的行为则是不符合这一原则的。又如，公众为了提高自己的免疫能力而不可避免地要用动物或生物体进行试验，在选择不同试验对象能达到同样目的时，应当尽量选用较低等的动物而不要通用较高等的动物，这一原则还要求我们在改变自然环境时谨慎行事，尤其在其后果不可预测时更应如此。例如，当我们必须毁坏一片自然环境以修建高速公路机场或房屋时，最小伤害原则要求选择将生态破坏减至最低的方案。

（2）比例性原则：所有生物体的利益，包括公众的利益在内，都可以区分为基本利益和非基本利益。前者关系到生物体的生存，而后者却不是生存所必需的。比例性原则要求公众利益与野生动植物利益发生冲突时，对基本利益的考虑应大于对非基本利益的考虑。从这一原则出发，公众的许多非基本利益应该让位于野生动植物的基本利益。例如，在拓荒时代，公众曾经为了生存的需要不得不猎取兽皮，这与当今社会一些人为了显示豪华高贵而穿着兽皮服装的利益要求的层次是不一样的。同样为了娱乐而打猎与远古时代公众为了生存而捕获野生动物也属于不同层次的两种需要，比例性原则要求我们不应为了追求人们消费性的利益而损害自然生态的利益。

（3）分配公正原则：在公众与自然生物的关系中，有时会遇到基本利益相冲突的情形。就是说，冲突双方都是为维持自己的基本生存而发生占有自然资源的争执。这时候，依据分配公正原则双方应该共享双方都需要的自然资源。例如，公众在发展经济的过程中为了不至于使野生动植物消失，可划分野生动植物保护区，实行轮作轮耕和轮猎等，使野生动植物还有一片不受公众干扰的生存环境和活动空间。分配公正原则还要求我们在自然资源的利用上尽可能地实行功能取代，即用一种资源代替另一种更为宝贵和稀缺的资源。例如，用人造合成的药剂代替直接从珍贵野生动物体内提取某种生物性药素，用人造皮革作为野生动物皮毛的代用品等。

（4）公正补偿原则：在公众谋求基本需要和发展经济的活动中，不可避免地会对自然生态和野生动植物造成一定的危害。根据公正补偿原则，公众应当对自然生态的破坏予以补偿。例如，人们由于发展经济而破坏了大片森林，但从保护和维持自然生态平衡出发，公众必须大力植树造林。这条原则尤其适用于我们对濒危物种的保护和处理。大自然在演化过程中，一方面不断地产生新物种，另一方面也淘汰一些不能适应环境的物种，但自然进化的倾向是使物种不断地增多和繁衍，公众的活动使自然界的物种趋于减少。工业革命以来，自然界中不少物种已永远地消失，因此公众应该按照公正补偿原则，对濒危物种加以保护，为它们创造适宜于生存和繁衍的生态环境。

9.1.2 关心个人并关心公众

环境伦理学在关心公众与自然的关系的同时，也关心人与人的关系，因为公众本身就是自然中的一个种群，公众与自然发生各种关系时，必然牵涉人与人之间的关系。只有既考虑了人对自然的根本态度和立场，又考虑了人如何在社会实践中贯彻这种态度和立场，环境伦理学才是完善的环境伦理学，这就要求我们确立这样的行为原则：关心个人并关心公众。

从权利角度看，环境权是个人的基本人权。1992 年联合国环境与发展大会发布的《里约热内卢环境与发展宣言》指出："公众拥有与自然相协调的健康的生产和活动的权利"。公众对环境的保护和对环境污染的治理，都应该是为了保护公众的这种权利。但必须看到，公众对环境的行为往往不是个人的行为，而是需要群体的努力与合作才能奏效的。另一方面，任何人对待环境的做法和行为其环境后果也是不限于个人的，会对周围乃至整个公众产生影响。例如居住在河流上游的人们，应该看到自己排放废水对河流的污染会对生活在下游的人们造成危害，因此应采取谨慎行事的态度，切实治理污染。还有某些国家将有害废弃物转移到另一些国家的做法，这也是损害他国人民环境权益的做法，是不能容许的。又如，发达国家长期以来释放的大量温室气体引起了全球气候变暖的严重倾向，威胁着全人类的生存和发展，其就应该率先减排温室气体，采取有效的措施减缓全球气候变暖。随着全球经济一体化和各国间交往的密切，当今世界较之以往任何时候都更应成为一个整体。生态环境问题已无国界可分，在这种情况下，环境伦理学要求我们确立如下原则作为在环境问题上处理个人与公众之间关系的行为准则。

1）正义原则

从生态价值观与公众的整体利益出发，那种不顾及环境后果，仅仅追求生产率增长的行为不仅是不道德的，而且是不正义的，因为它直接侵犯了每个人平等享用自然环境的权利。按照环境伦理学，任何向自然界排放污染物以及肆意破坏自然环境行为的活动都是非正义的，应该受到社会的谴责，而任何有利于维护生态价值和环境质量的行为则都是正义的，应该受到社会的褒扬。

2）公正原则

公正原则要求在治理环境和处理环境纠纷时维持公道，造成环境污染的企业应该承担责任治理环境和赔偿损失。某些企业不承担责任，采用落后的工艺进行生产，导致环境污染，这种行为不仅侵犯了社会公众的利益，而且对于其他采用先进工艺承担环境责任的企业来说是不公正的。应该强调环境伦理学中的公正原则其实就是"公益原则"，因为自然环境和自然资源属于全社会乃至全公众所有，对它的使用和消耗要兼顾个人企业和全社会的利益，这才是公正的。

3）权利平等原则

在环境和资源的使用和消耗上，要讲究全公众权利的平等。权利平等原则不仅适用于人与人之间，而且适用于地区与地区之间，国与国之间。应该看到，地球上每个人都享有平等的环境权利，不应因种族、肤色、经济水平、政治制度的不同而有丝毫的差异。在公众的经济活动中，往往有人只顾自己只顾地方却不顾他人不顾他乡他国，这是不道德和不公正的。发达国家利用技术上的优势，消耗大量的资源，而且用不平等的方式掠夺不富裕国家的资源，是不符合环境伦理原则的，它们应该做的是节制自己的奢侈和浪费行为并帮助不富裕国家发展经济，摆脱贫困。

4）合作原则

在环境问题上，地球是一个整体，命运相连，休戚与共。而且，全球性环境问题具有扩散性、持续性的特点，任何一个国家和地区采取单独的行动都不能取得良好的效果，也不能保证自己免受环境问题带来的危害。因此，在解决环境问题特别是全球性环境问题的过程中，地区与地区、国与国之间要进行充分的合作。

环境问题不仅是人与自然的关系问题，而且涉及人与人、地区与地区、国与国之间的关系调整。自然环境的保护取决于地球上所有人的共同努力，更需要人与人之间的合作。因此，环境伦理观要求人们不但要关心个人还要关心全体公众。

9.1.3 着眼当前并思虑未来

人与自然界其他生物一样都具有繁衍和照顾后代的本能。人不同于其他生物之处在于：除了这种本能以外公众还意识到自己对后代承担道德义务和责任。在环境伦理学中，公众与子孙后代的关系之所以引起重视，是因为环境问题直接涉及当代人与后代人的利益。在环境问题上，如同个人的利益和价值同群体的利益和价值有时会不一致类似，公众的当前利益和价值与长远的子孙后代的利益和价值也难免会发生冲突。环境伦理要求我们在发生这种冲突时，要兼顾当代人与后代人的利益、要着眼当前并思虑未来。在涉及后代人的利益时，以下几条原则是必须考虑的。

1）责任原则

公众除了对自然界应尽责任，个人除了对社会应尽责任外，还必须对后代负起责任。环境伦理学强调，环境权不仅适用于当代人，而且适用于子孙后代。如何确保子孙后代有一个合适的生存环境，是当代公众责无旁贷的义务和责任：可持续发展的定义清楚地说明这种发展是"能够满足现代公众的需求，又不致损害未来公众满足其需求能力的发展"。当代公众不可推卸的责任就是要把一个完好的地球传给子孙后代。

2）节约原则

地球上可供公众使用的资源是有限的，为子孙后代的利益着想，公众不仅要保护和维持自然生态的平衡，而且要节约地使用地球上的自然资源。地球上可供公众利用的资源有两大类：不可再生的资源和可再生的资源。不可再生的资源只有一次性的利用价值，如被当代人消耗殆尽，后代人就将得不到这类资源；可再生的资源尽管可以再生但它的再生往往需要很长时间。许多的自然环境一旦被当代人改变，也将永远无法复原，从这个意义上说，自然环境也是不可再生的。环境伦理学要求公众奉行节约的原则，具体应体现在公众的生产方式和生活方式上。资源节约型的生产方式要求我们改革生产工艺，减少对资源的消耗，尽可能采用循环利用、重复利用的系统并尽量回收废弃物，把一切废弃物转化成为有用的资源。在生活方式上，应当提倡节俭朴素，反对铺张浪费，尽可能使用绿色产品。总之节约原则的实施并不仅仅出于经济上节约成本的考虑，而是为了给子孙后代留下一个可供永续利用的自然环境。

3）慎行原则

公众改变和利用自然的行为后果有时并不是显而易见的，而且可能对当代人是有正确的，但对后代人却会带来长远的不利影响。这就要求我们在进行各种活动时，采取慎行的原则。当我们在采取一项改变自然的计划时，一定要估计它长远的生态后果，以防止对后代人造成损害。例如，为了提高农作物的产量，我们大量地使用化肥，其结果是土地的日趋贫瘠。又如，对热带雨林的破坏加剧了地球表面温度的升高，使地球上很多物种濒临灭绝，对后代人造成的损失更是无法估量。在公众利用和改造自然的力量空前巨大的今天，慎行原则要求公众对科学技术可能出现的后果给予充分的估量，要克服认为科学技术只是"中立"手段的传统看法。事实上，科学技术是一把双刃剑，它一刃对着自然，另一刃对着公众自己。也许，公众对于科学技术可能给公众带来的短期后果容易了解和认识，但对其可能给公众和整个自然生态系统造成的长远后果则还缺乏预见和认识，目前受到普遍关注的全球气候变暖问题就是一个例子。慎行原则的意义就在于提醒人们，地球不仅是我们当代人的，更是子孙后代的，我们的行为不仅要对当代人负责，更要对后代人负责。

综上所述，环境伦理观将公众对待自然、对待当代人和子孙后代的态度和责任作为一种道德原则看待，其目的就在于更好地规范公众对待自然的行为，以利于地球生态系统，包括公众社会这个子系统的长期持续和稳定的发展。一种全面的环境伦理必须兼顾自然生态的价值、个人与全公众的利益，以及当代人与后代人的价值与利益。虽然从总体和一般的原理看，自然与公众、个体与群体、当代与后代之间的利益是可以兼顾的，互相一致的。但在公众的实践活动中，已经出现了这些利益与价值之间的冲突。因此，在讨论了环境伦理观的原则和内容的基础上，我们还有必要对公众的行为方式进行分析和研究。

9.2　环境伦理的起源

9.2.1　环境伦理的兴起

当生态科学主张公众是一个生物物种，并研究公众在广大生态系统中的角色时，就对已形成和确立的"公众中心主义"的价值观念提出了根本性的挑战。20世纪70年代以来，环境伦理在以"公众中心论"和"公众非中心论"的学术讨论中，试图寻求学理上的根基和原则。而由于环境伦理演变成一门独立的学科，让公众得以用更开阔的视野审视人与自然的关系，进而理解公众在自然生态系统中的责任和权利。环境伦理的兴起使哲学的应用方向开始转变，伦理学与生态科学的结合让环境伦理的着重焦点由伦理规范转向现实问题，让自然实验论进入伦理学的领域，构成了伦理学上的革命。

由于环境问题的日趋严重，伦理学界开始重新审视人与自然的关系。承认动物、植物、大自然的内在价值，并且构成以不同理论基础和价值诉求为基础的理论流派。例如，生命平等论、动物解放论、动物权利论、自然价值论、深居生态学等，每一种环境伦理都以其核心意识形成自己的理论，试图影响那个时空环境背景下的人与环境的互相关系。

然而，20 世纪 90 年代以后，环境伦理开始进入殊途同归的整合过程，虽然不同的学说在理论上各执一词，但其实是朝向生态永续发展的生态中心主义进行整合。虽然生态中心主义在实际的现实社会中遭遇经济发展的挑战，而传播程度缓慢，但其为目前环境伦理思想的主流。挑战它的论述有：环境伦理对不平等的现实情况无法加以解决。该学说反对给予中下阶层公众基本生存需求，只会以理想烂漫的方式去争取动物的权利、去抒发悲天悯人的宗教情怀，提倡自然与我合一；只会以道德方式去论述人类与自然万物的平等关系，难以实现环境伦理"落后生态保护"的核心任务。但是，挑战归挑战，生态中心主义学说对当前地球生态的永续发展有具体的正面意义，每一种环境伦理思想将因时、因地而有所不同。

9.2.2 环境伦理的演变

20 世纪 70 年代以后，环境保护成为全球经济、政治、经济、文化等问题的核心议题之一，环境保护运动在全球各地保持着强韧的社会运动效力，环境保护不只是价值层面的问题，更与利益关系息息相关，因而解决环境相关问题就变成各种利益团体和各种社会力量的协商合作目标。在这样社会环境背景下，环境伦理中"正义"成为日渐重要的主题。1971 年，美国伦理学家 John Rawls 出版的《正义论》一书完成了伦理学的典范转型。依照 John Rawls 的主张，作为公平主义的基本内涵是：社会的每个人所享有的自由权利是平等和不可侵犯的。公平正义落实到环境伦理的正义主题上，它所告诫的，首先是人与自然的关系并不是抽象的和孤立的，而是与各种社会现实密切相关的。人与自然的关系不但非常具体，而且正义无法离开人的现实生活，在探讨人与自然的伦理关系时，不可陷入一种理论上的抽象，而缺乏真实感。其次对于环境伦理的各种学说，其论述内容事实上是不同阶级在各种利益上的纠缠和冲突。现代社会若能以正义作为探讨环境伦理的核心价值，可以让环境伦理在发展过程中得到大家的一致认同。

环境伦理所阐述的焦点除了人与自然的关系除外，更关注公众社会经过发展对于自然资源的依赖性。资本主义大量生产、大量消费的经济发展模式，呈现自然资源的有效性，导致自然资源越来越少，以及贫富不均的分配方式引发不同阶级、不同社会群体、不同国家不同品种之间的矛盾与冲突。因此环境伦理的核心话题是当代人之间、当代人与后代人之间在自然资源的公平分配议题。"环境正义"和"代际公平"已经成为环境伦理深入到公众日常生活的核心价值与基本原则。

1) 环境正义

在当代社会中，环境问题不仅反映出人与自然关系的异常，也越来越反映出人与环境之间伦理关系的错乱。这种"异常伦理论"的现象成为环境问题日益严重并扩散全球的重要原因。"环境正义"的伦理价值最早是从美国兴起的，主要集中在环境废弃物的处理与公平对待少数民族的议题上，它所呈现"环境正义"基本内涵强调公众应该同时减少对环境造成破坏的行为，并保障所有人民基本的生存权是环境伦理论的又一个重要价值。所以"环境正义"一方面关注被公众已经破坏的并污染的自然资源，另一方面强势主义阶级借由阶级主义生产、分配及消费型态，对弱势阶级进行经济上的剥削，是造成自然资源耗费的主要原因。

环境伦理关注三个重要的伦理关系，即当代人彼此之间、当代人与后代人之间和公众与环境之间的伦理关系。这三种关系的合一融洽是缺一不可的。其中当代人彼此之间的和谐关系尤为重要。因为我们对待他人的态度会直接影响到我们对待自然的态度，更重要的是当代的政治经济秩序会影响到后代的政治与经济、资源分配。所以，如果无法处理当代人彼此之间的伦理关系，环境伦理所关注的环境正义议题，代价公平，公众与环境的环境伦理就更无法处理。如同 Robin Attifieid 所说，使当代人的基本需求得到满足并矫正当代的不公平，是使当代的环境正义得到实现的前提条件。

2) 代际公平

代际公平是随着生态和环境问题日益突出，当代人对后代人有了道德关怀之后才出现的一个理念，它是一个在当代人和后代人之间划分权利与义务的问题，亦即在当代人与后代人之间存在着以平等享有发展机会、平等分担环境保护义务为基础的权利与义务的对等关系，"我们"和"我们的先辈"及"我们的后代"是作为一个整体来共同拥有地球的自然和文化资源，共同享有适宜生存的环境，同时共同承担保护环境的义务。

代际公平理念以公众社会的整体发展为切入点，把未来世代作为一个整体加以保护，既考虑了现代环境伦理观对环境利益的世代要求，又照顾到传统伦理观的现世代公众的本位主义，是一种将现代公众利益与跨世代公众利益结合考虑的新思维。它的出现对于环境理论研究和环境立法极具指导意义，并且为解决环境问题指明了努力的方向。因为全公众共有一个地球、同一个大气层、同一生物圈，环境外部性造成的影响特别是环境污染，并不单单会影响我们当代人，还会直接或间接影响到我们的后代。根据环境外部性理论，通过某种策略选择，可以将环境风险转移到其他地点或通过时间转移到另一代，以便保护自己免受外部性的损害。实际上，大多数环境保护计划并未减少环境问题的产生，在允许废物大量排入环境时，这些环境保护计划只是将废物通过时间进行转移而已，亦即当代经济活动中产生的对环境的负面影响，由我们的"后代"来承担。这样的现状对于后代人是极其不公平的，作为"当代人"的我们，有义务通过规则和制度的设计为"后代人"维护他们应当享有的权利。

可以从以下几个方面去努力来实现代际公平理念的法律化：

（1）代际公平理念法律化的第一步是要将可持续发展的价值观树立为基本的法律价值基础。代际公平是可持续发展原则的应有之意，因为可持续发展观要求在对当代人权利保障的基础之上，将目光延伸到后代人。所以代际公平理念的法律化首先需要构建一个以可持续发展观为基础的法律体系，这是代际公平理念法律化的前提条件。

（2）由法律创设监护人或代表制度，为后代人利益选取代表，并使其有机会利用司法程序进行诉讼，解决法律关系主体缺位的问题。E. B. 魏伊丝曾经做过这样的假设：在当代人做出某项决策的时候，后代人可能会愿意支付一大笔钱让当代人避免采取某些行动或采取某些行动，但是他们没有办法表达他们的要求。所以赋予后代人的代表在当代表达意志的权利和机会，并且让他们以诉讼代理人的身份参与诉讼可以从实体和程序两方面保障代际公平的实现。事实上，实践中已经有过这样的判例，1993 年菲律宾最高法院在"菲律宾奥波萨诉法克兰案"中承认了 42 名儿童有权代表他们自己和未来各个世代对环境进行保护的权利，这是世界上第一个以"代际公平"理论为依据提起的环境诉讼。

（3）设立环境资源保留制度。对环境资源的保留意味着要有限利用环境资源，由于一代人所创造的物质财富和知识财富不可能是无限的，其中能够留给下一代的就更加有限，因此，对于环境资源只能进行有限度的开发和利用，而绝不能尽其所能肆意开发。与此同时，还可以要求因为利用环境资源而导致的消耗必须以其他财富（如知识财富和物质财富）的增加为条件，为当代人不节制地利用环境资源设置障碍。环境资源保留制度的构建尤其要强调保持资源再生能力，可再生资源具有源源不断地生产财富的能力，即使是很小幅度的再生能力下降，可计量的损失也是巨大的，不仅不能以直接生产的财富补偿，对当代人来说也难以以其他方式做出补偿。更主要的是，后代人可能以当代人知晓的利用方式之外的方法开发可再生资源创造财富，当代人对资源再生能力的破坏剥夺了后代人选择不同方式利用环境资源的机会，这与代际公平是相违背的。

（4）设立代际补偿金制度。即在当代人开发利用资源时提取产值的一定比例，以信托基金的方式存留给后代人用以可持续发展，并补偿因为当代人行为导致后代人的损失。当然，代际补偿金制度的设立需要构建和完善一系列配套制度，如环境保护税务制度、生态环境补偿制度等。

（5）代际公平理念法律化的最终目标是要形成若干法律规则，遵守这些规则需要普通民众转变价值观念，形成与后代休戚与共的新意识。因为公众是靠世代交替而组成的生命运动，公众只有在整体中，其存在价值才能显现出来。因此，公众利用自然资源时要有未来观念，以为后代人创造合适的生存和发展环境为己任。这是代际公平理念法律化的社会条件，亦是代际公平理念法律化之后发挥其保护环境作用的重要保障。

9.3　环境伦理学说对环境生态的影响

9.3.1　环境伦理对生态永续发展的影响

20 世纪 60～70 年代的环境保护运动，促使环境伦理的兴起和永续的发展概念的形成，是公众为了突破发展与环境困难，在不同的学术领域进行研究的成果。永续发展包括两个重要概念：①优先考虑贫困地区人民的需求，②限制当代人对满足当前和将来的能力。它与环境伦理所强调的空间坐标和时间坐标的考量相互呼应。

环境伦理对现实生态的永续发展的功能与作用主要有以下几个方面。

1）环境伦理的教育功能

采取永续发展的模式，意味着人类生活面临一场具体的改变，是世界观、价值观、道德观的改变，是公众行为方式的改变，是公众对于环境、社会、经济三者关系处理方法的改变。具体地说，"民众共识"、"愿意接受"与"积极参与"是实施这些改变的必要条件。永续发展作为一种全新的发展模式，在本质上要实现的是一种"公正和谐"和"尊重自然"的伦理价值，这也是环境伦理秉持的核心价值。环境伦理作为降低人与环境的紧张冲突状态的第七伦，以人与环境的和谐共存为最终目标，在改变人心与改变生活态度的层面上，有其不可或缺的重要价值及深远影响。环境伦理的目的就是要将生态意识、环境保护的价值观移植于社会主体的生活文化中，进而促进环境正义与代际公平，达成永续发展的目标。

2）环境伦理对环境保护的功能

前面已说明过环境伦理的核心问题是环境正义和代际公平。这让我们在追求永续发展的过程中不得不注意到公众社会的差异性。面对地区性差异，国际社会及政府部门应采用绿色经济发展方针，建立生态补偿机制，在环境保护政策采取污染者付费和环境受益者付费的原则。在面对经济发展和环境保护的冲突时，要优先考量环境伦理。如果过分追求经济发展而忽略环境伦理，如果不能充分而客观地考量环境影响评估的重要性而忽视环境的忍受能力，最终会导致经济发展所产生的环境压力与环境实际承受的能力失去平衡，进而产生连锁反应式的环境污染及生态活动，最后影响公众的生存。这些生态破坏或环境灾难一旦发生，犹如水冻三尺非一日之寒，要恢复也必须经历漫长的时间与高昂的代价。

3）环境伦理对环境立法的影响

法律是规范公众行为的最后一道防线，也是维持公众的社会和谐生存发展的必要手段之一。环境伦理从社会认同的群体价值变成道德规范，再走向制定法律是一个社会变迁必经的过程。环境伦理的兴起与演变，不仅为制定生态保护的法令和制度提供了伦理价值和道德规范的基础，同时也为环境保护相关法律和制度的执行与贯彻创造了适当的社会条件。环境立法若没有成熟稳定的伦理价值、道德规范作为核心思想，法令将会变得窒息难行。

9.3.2 环境伦理对生态环境的影响

环境伦理是人在自然环境中生活的理论基础，也是人与生态环境间互动关系的伦理准则、伦理标准和行为规范的实践。它包含两个基本的内涵：①必须承认人以外的生命和自然界拥有道德地位；②必须主张拥有道德地位的存在物不限于有意识的存在物。环境伦理之道德对象由人和社会的领域，扩展到生命和自然界，其所要表达的意念为：①要求确认自然价值的理论，认为人不仅有价值，而且生命和自然界也有价值，也包含它的内在价值；②要求确认自然权利的理论，承认不仅人拥有权利，生命和自然界也拥有权利。在实践上，要求保护地球上的生命和自然界，保护地球上基本生态过程和生命维持系统，保护生物物种、生物遗传物质和生物系统的多样化。

环境伦理让我们意识到人类只是身为整个地球生命系统的一员，改变以往局限在人是万物之灵和以人与人相处为主的伦理思想，将伦理价值扩大到整个环境互动的伦理关系，提醒人类要尊重其他物种、担负起保护自然环境的责任，维护子孙后代使用资源的权利。

第 10 章　环境保护运动

"环境保护运动"是内涵和外延最为狭义的一种概念。其产生的背景是第二次世界大战结束后，西方国家大力发展工业造成了严重的环境污染问题，由此激发了要求政府解决环境问题、保护生态环境的民众联合抗议活动。如 2011 年 5 月，呼和浩特市爆发 20 年来规模最大的民众上街进行维权抗争活动，他们高呼"还我草原"的口号，抗议煤矿开采污染环境。同年，台湾"国光石化开发案"在彰化县大城、芳苑湿地停止设厂事件当中，国光石化（又称八轻）原先预计在云林离岛工业区兴建石化工业区，后因环境评价没通过，于 2008 年转往彰化县，2011年项目被终止。

10.1　环境保护运动的起源

10.1.1　西方的环境保护运动

在西方国家中，环境保护运动与妇女运动、和平（反战、反核武）运动等都被视为新社会运动（new social movement），它们都是继承了 20 世纪 60 年代的学生运动风潮，将抗议焦点转向更广阔的生活领域。新社会运动强调文化的层面，更加注重与民众息息相关的民事议题与相关面，因此也更能引起一般社会大众的关切与参与。而参与人数的扩充及参与层次的深入，都是值得肯定的政治与社会现象。也因此在晚近的西方民主环境政策过程中，环境保护运动成为不可或缺的一环。

探寻环境保护运动的起源有助于了解环境保护运动对环境政策的影响。而要回顾环境保护运动的起源，可从美国的环境保护运动谈起。

在 17 世纪时，北美大陆自然景观是原始性的自然环境。在连绵不断的原始森林和灌木丛中，成群的美洲野牛和其他野生动物构成了北美大陆自然景观的一大特色。不幸的是，美国政府及人民对待自然资源和环境的态度是开发、利用而不顾其对资源和环境的破坏。采取"剥光就走"的经营方式，也盛行于伐木业及采金热等行业中，同时农牧业的过度耕作和放牧，也严重地破坏了地表层的生态平衡。除此之外，早期的移民和美国人对北美大陆的野生动物资源的摧残也是极其严重。例如美国大陆的河狸、海豹匿迹就是例证。而此种不顾后果的掠夺自然资源行径，一直延续到 20 世纪初。

在 17 世纪之后，西方国家对于环境保护运动的投入虽然有所增加，但是仍然无法成为 17～19 世纪的主流运动。当时较为著名的环境保护运动人士有：Ralpph Waldo Emersn（1803—1882）及 Henry David Thoreau（1817—1862）和 George Perkins Marsh（1801—1882）等。他们对于环境保护议题的提倡不遗余力，因而促使环境保护主义在当时的美国开始萌芽并且茁壮。世界第一国家公园——黄石国家公园（Yellowstone National Park）便是在此环境保护风潮之下于 1872 年应运而设立的。此时正值美国的经济型由农业转型为工业之时期，因此不管是当时的美国人或是现代的美国人，都认为对自然资源的消费与利用是经济发展的必要代价，而且认为环境保护是富人的装饰品，而非一般平民大众的救命丹。

到了 20 世纪初期，美国出现了两次规模较大的自然资源保护运动。第一次发生在 20 世纪初期的 T. Roosevelt 总统（老罗斯福总统）执政时期，以担任农业部林业局的总林务官 Gifford Pinchot（1865—1946）及西尔拉俱乐部的创建者及领导者 John Muir（1838—1914）两人所带动的自然资源保护运动。第二次则是 20 世纪 30 年代初期的 F. D. Roosevelt 总统（小罗斯福总统）为代表的自然保护运动。

老罗斯福总统指出美国人当时面临的最重要内政问题是森林和水资源问题。Gifford Pinchot 主要的贡献是提出"科学林业管理"的主张，其核心概念为"持续生长的林业"。John Muir 则是主张设立国家公园，将原始森林或荒野由联邦政府立法保护，并禁止在国家公园范围内进行开发活动。

第二次自然资源环境保护运动是从 1933 年 3 月开始的，小罗斯福总统组成平民自然保护团体。此组织的任务是保护土壤、美化公园、修筑小型水库等，成员由 17～25 岁男青年组成。从 1933～1945 年，先后有 300 多万青年参加该兵团，此兵团可以说是美国历史上第一次大规模修复自然资源的行动。

第一次自然资源环境保护运动，因第一次世界大战的爆发而走向低潮。而第二次自然资源环境保护运动不但没有随着美国经济高速发展而结束，反而因为环境的日趋恶化，而更加地普及。

随着第二次世界大战的结束，美国政府及军事部门掀起了一股核能利用热潮，不断地在太平洋地区及沙漠地下进行核子试爆。由于大量的辐射尘飘落到附近群岛，使得马绍尔群岛的原住民及一艘日本渔船（第五福龙丸）的船员受到辐射能的伤害，后来因为美国国会及大众的关切，最终美国政府下令禁止核子试爆，才让核能用途的争议暂时得到解决。

到了 20 世纪 60 年代，Rachel Carson 女士出版了《寂静的春天》一书，该书举出许多实际的例子，描述人们因滥用有机杀虫剂所造成的生态破坏；通过食物链，公众将慢性地累积毒素于自身的肝、肾之中。由于她的努力及呼吁，美国政府开始下令美国境内禁用 DDT 及其他相关的有机农药,并于两年后禁止生产及外销。民众也开始注意到遭受污染的食物与可能致癌的关联性。当时美国也适逢女权运动、黑人民权运动和反越战风潮的兴起,因此美国境内对社会运动十分热衷,环境保护运动也因受到这股风潮的影响而跟着兴盛起来。

10.1.2　中国的环境保护运动

1. 中国环境保护运动

1）运动萌芽期（20 世纪 90 年代中期至 21 世纪初）

历史背景:

新中国成立之后,中国在经济建设的过程中,自然环境遭到严重破坏。新中国成立之初,国内经济恢复建设的同时也带来了大规模的森林砍伐、过度放牧和水土流失。1958~1960 年,工厂数量急剧增长,污染更加严重,大规模森林砍伐为低效率的庭院式土法炼钢提供燃料。从 20 世纪 60 年代开始到 70 年代中期,考虑到军事上难以防守,很多工厂从沿海地区迁往内地,污染范围进一步扩大。自1978 年改革开放以来,由于包括乡镇企业在内的工业化快速发展等主要原因,环境退化继续加剧。很长一段时间内,环境问题没有得到政府的重视。20 世纪 70 年代以来,我国政府开始制定一系列的环境法律法规,如《中华人民共和国环境保护法》、《基本建设项目环境管理办法》、《中华人民共和国海洋环境保护法》等,颁布了一些环境保护标准,如《工业"三废"排放试行标准》（GBJ 4—73）、《生活饮用水卫生标准》（TJ 20—76）、《农田灌溉水质标准》（TJ 24—79）等。1983年,中国政府将环境保护列为一项基本国策,并于 1994 年制订了一系列战略方针,以推动中国的可持续发展。1996 年,中国政府制定了有关环境保护的第一个五年计划,环境问题被提上政府的工作日程。这一时期,中国少数知识分子开始意识到日益恶劣的环境将会把中国的发展道路引向难以挽回的深渊,心甚念之。1994 年,以全国政协委员梁从诫教授为首的几位知识分子成立中国的民间环保组织——自然之友,之后中国的环境非政府组织（NGO）相继成立。在当时,经济的盲目发展对环境造成的破坏逐步凸现成为重大的社会问题,中国政府也意识到环保工作不能单靠政府承担,对公众参与环境保护持宽容和支持的态度。这个时期,中国的环境保护运动在民间组织的带动下蓬勃发展起来。

运动的特点:

这一时期的环境运动的主体是由知识分子精英阶层组成的民间环保组织,环境运动并没有进入公众的视野。最初,环境保护运动的对象主要集中在节水节电、垃圾分类、废电池回收等日常生活涉及的环保问题上，后来范围扩大到诸如水环境治理、自然保护管理站的建立以及野生动植物保护等问题上。这些年比较有影响的环保运动有：保护"滇金丝猴行动"（1995 年），保护"母亲河行动"（1999～2005 年），自然之友发起的保护"藏羚羊行动"（1996 年），清华大学绿色协会联合全国 30 多所高校共同发起"伊妹传情，减卡救树"活动（1999 年）等。

　　环境保护主义者进行环境保护的主要手段是进行环境调查研究，向政府提出环境建议，带领民众参与的环境运动大多停留在种树、观鸟、捡垃圾这些所谓的"老三样"上。民间环保组织还积极地加入到政府组织的大型媒体采访活动中，如"中华环保世纪行"，协助媒体对地方的环境破坏行为进行曝光干预。

2）运动发展期（2003 年至今）

历史背景：

　　2003 年是中国环保史上具有转折意义的一年。中国政府提出了科学发展观，强调以人为本和可持续发展。人与自然的和谐发展，还强调各地区之间以及与国外的社会经济协调发展，下大决心治理保护环境。以胡锦涛总书记为核心的党中央提出了"以人为本"的科学发展观，要求广泛听取来自各个方面的群众意见。中国政府进行了新一轮的政府机构改革，强调政府的职能要由资源的垄断者转变为公共资源分配的协调者、公共服务的提供者，这为民间环保组织的发展提供了相对宽松的政治环境。2008 年两会期间，国务院直属机构国家环境保护总局升级为环境保护部，这一切表明了中国政府对待环境问题的态度与决心。

运动的特点：

　　这个时期的环境保护运动中，参与的主体范围扩大，主要是民间环保组织、记者、专家学者等。在他们的推动下，公众对环境保护运动表现出了极大的热情。2003 年的"怒江保卫战"掀开了中国环保运动的新篇章。在怒江保护运动伊始，仅"绿家园"就动员了上千名志愿者加入到运动中来。

　　环境主义保护者对环境的关注范围进一步扩大，涵盖了自然环境的各个方面甚至拓展到绿色生活方式的"人文环境"保护。以 2005 年为例，仅仅一年时间里，就发生了"松花江污染事件"、"圆明园防渗漏工程事件"、"北京动物园搬迁"等一系列重大环保事件。这一时期，环境运动的手段丰富多样，主要通过联合签名、大型图片展、专家座谈会、绿色讲座等形式，提高公众对环境事件的认识，发动公众参与到环境保护运动中。民间环保组织还积极地与政府合作，参加原国家环境保护总局组织的听证会，在会上发表自己的观点，呼吁与会者共同为保护环境而努力。这个时期一个值得注意的现象是，民间环保组织会利用自身的媒体资源，推进媒体参与到环境保护的行动中去。

10.1.3　环境保护运动的思潮

面对东西环境保护运动的冲击，许多热爱大自然与动植物的人士开始认真思考人到底是为了什么要去保护自然资源，而且要如何实践才能达到这个目标。那就需要从环境保护运动思潮的起源去研究。虽然环境问题探讨与关怀环境的形态已经有数千年的历史，但公众真正认知到经济发展会产生对环境的影响，并视为一个重要的政治议题，其实还是中国的先秦思想中最早有环境保护运动的思潮。环境保护的概念则是可以追溯到中国人的祖先之智慧——先秦的环境保护运动思潮。

孟子曾谓："不违农时，谷不可胜食也。数罟不入洿池，鱼鳖不可胜食也。斧斤以时入山林，材木不可胜用也。谷与鱼鳖不可胜食，材木不可胜用，是使民养生丧死无憾也。养生丧死无憾，王道之始也。五亩之宅，树之以桑，五十者可以衣帛矣。鸡豚狗彘之畜，无失其时，七十者可以食肉也。百亩之田，勿夺其时，数口之家，可以无饥矣。"（《孟子·梁惠王上》）孟子早已有避免物种灭绝的思想，而且他也提倡节用及回顾自然的方法，讲求人与自然合二为一，避免将自然资源损耗殆尽，反而给公众自己带来饥荒和灾难。孟子又主张："五亩之宅，树墙下以桑，匹妇蚕之，则老者足以衣帛矣。五母鸡，二母彘，无失其时，老者足以无失肉矣。百亩之田，匹夫耕之，八口之家足以无饥矣"。（《孟子·尽心上》）

荀子也说："草木荣华滋硕之时，则斧斤不入山林，不夭其生，不绝其长也；鼋鼍鱼鳖鳅鳝孕别之时（别谓生育，与母分别也），罔罟毒药不入泽，不夭其生，不绝其长也；春耕夏耘、秋收冬藏，四者不失时，故五谷不绝而百姓有余食也。斩伐养长不失其时，帮山林不童而百姓有余材也。"（《荀子·王制》）荀子又说："足国之道，节用裕民而善臧其余。节用以礼，裕民以政……不知节用裕民，则民贫。民贫，则田瘠以秽。田瘠以秽，则出实不半……轻田野之税，平关市之征，省商贾之数，罕兴力役，无夺农时，如是，则国富矣。"（《荀子·富国》）永续发展的观念在荀子的王制篇中，有明确的叙述。天生万物，皆有其用，唯独公众想代天行动，有时却反其道而行，破坏了大自然生态系统的平衡，使环境生态陷入永难恢复的处境。

道家所以主张无为，乃有一个重要愿意。即如文子所引老子之言："欲治之主不世出，可与治之臣不万一，以不出世，求不万一，此至治所以千岁不一也。"《文子·下德》）按庄子与老子相关无为，立论未必相同，老子因欲治之主与可与治之臣不可多得，所以他希望君臣俱休息乎无为。庄子则谓上随无为，而下必须有为。

庄子之言如下："何为道,有天道。无为而尊者天道也;有为而累者人道也。主者天道也,臣者人道也。天道之与人道也,相去远矣,不可不察也。"(《庄子·在宥》)"上无为也,下亦无为也,是下与上同德。下于下同德,则不臣。下有为也,上亦有为也,是上与下同道。上与下同道,则不主。上必无为,而用天下;下必有为,为天下用,此不易之道也。"(《庄子·天道》)

关于庄子之言,郭象有所说明。郭象云:"夫无为之体大矣,天下何所不无为哉!故主上不为冢宰之任,则伊吕静而司尹矣。冢宰不为百官之所执,则百官静而御事矣。百官不为万民之所务,则万民静而安其业矣。万民不易彼我之所能,则天下之彼我静而自得矣。故自天子以下至于庶人,下及昆虫,孰能有为而成哉。是故弥无为而弥尊也。"(《庄子·天道》,郭象注)"夫工人无为于刻木,而有为于用斧;主上无为于亲事,而有为于用臣。臣能亲事,主能用臣;斧能刻木,而工能用斧,各当其能,则天理自然,非有为也。若乃主代臣事,则非主矣。臣秉主用,则非臣矣。故各司其任,则上下咸得,而无为之理至矣。"(同前注)

此种思想由吾人观之,与法家相去无几。其所不同者,道家由无为近而主张归于自然,不但反对法制,且又反对社会规范,例如仁义孝慈,无不反对,文子以"水处者渔,林处者採,谷处者牧,陆处者田。地宜其事,事宜其械,械宜其用"(《文子·自然》)视为"自然"。然此不过谓凡事当顺其自然而已,并非老庄所谓的自然。

上述这些中国固有的环境保护思潮若是能善加利用并融入到现在的环境保护运动中,社会必会更加祥和,经济发展才能兼顾永续,环境政策也会更顺畅。

10.2 环境保护运动的挑战

10.2.1 人口问题的严重性

人口问题是全世界环境问题的根源,这个推论虽然让我们听起来有点尴尬,但却是一点都不夸张。身为万物之灵的公众,自从成为地球的主宰之后,在数量上不断地增长,在空间上也不停地扩大,截止到 20 世纪末,已超过 60 亿人。而世界人口的快速成长是 20 世纪下半叶才开始的,1970 年全世界人口才 39 亿,到 2011 年 10 月 26 日已达 70 亿。根据联合国人口基金会的估计,到 2100 年时将达 100 亿。联合国的研究认为,要解决人口问题,减少对地球环境的冲击,需要提升妇女地位,给妇女们更好的教育,才有希望解决人口急速膨胀的问题。而依据人类学家的估算,如果要维持中上水平的生活品质,地球在资源的供给能力上只能负载 20 亿人。依据这样估算,地球已经超载两倍以上的人口,至少有三分之二的人口生活在贫乏或极度贫穷的状态之下。长此下去所造成的后果是地球资源的加速枯竭、环境污染急速恶化与贫富不均现象的加剧。这在社会的稳定度及经济的永续发展上都有极为负面的影响。

人口过多带来最直接的问题是粮食与生活空间的不足，大量的垃圾需要处理，水资源的大量消耗与污染，空气的污染等等。前述这些与民众生活息息相关的民生议题，在资源有限的限制下，以及防止污染的环境科技设备仍未全面普及，仍需大型企业花费高成本的污染防治设备等不利条件，未来的环境若想要自行改善，仍不乐观。一般民众在面对环境问题时，仍然得以审慎的态度来加以面对。

一般人认为改善环境最有效与最直接的方法就是资源回收与垃圾减量，至于降低人口成长量，甚至减少人口总数则是较少被提及的方案。然而解铃还须系铃人，若要根本解决环境问题，釜底抽薪之道还是应该透过世界性的人口缩减政策，积极地降低人口成长量，甚至可以用租税减免的方式鼓励民众自愿性的节育，以求达到人口的负增长。如此一来，将有效地降低地球的总体负荷，达到根本改善并解决环境失衡的情形。

中国在执行限制人口增长的强制性规定方面虽然引起争议，但是在控制人口高速增长方面，确实完成了有效的控制。尤其是在拥有全世界最多的人口数量达13.4亿的大国，若不采取较为积极的手段，在控制人口的快速增长方面将难以取得成效。我国近几年来的经济成长如果没有计划生育国策的全面实施，每年经济的高速增长就被人口激增所抵消，从而影响到国家发展的整体规划。

印度是全世界人口仅次于中国的国家，约有12.1亿，其人口的控制也令人关切。事实上，发达国家在人口增长上都已呈现低增长或负增长的趋势，较为担心的反而是发展中国家和不发达国家的人口大量膨胀。如何协助这些贫穷落后的南半球国家走出"人口定时炸弹"的威胁与阴影，实在是联合国人口基金会与相关组织当前最迫切要努力的课题。

依据联合国人口基金会2011年11月7日的报告指出："地球的人口直到1800年才达到10亿人，1927年达20亿人，1959年达30亿人，1974年达40亿人，1987年达50亿人，1999年达60亿人，2011年达70亿人，依目前的速度增长下去，只要再14年，全球人口将再增加10亿人。"虽家庭的人口数变少，但因为婴儿的存活率提高，生命的延长，而使得人口数不断增长。我们要如何才能喂饱这么多人，我们要如何教育他们并提供足够的住房，如何才能让我们居住的地球也永保安康，仍是公众未来发展所面对的相当巨大的挑战。

联合国的报告中说，预测中的人口增长，大都发生在发展中国家，这使他们更难以对抗贫穷，而且影响全球环境。从报告中可以看出，持续增加的人口及消费，将不断地对地球造成前所未有的改变，包括：腐蚀土壤、污染空气和水、融化冰帽和破坏动植物的自然习性等等。该报告还指出，全球 49 个最低度开发的国家，早已遭到土壤和水质劣化及食物短缺的最严厉挑战。这些国家的人口在 30 年内从 6.68 亿成长到 18.6 亿，成长了 3 倍。随着人口的增加，消耗也跟着成长，这都会使地球的资源更加短缺。

人口专家预期，如果没有意外或突发的天灾人祸，到 2025 年时，世界人口将接近 80 亿人，而要喂养这些人口，全世界需要加倍生产食物并且改善粮食分配的效率，尤其不能依赖基因改良食品及干扰生态平衡的特殊肥料及杀虫剂等负面作用极大的抱薪救火方法。

10.2.2　对资源有限的警觉

大多数人都有短视的毛病，常因为不曾见过的东西就不存在，甚至不会发生。但是研究过科学的人都知道并非如此。对于自然资源逐渐耗竭这个事实，部分人也是抱着鸵鸟心态，认为资源是几乎近于用不完的，所谓《成长的极限》这本书所表达的理念，是过于危言耸听，而资源有限这样的观念有害于经济的成长，资源会用完这样悲惨的事不会发生在自己的身上。因此面对资源的消耗现象是抱着视而不见的"乐观主义"。不过也有部分人士（特别是环境保护主义者）对地球的未来抱持着忧患意识，每日积极地为更美好与更长远的明天而努力。这些环保人士认为：资源是有限而宝贵的，好像一个人一辈子只能买一部车，而且永远不能换车，这个人一定会用最好的机油与保养品来保养并且珍惜他的这部车。

对于一生只有一次的生命，人人都懂得爱惜。但是在珍惜地球资源上，大多数人就往往显得漫不经心。因为极大部分的环境资源都是公共财产，无法由私人所独占或支配，因此很多宝贵资源都是在"不用白不用"的自私心态下给白白浪费掉了。

用政治的眼光来看，全世界资源的快速损耗与人口快速增长有密不可分的关系。而资源的有限性更不可避免地导致各国政府对资源的强烈需求，因此政治、经济与军事上的冲突就经常发生。例如巴勒斯坦与以色列的冲突，印度和巴勒斯坦的战争，还有美国与阿富汗恐怖组织的战争，追根究底都是因为各式各样不同资源的有限，而双方又坚持不让而引起的。如果圣城耶路撒冷不是只有一个，以巴数十年来的冲突早已休兵。

从统计学上看，每一个美国的新生儿对环境所造成的负担，比起印度或孟加拉的婴儿还多 20 倍；而 1000 个德国人的消费量是 1000 个阿根廷人、菲律宾人或埃及人的十倍。以生态的观点来分析：众多工业先进的国家的"资源浪费"程度，比起中国或印度，简直是有过之而无不及。而在全世界资本主义，市场经济领导潮流的趋势下，各国政府几近疯狂地追求经济成长，其带来的物质充足与经济富裕之外，却也造成了另一种副作用——资源的快速耗尽与有害化学物质的累积（环境污染）。

如果我们假设全球每人平均资源消耗量是以每年 1.5%的速度成长，那么到2050 年，每个人的资源消耗量就是现在的 2 倍以上。而如果诚如笔者在前面所提到的人口成长速度，联合国预计 2050 年时全世界人口将达 91.5 亿，则全球资源的消耗速度将更快，会是现在的 3 倍。换句话说，经济成长与科技研发所带来的效益将会被倍增的人口与倍增的资源消耗所完全抵消。如此一来，不但对环境与生态没有丝毫的助益，反而给全人类造成无穷的后患，其残局将如何收拾，实在令人忧心忡忡。

依目前的科技水准与资源存量，不可能让全球 70 亿人口都过着优越的生活。如此的资源消耗量，对地球而言，无疑是过于沉重的负担。除非我们能够提升资源的使用效率，或在科技上有重大的突破——譬如说开发出廉价而普及的新能源，例如"海水"。否则，人类则只能把用过的资源加以回收处理之后再重新使用，以求达到资源永续利用的目标。借用德国博伯塔大学气候、环境与能源研究中心主席 Ernst Ulrich von Weizsacker 所提倡的论点："资源使用减半，人民福祉加倍"，以及 "以少变多" 等观念，来创造像 "汽电共生" 那样节约资源进而增加资源的生产模式，自然就不会陷入既要提升当前的生活水准又要兼顾未来资源有限的两难处境。而有害化学物质的使用仍是 20 世纪人类罹患癌症及不明肿瘤的重要原因，接下来，我们一起来探讨有害化学物质的禁用。

10.2.3　有害化学物质的禁用

有害化学物质（特别是 DDT 之类有机氯杀虫剂）大量地被公众使用在农林业及日常生活上之后，自然界的生态平衡因为食物链的关系而造成了巨大的变化。身为食物链金字塔最顶层的公众，也无法脱离这次变化的影响。当有机磷农药被大面积地喷洒于农田、林地上时，鸟类首先身受其害。因为在直升机或小型农用飞机于空中大规模喷洒如地特灵、阿特灵等农药之后，几乎森林中所有的鸟类及昆虫都难以幸免。因为粉末状或液体汽化的农药从空中向下喷洒时，无法区分哪些是公众所要杀除的昆虫，哪些不是。这种宁可错杀的便宜行事做法，让森林中绝大多数的生物体都吸入或食入数量不等的有机磷化学物质。而这些物质在自然状态下又是非常的稳定，很容易随着食物、空气进入动物体内，甚至由皮肤渗入动物的细胞组织中，并积存在动物的肝脏、淋巴以及神经组织之中。若是

累计量达到 50 mg/kg，则通常会出现恶心、呕吐及失去平衡等症状，严重时甚至
会造成死亡。

　　有害化学物质会积存在树叶上、屋顶上、泥土的表层，一直到下了一场雨之
后，部分有害化学物质会随着雨水渗透到泥土的底层。一部分被蚯蚓吃入而积存
在蚯蚓体内，另一部分则渗入地下水层，污染地下水源。还有一部分流入沟渠，
流入了大小不同的溪流，最后流入大海。鱼类是继鸟类之后的第二大受害者，而
且其受影响的程度更甚于鸟类。只要是一条河的支流遭受到污染，则几乎所有的
鱼种都难以幸免。最可怕的就是鱼类仍是公众主食中蛋白质营养的主要来源之一，
人们很难完全不吃鱼。虽然人不会去吃因污染而死掉的鱼，但幸存下来的鱼并不
代表就没有遭到污染，因为仍然可能有未能致命的有机氯残存在鱼体内。有学者
的调查显示，在新竹南寮渔港的渔货中，抽检鱼体中有机氯与重金属的含量较高，
检验结果公布后，给消费者造成了很大的恐慌，民众减少了购买鱼类食品，造成
鱼价大幅下跌。从上述案例可以了解到，台湾近海捕获的渔货都难以避免地遭到
化学品的污染，那陆地上河流中的鱼类处境（受污染的程度）就可想而知了。佛
语："种什么因，得什么果。"短视的公众经常用头痛医头，脚痛医脚的方式来处
理病虫害的问题，殊不知万物相生相克，如果能善用天敌来解决病虫害的问题，
会比一味地使用有害化学物质来解决更实际而且根本。许多甲虫也会对农药产生
抗药性，农药在数次的使用之后，在剂量的使用上变得越来越大，否则无法有效
控制害虫的问题。如此恶性循环下去，是饮鸩止渴，越陷越深，环境中残存的农
药量也越来越多了。

　　其实昆虫也是大自然中的一员，像蝗虫、毛毛虫都扮演了平衡大自然生态系
统不可或缺的角色，有其存在的意义与必要。人类却硬要扮演上帝的角色，决定
哪些昆虫该生，哪些昆虫该死，最终的结局是人类将自食自作聪明的恶果。在
Rachel Carson 女士及后续的环保人士努力下，许多化学物质已被列为禁用或停止
生产，但新的替代化学物品仍不断地被发明出来，新的替代品或许因对公众的毒
性较弱，或许在环境中的累积量还未产生致命的后遗症，但或许这些合成的化学
物质将成为环境污染的"不定时炸弹"，其危害会随着时间的流逝而逐渐浮现出来。
希望政府与民众能以 DDT 的历史为鉴，渐进地禁用非必要的有害化学物质，如此
人类罹患不明肿瘤的概率也会降低，有益环境又利己，何乐而不为！

10.2.4　基因食品的泛滥与未来可能发展

　　自 1985 年第一例转基因作物成功研制后，以转基因技术为核心的现代生物技
术逐渐蓬勃发展，到 21 世纪已然是生物技术的世纪。至此，"转基因"不再仅是

一个话题，而是广泛存在于人们的日常生活中。如果有人想吃一顿全部用转基因生物制成的西餐或者中餐，那么食物的原料都已经具备了。据国际农业生物技术应用服务组织（ISSSA）统计，自 1996 年转基因作物开始商业化推广种植以来，2011 年转基因作物种植面积累计达 12.5 亿 hm^2，仅 2011 年全球转基因作物种植面积达 1.6 亿 hm^2，是 1996 年的 94 倍。作物种类方面亦是越来越丰富。目前，已商业化生产和应用的作物有番茄、棉花、辣椒、木瓜、矮牵牛、大豆、玉米和油菜等，此外还有抗病虫转基因水稻，其安全评价程序和实验环节已完成，有待于商业化种植。

环境保护运动其实和消费者保护运动一直有密不可分的关系。目前的粮食生产者为了提高原料来源的数量及品质，往往利用生化科技在食品原料中改造并添加了不同的生物基因，以求提高产品的产量、形态与口味等。例如，黄豆、玉米这类的基因食品早在 20 年前开始进入公众的食品当中。基因食品的发展，笔者认为是另一种形式的环境污染。当某一种动物、植物借由公众的基因改造而成为新品种时，很有可能因为基因上的优势而取代原品种，成为自然界及人为的优势种，影响环境生态平衡。

此外，我们尚没有确切的实验来证明这些基因食品在公众的消化器官中，是否和原品种的食物一样被完全的消化。基因食品在基因排列上是完全不同的食品，虽然在外表上看起来大致相同，但是许多食品的副作用在实验上是必须经过很长一段时间之后才会显现出来。公众在食物育种的演化史上，经常是历经数百年的配种、人择和天择之后才产生的。也因为时间漫长，所以公众的消化系统才能有时间去适应和缓冲。而现在的基因食品发展过于快速，常常是要变就变，还将极不可能结合在一起的基因组合放在一起。例如把苏立菌的基因放进大豆，因为苏立菌会产生一些蛋白质，杀死一些病虫害，因此大豆生长时就可少用一些杀虫剂，可是我们仔细推理，如果连虫都不想吃，甚至吃了会死，公众长期吃了之后难保没有后遗症。

美国、加拿大是生产基因食品最多的国家，这两个国家的商人为了赚钱，当然是会利用金钱去拉拢支持他们基因食品的学者为他们背书。并且花钱买广告宣传基因食品的无害。然而是不是真的无害，是相当令人怀疑的。罹患疯牛症的牛肉不能吃，原因是疯牛症与公众罹患库贾氏病（Creutzfeldt-Jacob Disease，CJD）有关，病人大多在症状出现后一年内死亡，然而吃了疯牛症的牛肉到库贾氏病发病，却长达十年以上，这也是极可怕的地方。

欧洲与美国在基因食品的态度上有根本的差异。其原因是民族意识高涨导致民族国家间互不信任，而且宗教信仰深植人心，使欧洲人对生物科技的产物——

基因食品的态度趋向保守，这促使欧盟各国对于基因食品的防卫较美国、加拿大更严格。

10.3　环境保护运动的类型

在了解了环境保护运动的挑战之后，我们可以去回顾一下过去 100 年来，美国社会中的环境保护运动者有哪些类型，和中国所发生过的环境保护运动加以比较分析，可以作为中国环境保护运动的借鉴。

10.3.1　美国的环境保护运动

美国的社会学家曾综合观察了美国这一世纪以来的环境保护运动，认为大概可以分为下列四种类型。

1. 美容师型（cosmetologists）环境保护运动

美容师，顾名思义是透过其生花妙笔，将环境问题的外表加以美化装饰一番，让一般社会大众在外观的感受上觉得环境问题已经改善，但实际上问题的本质却仍然存在。这一类型把环境问题定义在消费行为的层次，认为环境问题可独立于其他问题之外来解决。从而其策略目标在于消除公共场所的脏乱以保持美观，以至于易受环境问题的真正制造者的欢迎及支持，但通常却难以达成其行动目标。

此类型的环境保护运动也曾在我国台湾出现过，例如"公厕清洁运动"曾经在各风景区及各公共场所推动，获有相当的成效，当局者的看法是公厕是最臭最脏的地方，如果能加以清洁、美容，环境问题应当可以迅速获得改善。但是到目前公厕已不再是环境保护运动的重点，公厕清洁美观对环境卫生的改善，在表面上是获得了部分的解决，但是其他的公共场所的环境脏乱却依然存在。原因是环保部门将公厕问题从整体的环境保护问题中独立出来，当政令的热度消退之后，绩效当然也随之下降。

表面的改善到底是不是真正的改善的呢？相信有识者必然知道答案为何。唯有内在保护与外在保护合二为一，如此的环境保护运动才能彻底落实。重表面而不重里面，或重内在而不重外在，都是不健全的做法，也注定无法达到环境保护运动的最终目标。

2. 改良型环境保护运动

由于美容师型的环境保护运动无法根本解决问题，所以改良型的环境保护运动应运而生。但是改良型的环境保护运动并未将问题完全导正过来，只是在环境保护运动诉求的标的上加入了生产面的思考。此时运动的重心在于工业减废与回收再生利用，希望从生产面的源头与消费面的末梢管治，彻底解决环境污染的问题。但是管头管尾，不管中间，仍是不够。因为把环境问题定义于消费面和生产面，但不追究谁在制造过程中污染环境，很容易形成环境保护的漏洞，让污染环境的破坏者有机可乘。

此类型的环境保护运动是从宏观面来解决环境污染问题，但是会有见林不见树的盲点，忽略个别污染源产生污染的根本原因，虽然会使污染的情况改善，但是污染的情况会持续存在。因此诉求目标是强调发展科技，企图以科技上的突破，来减少废弃物的数量。由于科学家善于利用废物的剩余价值，甚至于开发出新的价值，常常可以化腐朽为神奇，为废弃物找出新出路。此类型的环境保护运动缺点是对科技的依赖过分乐观，对于环境问题的解决没有实质的帮助。

3. 改革型环境保护运动

有感于改良型的环境保护运动仍然无法全面地控制污染，因此改革型的环境保护运动跟着陆续发生。其除了考虑到环境问题的生产面与消费面外，并积极地参与改进环境的策略系统与措施。例如，这些运动者组织各类的环境保护团体，通过利益团体或环保团体将他们的环境修复建议向政府的环保部门游说和施压，以求达到他们的环境保护目标。他们除了继续参与反脏乱和废物利用等传统的环境保护运动之外，也参与反核、反高速公路及防水坝等新建运动。此外，这类环境保护运动者常常利用公听会来影响政府决策，更以身作则希望能带动亲朋好友共同参与。

这一类型的环境保护运动比改良型显得完整且样样具备，不但兼顾首尾，也包含了不同的层次。最特别的是，他们也开始懂得加入政治权利的运作，会利用利益团体与环保团体等民主参与的手段，合法地影响政府的环境保护政策，以达成其改善环境、美化环境的目标。

不过，总的来说，改革型环境保护运动在参与面上与环境意识的提升上，已有相当的进步，大家都能够去实践，并且积极地面对环境恶化的各种问题，在个各式的环境保护运动中，此型的发展是较为正面而且对环境的改善具有建设性。期待这一类型的环境保护运动能发展下去。

4. 激进型环境保护运动

经过改革型环境保护运动之后，必须再介绍一种和意识形态有关的环境保护运动，那就是激进型环境保护运动。该类型环境保护运动人士认为环境问题是与资本主义相关联的，是资本主义将环境推向恶化的深渊。环境保护运动者，甚至把环境问题的核心指向消费面及生产面背后的社会与经济体系，尤其是权力分配和价值取向的问题。整个环境权利的政治分配与民众和政府对环境意识价值的取向，都决定着环境运动的成败。因此，有环保学者认为，环境保护行动必须达到整体改变资本主义的价值观念，才能改变社会结构，才能彻底解决问题。然而什么是资本主义的核心价值观？

资本主义的消费形态，基本上是由大量生产与大量消费的定律来主导。而资本主义的生产过程则是资本家借由其所提供的资本与土地，结合劳动力配合廉价的原料与大量生产的技术，制造出同一试样却价廉物美的商品。这样的经济体系的确在工业化与商业化的初期阶段，带来了迅速的繁荣与高度的经济增长。但是快速的增长也有相当的负面作用，那就是人们开始养成用过即丢的习惯和喜新厌旧的消费心态，长此以往，积累了大量的垃圾。而这些垃圾是今日环境恶化的主要原因之一。

然而要解决环境问题，光靠意识形态的改变，是否就能改善环境呢？从历史的经验法则可以得知，意识形态往往仅能治标，也就是只能改善情况于一时，等到激情退却之后，往往会恢复到原来的状态。不能治本是激进型环境保护运动最大的致命伤，因为只能改善环境于一时的环境保护运动是无法持久的。

10.3.2　中国的环境保护运动

中国的环境保护运动虽然起步晚，与西方国家的环境运动相比，还存在着较大的差距，但在政府和民众的努力下，已经得到了一定的发展，取得了一些成就，从而促进了环境状况的改善。中国的环境保护运动主要有三种形式：民间组织发起的环境保护运动、知识分子发起的环境保护运动以及政府发起的环境保护运动，主要还处在以局部利益为出发点的"地方性思考、地方性行动"阶段。其中，民间环境保护运动作为在中国环境治理结构乃至社会结构中出现的新型力量，令人瞩目。

1. 民间组织发起的环境保护运动

中国民间组织发起的环境保护运动，是在 20 世纪 90 年代以后逐渐出现的各种社会性运动中较有影响力的一种。1994 年 3 月，中国第一个民间环保组织"自然之友"在北京成立。此后，一大批民间环保组织陆续成立。一些对环境问题有着较高理性认识且有着明确行动取向的精英人士，以广泛的公众利益和意愿为基础，通过各种合法手段和途径，联合各种社会性力量，阐释环境问题的意义，同时探索解决环境问题的各种方法。虽然这些组织发起的环境运动与西方意义上的环境运动相比存在相当大的差异，但它们反映的是公众的心愿，体现了公众意志，所以它们的意愿和行为已经成为当代中国社会一种不容忽视的声音与力量，尤其是在提高公众环保意识、解决环境问题等方面起到了重要作用。例如前述的"怒江保护运动"等。

2. 知识分子发起的环境运动

2007 年，令社会各界关注的厦门"PX 项目事件"意味着民间的环保运动已经成为当代中国不容忽视的力量，而知识分子在其中起到了至关重要的作用。台资翔鹭公司计划在厦门海沧投建年产 80 万吨对二甲苯（para-xylene，PX）的化工厂，预计每年能为厦门市的 GDP 贡献 8000 亿元人民币。2004 年 2 月，国务院批准立项。2005 年 7 月，原国家环境保护总局审查并通过了该项目的《环境影响评价报告》（以下简称《环评》）。国家发改委将其纳入"十一五"PX 产业规划七个大型 PX 项目中，并于 2006 年 7 月核准通过其项目申请报告。2006 年 11 月，厦门 PX 项目匆匆上马，而相应的区域规划环评却没有开始。在 2007 年 3 月的全国两会上，中国科学院院士、厦门大学教授赵玉芬联合 105 位全国政协委员递交提案，要求 PX 项目迁建。该提案提到"PX 全称对二甲苯，属危险化学品和高致癌物，在厦门海沧开工建设的 PX 项目中心 5km 半径范围内，已经有超过 10 万人口的居民。该项目一旦发生极端事故，或者发生危及该项目安全的自然灾害乃至战争与恐怖威胁，后果将不堪设想"。

此事的影响逐渐在市民当中扩散开来，人们以不同的方式表达了对此项目的抗议。2007 年 5 月 30 日，厦门市政府召开新闻发布会，宣布此项目缓建，但是大批民众仍不满结果。6 月 1 日，上万名厦门市民自发到市政府门口聚集，以游行的方式来表达对这个厦门市有史以来最大的化工项目的抗议。6 月 2 日，又有一批市民上街游行，呼吁项目停建或迁址。对此，2007 年 6 月 7 日，原国家环境保护总局表示，将对厦门市全区域进行规划环评，就厦门市的环境承载能力、城市发展定位、总体空间布局、生态功能分区等问题进行深入研究，并提出综合性建议，若不符合规划环评要求，包括 PX 项目在内的重化工项目都将予以重新考虑。最终，政府决定将该项目迁往漳州古雷半岛兴建。从这一事件的进程来看，抗议运动的发起人是知识分子而不是当地的一般民众，为什么？最主要的原因是中国公众参与公共事务的渠道不畅。

中国目前没有建立完善的公众信息公开制度，公众无法通过正常渠道获取建设项目的相关信息。正是这种信息的不对称、不充分、不及时，才使公众对重大的环境问题难以把握，令公众参与的意识和积极性不高，也无法对项目作出准确的判断并提出意见与建议。以厦门"PX 项目事件"为例，在项目上马之时，当地居民并不知道国家没有对该项目进行区域规划环评，也不清楚 PX 为何物，更不知道其危害，只有具有政策敏感性的知识分子最先参与此事。

3. 政府发起的环境运动

2005 年 1 月 18 日，原国家环境保护总局为维护《中华人民共和国环境影响评价法》的严肃性，叫停了 30 家大型企业未经环保审批的违法开工项目，由此在全社会产生了巨大反响。这时，一些地方领导、企业负责人甚至相关的利益部门，以经济发展是大局和能源紧缺等为借口准备逃避责任和处罚。然而，从社会公众、媒体直至国务院都对此给予了极大地响应与支持，形成了一道强有力的冲击波，被叫停的项目单位最终接受了处罚，此次环保行动被舆论界称为"环评风暴"。在这次"环评风暴"后，关于信息公开、公众知情权和听证会等越来越多地被大众所接受，公众的环保意识通过这场风暴得到了很大的提高。在社会的强烈呼吁下，2005 年 11 月，原国家环境保护总局出台了《推进公众参与环境影响评价办法》（征求意见稿），中国公众参与环保的行动揭开了历史的新篇章。

10.4　环境保护运动的现状

改革开放以后，中国社会生态环境问题具有两个特征：一是庞大人口总量对环境产生了巨大压力；二是工业化、城市化与生态环境建设处于同一历史进程。两者交叉重叠，充满着社会转型与利益博弈的张力与冲突，存在着各种深层次矛盾。如社会发展不平衡，落后地区解决生存发展与生态环境保护之间存在冲突；地方利益与生态文明建设关系有着矛盾；恢复历史上对生态环境的破坏，存在资金与发展等难题。尤其是近年来中国生态环境问题不仅制约着经济发展，危害公众健康，威胁社会稳定，而且对社会可持续发展提出严峻挑战。

一方面是中国环境污染持续恶化，全国水土流失面积达 356 万 km^2，沙化土地面积 174 万 km^2；1/3 的国土面积受到酸雨侵害，90% 以上的天然草原退化；江河水系 70% 受到污染，流经城市河流则有 90% 处于严重污染状态；全国每年因污染而导致的经济损失占 GDP 的 5%～10%等等。另一方面，因环境问题引发的社会群体事件以年均 29% 的速度递增。如 2005 年全国发生环境污染纠纷就已达 5.1 万起，频繁发生的环境污染突发事件已出现规模化对抗性趋势，正在酿成严重的社会危机。2005 年浙江省东阳市画水镇"4·10 事件"、新昌县-嵊州市交界地带的"7·15 事件"、长兴煤山镇"8·20 事件"；2007 年北京海淀区六里屯垃圾焚烧厂事件；2009 年浏阳镉中毒事件、凤翔儿童"血铅超标"

事件；2011 年浙江海宁市"9·17"环境污染群体抗争事件等等，往往都激起社会强烈反响或酿成数千名群众严重冲突的暴力化对抗性群体事件。如新昌一万多名农民强烈抗议药厂污染环境的宣言是"宁愿被打死也不愿被熏死"；2011年 5 月，呼和浩特市爆发 20 年来最大规模的民众上街进行维权抗争活动，他们高呼"还我草原"的口号，抗议煤矿开采污染环境。正是在这种形势背景下，中国的环境保护社会运动在逐步兴起。中国的环境保护运动主要具有以下五类特点。

1. 狭义的环境保护运动

环境运动的概念有狭义和广义两个层面。国外所指的环境运动概念一般是广义层面的，包含内容广泛。如饭岛伸子所著的《环境社会学》认为，日本的环境运动大致可以包含四种类型的运动：①反公害–受害者运动；②反开发运动；③反"公害输出"运动；④环境保护运动。其中，第一种类型的环境运动在日本是最早兴起的，数量上也最多。与国际不同，中国的环境运动概念一般是狭义层面的，仅指环境保护运动，即日本环境运动中的第四种类型，而且多数情况下是指"地方性思考、地方性行动"的环境保护运动。

2. 数量少、规模小

环境运动的数量与规模，分别指的是环境运动团体组织的环境抗议活动的数量和这些抗议活动的年度平均规模。从这方面来看，国外环境运动，尤其是西方国家环境运动的数量多、规模大，而中国环境运动的数量少，并且规模小。我国民间环保组织发起与推动的环境保护运动中，社会动员与组织化水平高、具有广泛影响力和典型意义的是下列两项运动。

一是"怒江反坝运动"。怒江水电建设的前期勘查于 20 世纪初即已开始，在央企和地方各个电力公司"跑马圈水"、争夺水电资源的经济发展背景下，国家计划将在怒江流域兴建两库十三级大型水电站，其中几座将建在"三江并流"保护区内，这将对自然生态环境产生破坏。对此，民间环保组织人士较早就进行了一系列具有全国和国际影响的干预行动。如 2003 年 11 月，在泰国举行的世界河流与人民反大坝会议上，"绿家园"、"绿岛"、"绿色流域"等代表中国民间环保组织为保护怒江游说、呼吁，六十多个国家 NGO 签名保护怒江并递交联合国；泰国的 80 多个 NGO 也就怒江问题写信递交中国驻泰使馆。2004 年 3 月，"北京地球村"、"自然之友"、"绿家园"代表在韩国济州岛第五届联合国公民论坛发表"情系怒江"讲演，各国代表纷纷签名支持保留最后的生态江河——怒江；同月，由"绿家园"、"绿岛"、"野性中国"、云南"大众流域"等 9 个 NGO 共同发起创办了"情系怒江网"；10 月 27 日，在联合国水电与可持续发展研讨会上，"大众流域"等民间环保组织联合倡议，暂时搁置西南地区水电项目；同年 11 月，国家发展与改革委员会、原国家环境保护总局在北京组织《怒江中下游水电规划环境影响报告书》审查会议，进一步受到各民间环保组织的强烈关注。2005 年 8 月，各地 62 个民间环保组织联名上书中央部门，提请"依法公示怒江水电环评报告"，其中有 300 多名院士、教授等各界知名人士。该活动间接促成了"中国水电开发与环境保护高层论坛"的召开。此后，民间环保组织实地调查研究，就生态、移民等问题在媒体上展开了一系列的大范围争论，并在社会上进行各种形式的反坝运动。由于怒江是国家级自然保护区和世界自然遗产地，所以国内主流民间环保组织如"自然之友"、"北京地球村"、"绿家园"、"大众流域"等悉数参与，并有上百家媒体对此运动进行广泛报道。该环保运动引起国家领导人关注，温家宝总理对国家发展与改革委员会拟定的《怒江中下游水电规划环境影响报告书》亲笔批示："对这类引起社会高度关注，且有环保方面不同意见的大型水电工程，应慎重研究，科学决策。"从效果来看，这次声势浩大、具有社会广泛性的环境保护运动，虽最终未能阻止建坝，但也迫使地方有关部门从保护生态环境的角度重新规划方案，并受到联合国世界遗产保护中心的关注，要求相关部门递交整改报告。同时，也在一定程度上促进了公众参与、程序化评估和公共政策科学化、民主化发展。

　　二是"金沙江环境公益维权运动"。2002 年，金沙江水电项目开始进入规划阶段，之后因相关部门未对流域内工程实施统一调度管理，放任开发企业"跑马圈水"、"遍地开花"，致使生态环境恶化，各地民间环保组织人士积极开展了参与金沙江环境公益维权活动。2005 年 1 月，"自然之友"、"北京地球村"、"绿家园"、"绿岛"等 56 个民间环保组织联名致信原国家环境保护总局，要求查处金沙江溪洛渡水电站等 30 个违法开工项目，并"希望环境影响评价的公众参与和公民听证制度能够得到切实有效的实施，将违法项目阻止在开工之前"。然而，地方政府不予理睬，仍然继续建设了金沙江溪洛渡水电站（仅次于三峡的特大型工程，属世界第三大水电站），并于 2007 年 11 月完成金沙江截流。2009 年，以吴登明为会长的重庆市"绿联会"参与对金沙江环境公益维权的环保行动，并向国家提出行政复议和公益诉讼请求，主诉云南华电鲁地拉水电有限公司、华能龙开口水电有限公司未经环评审批擅自在金沙江中游建设华电鲁地拉水电站和华能龙开口水电站，对环境产生了恶劣影响。2009 年 6 月，环境保护部暂停金沙江中游水电开发项目。2011 年 4 月，针对电力企业"未批先建"的行为，"绿家园"等 21 家绿色 NGO 又发表《金沙江开发决策须对历史负责的呼吁书》。

3. 以局部利益为重

环境运动的议题与目标，指的是环境运动团体在组织实施抗议活动时所围绕的具体议题和所涉指的运动对象。从这方面来看，西方国家环境运动的重点已经从地方污染议题转到全球环境问题。在西方环境运动的第一个阶段，主要指 20世纪六七十年代，重点是应对地方层次上可见的环境问题。这一运动取得了看得见的成效：更清洁的河流、较少的空气污染、核电站或污染工厂的关闭，此外，还有大量具有可操作性的环境法律法规被引入。从 20 世纪 80 年代以后，西方环境运动的主要目标转向不太可见的、跨边界的或者甚至全球性的环境难题，诸如物种灭绝、温室效应和臭氧层耗竭。而目前中国环境运动的重点仅仅是地方污染议题，中国公众对于与自身利益相关的污染事件会积极地寻求解决办法，而对于所谓气候变暖、酸雨或其他大规模的生态灾难则敏感性不强、关注程度较低、保护环境的行为也相对消极和被动。这表明现阶段中国的环境运动是以局部利益为出发点的，尚没有涉及全国乃至全球的环境问题。

4. 消极与被动的运动

国外的环境运动以改革运动为主，积极主动地与破坏环境者进行斗争，以期改善目前的环境状况。如绿色和平组织的反对捕杀鲸鱼运动，捕杀鲸鱼的行为本身并没有直接影响到环保参与者的利益，环保参与者是主动发起的环境运动，积极与捕鲸者抗争，保护这种面临种群灭绝危险的动物，以期实现人与自然的和谐。而中国的环境运动主要属于抵抗运动，如反对在怒江中下游修建水坝的环境抗争事件、厦门 "PX 项目事件"，这些环境运动都是在公众了解将会直接损害到自身利益时才起来抵制的，这完全是一种消极的、被动的运动。

5. 环境运动起步时间晚

虽然西方的环境运动在二战后才真正开始出现，但其思想和组织根源可以追溯到 19 世纪。截止到目前，西方的环境运动已经经历了自然保护运动阶段、环境保护主义阶段和生态保护主义阶段。相比之下，中国的环境运动起步甚晚，在 20世纪 90 年代后，随着一批民间环保组织的成立，才陆续出现有组织的环境运动。自 1978 年 5 月，由政府部门发起的中国第一个环保民间组织——中国环境科学会成立以来，全国大约已有 3000 多家环保民间组织（另有 14 000 多家 NGO 也有环保任务）。著名的民间环保社会组织有 "自然之友"（1994 年）、"绿家园"（1996年）、"北京地球村"（1996 年）、阿拉善 SEE 生态协会（2004 年）以及 "绿色流域"、"绿岛"、"绿色志愿者联合会"（绿联会）等等。其中一些民间环保社会组织已经开始尝试以职业化、专业化、程序化、本土化为特征的参与式管理模式。目前，中国绿色社会组织大致可分为四种类型：一是有政府背景的，约占49.9%；二是民间型，约占7.2%；三是学生环保社团以及联合体，约占40.3%；四是国际绿色NGO驻中国机构，约占2.6%。此外，还有一些未经登记注册的民间环保社会组织。这几种绿色组织有从业或兼职人员20多万，其特征有三：一是年龄多在40岁以下；二是50%以上拥有大学以上学历，13.7%拥有海外留学经历，90.7%的负责人拥有大学以上学历；三是奉献精神强，据调查，有9.7%的志愿者不计报酬。这些绿色组织大多数实行的是会员管理制，有章程和议事规则；一半以上组织有自己的网站和内部刊物。

第 11 章　环境保护现状与政策

11.1　我国环境保护的现状

我国正处于一个经济飞速发展、机遇和挑战并存的时期，一方面，社会主义市场经济为我国的经济建设提供了新的方向和道路，使我国的综合实力不断上升；另一方面，环境保护的滞后性所带来的后果也是明显的——环境破坏严重，自然资源急剧减少。作为环境保护的主体，公众必须有意识地改变价值观念，正确衡量好经济发展和环境保护的尺度，在社会发展的过程中由此及彼，用发展的观点看问题，并主动承担自己的环境保护责任。只有这样，才能在充分利用市场经济的优势条件下发展经济，而不破坏环境的承载能力和恢复能力，有步骤地、可持续地实现人与自然的和谐发展。

11.1.1　环境保护工作现状

环境保护的滞后性是相对于市场经济的滞后性所提出的。在市场经济中，市场调节是一种事后调节，即经济活动参加者是在某种商品供求不平衡导致价格上涨或下跌后才作出扩大或减少这种商品供应所决定的。这样，必然产生一个时间差，从而导致一定的损失。环境保护的滞后性，简单讲就是指经济的快速发展导致了环境的破坏，而人们更多的是采取事后补救的措施，其后果也极为复杂。目前我国在发展市场经济条件下所面临的环境保护的滞后性主要表现为两点。

1. 环境保护相对于经济发展滞后

社会主义市场经济是同社会主义基本制度结合在一起的，市场在国家宏观调控下对资源配置起基础性作用，具有平等性、法制性、竞争性和开放性等一般特征，更加适合我国的经济建设。然而，正如全世界大多数国家所面临的一样，经济发展所带来的负面影响也是极大的。我国面临的国情（即人口数量多、生产条件和科技发展水平有待提高等）以及务必实现的目标（即发展生产力，满足大多数人的基本需求）决定了我们最终也选择了走先发展后治理的道路，对比欧美众多发达国家，自身的不足导致了我国对资源的浪费和环境的破坏更加严重。

2. 环境保护主体即公众的意识和行为的滞后

公众意识的滞后直接导致了行为的滞后。在发现环境遭受破坏后，公众开始有所行动，但基本上都是属于事后补救。在 DDT 等农药被大肆宣传为除掉害虫的有效途径时，政府、企业、学者都在不同程度上评价了其给农林业和经济发展所带来的成效，很少有谁去关注其不利的一面。于是，对已造成的环境破坏，科学家们开始调研并提出对策；政府开始制定有关环保的法律法规，媒介开始宣传环保的重要性，以此来提高民众的环保意识，寄望于人们今后的行为能减少对环境的破坏。这种成效的大小是难以预测的，由于行为的滞后，也因为生态系统的恢复需要时间，有些环境破坏已经造成不可挽回的损失，如森林破坏、水土流失等，不是简简单单地栽种几棵树木就能解决的。

11.1.2　环境保护的滞后性原因分析

发展经济的根本目的是造福人民，但为了发展经济而破坏了环境，这在本质上与造福人民是相悖的。环境保护本是一个势在必行而且刻不容缓的责任，然而公众的漠视和冷淡导致了其实施的相对滞后。实际上，污染物从排放开始到它以有害形式出现这个过程就有一个滞后现象。从唯物主义的观点出发，用发展的眼光看待问题，可以发现，污染滞后现象的本身给予了人们足够时间去预防和消除严重后果，但大多数结果依旧是生态环境已经遭到了破坏。

1. 对最大利益的追求，忽视了"外部不经济性"

目前大多数的发达经济体系中，无论是计划经济还是市场经济，仍然脱离不了早期的工业传统作为正常成本分析的基础。对于生产和经营中所产生的问题，如将废气排入大气中，将废水排入河流湖泊，将固体废弃物随意堆弃等，人们很少将处理这些污染物的费用计算在成本中。就我国而言，市场经济自身也存在一定问题，如自发性、盲目性等，这些普遍是由以追求最大利益为出发点所导致的。对利益的追求使得大多数生产者和经营者在发展时忽视了环境成本，这种成本一般被他们以"外推"的方式，即以损害公众健康、财产和生态系统的形式转嫁到社会的各个方面，因而又被称为"外部不经济性"。

2. 个人观念的狭隘性，缺乏用发展的眼光看问题

通常个人只关注与自己最相关的事，对从宏观的角度来看待的大事很少进行关注，只要不危及自己的利益，就很少将它作为自己应该去了解并付诸心动的理由。

　　由此可见，作为一个全球化的焦点，环境保护面临着很大的困难。对于一个动态系统，特别是对正处于快速变化的系统来说，滞后的影响是极大的。由于人类自身的特性，只对已经造成严重后果的事实才会采取重视，对于那些微小的、不明显的影响，总是无意识或潜意识中将它们隐形化，而习惯于从那些明显的、直接的结果中找寻答案，正如得了重病才会去就医，而对于那些轻微的症状却敷衍了事一样。这就导致在面临很多环境问题时，人们总采取得过且过的措施，只要不严重影响到人类的生存与生活，都大而化小，小而化无，在心理和行为中忽视和否认其危害的存在。很多污染物本身对环境的影响就是隐形的，甚至有着一定的潜伏期，而人类如同温水中的青蛙，只要不感觉疼痛，是不会采取行动的，因此，我们往往在环境遭到破坏的时候才来考虑原因和进行补救，却忽视了当我们置身于美好环境时就应当持有的关注和爱护之心。可以说，是人类自己，轻视了那些看来可能给我们未来带来危害的事物。

11.1.3　对策与建议

1. 高度重视环境保护，切实落实环境保护的地位

　　要重视环境保护的战略地位，良好的环境同样是人民生活水平、生活标准的一个衡量尺度，美好的生活环境与经济发展的目标是相一致的。作为环境保护的领导者和提倡者，政府应当重视环保、支持环保，为环境保护提供必要的政策保障和物质保障。环境保护必须要有实际的法律法规作为依托，有正确的科学依据作为凭靠，有强大的国家实力作为支撑，才能顺利地实施下去。任何社会化的行为都离不开公众，如果国家无法满足人们的基本需要，那就无法要求人们将生存的一部分精力投入到环境保护中去。环境保护是一项社会事业，需要全社会的关心和支持，只有将环境保护作为全民意识培养并强化起来，环境保护的步伐才能得以加大，才能跟得上经济和社会发展的步伐。

2. 协调好环境保护与经济发展的关系

　　环境保护和经济发展是可以共融的。环境和经济本身就是紧密相连的，一个国家的经济水平制约着其环境保护事业的发展，而环境保护的受重视程度和后果也促进或制约了该国的经济发展。在新的发展形势下，从传统的计划经济过渡到市场经济，社会的发展将更加迅速，变化也将更大，如何处理好环境保护和经济发展的关系成为重中之重。发展绿色经济、走可持续发展道路无疑为此提供了答案。以"提高效益，节约资源，减少废物"为特征的绿色经济鼓励经济持续增长，而不是以保护环境为由取消经济增长；同时要求经济发展和社会发展要与有限的

自然承载能力相协调。作为一种以经济与环境协调发展为目的的新经济形式，绿色经济旨在促进资源能源节约和环境保护，体现了以人为本、全面协调可持续的科学发展观的要求。因此，我们应该坚定这个信念，朝着绿色环保的方向走下去。

3. 从实际出发，实现可持续发展

环境保护必须把现实的需求与未来的需求结合起来，把解决目前存在的环境问题同完善环境保护规划的目标结合起来。从本质上讲，环境保护的滞后性是可以解决的。环保观念必须从过去的相对封闭、僵化、故步自封转向开放、进取、面向未来。有远见的学者曾预测我们所处的这个生态系统，如果照工业化的那种发展状态，它将先获得快速增长，继而达到极限并开始走向崩溃。但如果能从现在就开始思考，有针对性地采取措施预防，那么在生态系统发生质变前仍能有效地改变最终的结果。

从提出建设有中国特色社会主义市场经济以来，我国的经济建设一直在发展进步中。市场经济的优越性得以发展，提高了人民的生活，促进了社会的进步，但同时也造成了环境的破坏。如今，生态环境的破坏已经成为一个全球性的问题，环境保护工作任重道远，同时，经济发展和环境保护是可以共融的，在社会主义市场经济的大背景下，如何改善环境保护的滞后性，是当前应当关注和重视的一个焦点。

11.2　环境保护相关政策

新中国成立后相当一个时期中，我们没有意识到环境问题的重要性，但是环境问题不以人的意志为转移。忽视环境保护，公众社会必将为自身的发展而付出代价。随着环境问题的凸现，国务院于 1973 年成立了环保领导小组及其办公室，在全国开始"三废"治理和环保教育，这是我国环境保护工作的开始。经过 20 多年的发展，我国的环境保护政策已经形成了一个完整的体系，具体包括"三大政策八项制度"，即"预防为主，防治结合""谁污染，谁治理""强化环境管理"这三项政策和"环境影响评价""三同时""排污收费""环境保护目标责任制""城市环境综合整治定量考核""排污申请登记与许可证""限期治理"、"污染集中控制"八项制度。

11.2.1　三大政策

1. 预防为主，防治结合政策

环境保护政策是把环境污染控制在一定范围，通过各种方式达到有效率的污

染水平。因此，预先采取措施，避免或者减少对环境的污染和破坏，是解决环境问题的最有效率的办法。中国环境保护的主要目标就是在经济发展过程中，防止环境污染的产生和蔓延。其主要措施是：把环境保护纳入国家和地方的中长期及年度国民经济和社会发展计划；对开发建设项目实行环境影响评价制度和"三同时"制度。

2. 谁污染，谁治理政策

从环境经济学的角度看，环境是一种稀缺性资源，又是一种共有资源，为了避免"共有的悲剧"，必须由环境破坏者承担治理成本。这也是国际上通用的污染者付费原则的体现，即由污染者承担其污染的责任和费用。其主要措施有：对超过排放标准向大气、水体等排放污染物的企事业单位征收超标排污费，专门用于防治污染；对严重污染的企事业单位实行限期治理；结合企业技术改造防治工业污染。

3. 强化环境管理政策

由于交易成本存在，外部干预无法通过私人市场进行协调而得以解决。解决外部性问题需要依靠政府的作用。污染是一种典型的外部行为，因此，政府必须介入环境保护中来，担当管理者和监督者的角色，与企业一起进行环境治理。强化环境管理政策的主要目的是通过强化政府和企业的环境治理责任，控制和减少因管理不善带来的环境污染和破坏。其主要措施有：逐步建立和完善环境保护法规与标准体系，建立健全各级政府的环境保护机构及国家和地方监测网络；实行地方各级政府环境目标责任制；对重要城市实行环境综合整治定量考核。

11.2.2　八项制度

1. 环境保护目标责任制

环境保护目标责任制，是通过签订责任书的形式，具体落实地方各级人民政府和有污染的单位对环境质量负责的行政管理制度。这一制度明确了一个区域、一个部门及至一个单位环境保护的主要责任者和责任范围，理顺了各级政府和各个部门在环境保护方面的关系，从而使改善环境质量的任务能够得到层层落实。这是我国环境环保体制的一项重大改革。

2. 城市环境综合整治定量考核

城市环境综合定量考核，是我国在总结近年来开展城市环境综合整治实践经验的基础上形成的一项重要制度，它是通过定量考核对城市政府在推行城市环境综合整治中的活动予以管理和调整的一项环境监督管理制度。

3. 污染集中控制

污染集中控制是在一个特定的范围内，为保护环境所建立的集中治理设施和所采用的管理措施，是强化环境管理的一项重要手段。污染集中控制，应以改善区域环境质量为目的，依据污染防治规划，按照污染物的性质、种类和所处的地理位置，以集中治理为主，用最小的代价取得最佳效果。

4. 限期治理制度

限制治理制度，是指对污染危害严重，群众反映强烈的污染区域采取的限定治理时间、治理内容及治理效果的强制性行政措施。

5. 排污收费制度

排污收费制度，是指一切向环境排放污染物的单位和个体生产经营者，按照国家的规定和标准，缴纳一定费用的制度。我国从 1982 年开始全面推行排污收费制度到现在，全国（除台湾省外）各地普遍开展了征收排污费工作。目前，我国征收排污的项目有污水、废气、固废、噪声、放射性废物等五大类 113 项。

6. 环境影响评价制度

环境影响评价制度，是贯彻以预防为主的原则，防止新污染，保护生态环境的一项重要的法律制度。环境影响评价又称环境质量预断评价，是指对可能影响环境的重大工程建设、规划或其他开发建设活动，事先进行调查、预测和评估，为防止和控制环境损害而制定最佳的环境保护方案。

7. "三同时"制度

"三同时"制度，是新建、改建、扩建项目技术改造项目以及区域性开发建设项目的污染防治设施必须与主体工程同时设计、同时施工、同时投产的制度。

8. 排污申报登记与排污许可证制度

排污申报登记制度，是指凡是向环境排放污染物的单位，必须按规定程序向环境保护行政主管部门申报登记所拥有的排污设施、污染物处理设施及正常作业情况下排污的种类、数量和浓度的一项特殊的行政管理制度。排污申报登记是实行排污许可证制度的基础。排污许可证制度，是以改善环境质量为目标，以污染总量控制为基础，规定排污单位许可排放污染物的种类、数量、浓度、方式等的一项新的环境管理制度。我国目前推行的是水体污染物排放许可证制度。

第 12 章 环境的可持续发展

可持续发展（sustainable development）是指既满足当代人的需求，又不损害后代人满足需要的能力的发展。换句话说，就是指经济、社会、资源和环境保护协调发展，它们是一个密不可分的系统，既要达到发展经济的目的，又要保护好人类赖以生存的大气、淡水、海洋、土地和森林等自然资源和环境，使子孙后代能够永续发展和安居乐业。也就是江泽民同志指出的："决不能吃祖宗饭，断子孙路"。可持续发展与环境保护既有联系，又不等同。环境保护是可持续发展的重要方面。可持续发展的核心是发展，但要求在严格控制人口、提高人口素质和保护环境、资源永续利用的前提下进行经济和社会的发展。

12.1 环境可持续发展的起源

20 世纪 60 年代末，人类开始面临人口、资源、能源、粮食和环境等危机，从 1962 年蕾切尔·卡逊发表《寂静得春天》开始，到 1972 年 6 月 5 日联合国在瑞典斯德哥尔摩召开了"人类环境会议"，人类开始审视自己所走过的路，对环境问题表现出日益的忧虑和关切。"人类环境会议"，提出了"人类环境"的概念，并通过了《人类环境宣言》，成立了环境规划署。

这次研讨会云集了全球的工业化和发展中国家的代表，共同界定公众在缔造一个健康和富有生机的环境上所享有的权利。自此以后，各国致力界定可持续发展的含意，现已拟出的定义有上百个之多，涵盖范围包括国际、区域、地方及特定界别的层面。

可持续发展是公众对工业文明进程进行反思的结果，是公众为了克服一系列环境、经济和社会问题，特别是全球性的环境污染和广泛的生态破坏，以及它们之间关系失衡所做出的理性选择。"经济发展、社会发展和环境保护是可持续发展的相互依赖互为加强的组成部分"，中国共产党和中国政府对这一问题也极为关注。

可持续发展概念的明确提出，可追溯到 1980 年由世界自然保护联盟（IUCN）、联合国环境规划署（UNEP）、野生动物基金会（WWF）共同发表《世界自然保护大纲》。该文件指出"必须研究自然的、社会的、生态的、经济的以及利用自然资源过程中的基本关系，以确保全球的可持续发展。"

1981 年，美国布朗（Lester R. Brown）出版《建设一个可持续发展的社会》，提出以控制人口增长、保护资源基础和开发再生能源来实现可持续发展。

1987 年以布伦兰特夫人为首的世界环境与发展委员会（WCED）发表了报告《我们共同的未来》。这份报告正式使用了可持续发展概念，并对之做出了比较系统的阐述，产生了广泛的影响。有关可持续发展的定义有 100 多种，但被广泛接受、影响最大的仍是世界环境与发展委员会在《我们共同的未来》中的定义。该报告中，可持续发展被定义为："既满足当代人的需要，又不对后代人满足其需要的能力构成危害的发展。它包括两个重要概念：需要的概念，尤其是世界各国人们的基本需要，应将此放在特别优先的地位来考虑；限制的概念，技术状况和社会组织对环境满足眼前和将来需要的能力施加的限制。"涵盖范围包括国际、区域、地方及特定界别的层面，是科学发展观的基本要求之一。

1991 年，中国发起召开了"发展中国家环境与发展部长会议"，发表了《北京宣言》。大会庄严重申"在责任有别的基础上，全力以赴地积极参与全球环境保护和持续发展的努力"。

1992 年 6 月，联合国在里约热内卢召开的"环境与发展大会"，通过了以可持续发展为核心的《里约热内卢环境与发展宣言》、《21 世纪议程》等文件。随后，中国政府编制了《中国 21 世纪人口、环境与发展白皮书》，首次把可持续发展战略纳入我国经济和社会发展的长远规划。

1994 年 3 月 25 日，中华人民共和国国务院通过了《中国 21 世纪议程》。为了支持《中国 21 世纪议程》的实施，同时还制订了《中国 21 世纪议程优先项目计划》。

1995 年，中华人民共和国党中央、国务院把可持续发展作为国家的基本战略，号召全国人民积极参与这一伟大实践。

1997 年，中共"十五大"把可持续发展战略确定为我国"现代化建设中必须实施"的战略。可持续发展主要包括社会可持续发展、生态可持续发展、经济可持续发展。

12.2 环境可持续发展的意义

可持续发展战略已成为当今一个应用范围非常广的概念，不仅在经济、社会、环境等方面运用，而且教育、生活、艺术等方面也经常运用。为适应这种变化，其含义也需重作重新表述。联合国世界环境与发展委员会的定义基本确切，但将其定位于处理"当代人"与"后代人"之间的利益关系，却有些偏狭，因在"当代人"、"后代人"之内也存在着可否持续发展的问题，并非仅在"当代人"和"后代人"之间存在该问题，而这一定义显然不能涵盖"当代人"、"后代人"之内的利益处理问题。在人们的潜意识里，只要是持续而不停顿的发展皆可称持续发展，可持续发展的概念实际上解决的是当前利益与未来利益、眼前利益与长远利益的关系问题，因此，我们以为，可持续发展这一概念可重新表述为："既顾及当前利益、近期利益，又顾及未来利益与长远利益，当前、近期的发展不仅不损害未来、长远的发展，而且为其提供有利条件的发展"。这一定义具有普遍适用性，可解释所有领域的可持续发展，可使人明白只要实施了"竭泽而渔、杀鸡取卵"之类只顾当前利益、眼前利益而不顾及未来利益与长远利益的短期行为，皆可看作与可持续发展对立的"非可持续发展"，不见得非得对后代人造成损害的才是"非可持续发展"，而仅仅损害当代人未来利益与长远利益的便不是"非可持续发展"，消除联合国世界环境与发展委员会的定义易给人造成的这种误解。

在现代化建设中，必须把实现可持续发展战略作为一个重大战略。实现人、社会与自然的和谐、协调发展，是马克思主义的一贯思想。我国是人口众多、资源相对不足的国家，实施可持续发展战略更具有特殊的重要性和紧迫性。要把控制人口、节约资源、保护环境放到重要位置，使人口增长与社会生产力的发展相适应，使经济建设与资源、环境相协调，实现良性循环。

可持续发展战略理论的产生为人类世界的发展指出了一条环境与发展相结合的道路，为环境保护与人类社会的协调发展提供了一个创新的思想模式。其实质就是把经济发展与节约资源、保护环境紧密联系起来，实现良性循环。可持续发展战略观要求在发展中积极地解决环境问题，既要推进人类发展，又要促进自然和谐。主要表现在：从以单纯经济增长为目标的发展转向经济、社会、生态的综合发展，从以物为本位的发展转向以人为本位（发展的目的是满足人的基本需求、提高人的生活质量）的发展，从注重眼前利益、局部利益的发展转向长期利益、整体利益的发展，从物质资源推动型的发展转向非物质资源或信息资源（科技与知识）推动型的发展。

据联合国统计，中国已完成或基本完成大部分联合国千年发展目标，在减少贫困和婴儿死亡率，提高医疗卫生、教育、妇幼保健、就业水平等方面表现突出。发展才是硬道理。这句话放到全球大舞台上也非常贴切。可持续发展是世界的唯一选择。

实施可持续发展战略的意义主要表现在以下几个方面：

（1）有利于促进生态效益、经济效益和社会效益的统一。

（2）有利于促进经济增长方式由粗放型向集约型转变，使经济发展与人口、资源、环境相协调。

（3）有利于国民经济持续、稳定、健康发展，提高人民的生活水平和质量。

（4）有利于推进新型工业化的进程。从注重眼前利益、局部利益的发展转向长期利益、整体利益的发展，从物质资源推动型的发展转向非物质资源或信息资源（科技与知识）推动型的发展。

（5）有利于农业经济结构的调整，保护生态环境，建设生态农业。我国人口多、自然资源短缺、经济基础和科技水平落后，只有控制人口、节约资源、保护环境，才能实现社会和经济的良性循环，使各方面的发展能够持续有后劲。

12.3　环境可持续发展的目标

联合国可持续发展峰会于 2015 年 9 月 25 日通过了题为"变革我们的世界——2030 年可持续发展议程"的成果文件，即 2015 年后可持续发展议程。议程提出了 17 项可持续发展目标（SDGs）。研究议程中的环境因素和目标，大致可以分为与环境直接相关的目标和与环境间接相关的目标两大类。

与环境直接相关的目标主要有 4 项，分别为：确保为所有人提供并可持续管理水和环境卫生；确保可持续消费和生产模式；保护和可持续利用海洋和海洋资源，促进可持续发展；保护、恢复和促进可持续利用陆地生态系统，可持续管理森林、防治荒漠化、制止和扭转土地退化现象，遏制生物多样性的丧失。与千年发展目标相比，其关注的环境议题更为全面。与环境间接相关的目标主要融入了以减贫、粮食安全、健康、能源为核心的其他目标中。

针对议程中与环境直接或间接相关的诸多目标，可以从宏观战略和政策的影响、对环境质量的影响、对生态环境系统的影响等 3 方面进行分析。

一是在宏观政策方面，通过制度实现可持续发展目标。与宏观战略和政策相关的目标包括：气候变化、可持续消费与生产、消除贫困、能源、基础设施及产业化、城市和人类社区等。此类目标大多涉及环境与经济、社会维度的交叉（如环境与减贫、环境污染与能源结构等），综合性与复杂性较强，实现目标要求系统性的顶层设计、各部门高度的统筹协调及有效联动。其中，部分子目标为环境指标，具有经济或社会影响；部分子目标为经济指标或社会指标，目标实现能够带来环境效益。

二是在环境质量方面，着重于改善环境质量及人体健康。与环境质量改善及人体健康相关的目标包括：水和环境卫生、生活方式和人类福祉、城市和人类社区等。此类目标主要为直接的环境指标，旨在改善环境质量，降低环境污染对人体健康带来的影响，体现了可持续发展以人为核心要素的基本精神。各类环境介质中，仅有水被作为一级目标独立列出，大气、土壤相关目标均在子目标中出现。

此类目标中可量化的子目标相对较多，便于后续监测，评估进展情况。

三是在生态环境系统方面，着重于促进资源的可持续利用。与生态环境保护相关的目标包括：海洋和海洋资源、陆地生态系统、生物多样性、促进可持续农业等。此类目标主要关注生态系统保护与资源可持续利用，涉及环保、交通、农业、渔业、林业、海洋等多部门职能。围绕此类目标的国际及区域合作机制化程度较高，目标能否实现将与《生物多样性公约》、《联合国防治荒漠化公约》、《联合国海洋法公约》等国际履约工作进展密切相关。

中共十八届五中全会公报提出，坚持可持续发展，坚定走生产发展、生活富裕、生态良好的文明发展道路。深入分析 2015 后可持续发展议程中的环境保护目标，将有助于进一步完善我国的生态环境保护制度，推进美丽中国建设，为全球生态安全作出贡献。

首先是水和环境卫生方面，主要目标是人人普遍、公平地获得安全和负担得起的饮用水。在这个总体目标下，提出了以下几方面的目标：到 2030 年，改善水质，为此需减少污染、消除倾倒废物现象、最大限度地减少危险化学品和材料的排放等；到 2030 年，各部门大幅提高用水效率、确保可持续取用和供应淡水；到 2020 年，保护和恢复与水有关的生态系统；在管理方式上，各级执行综合水资源管理，包括酌情开展跨界合作，加强地方社区参与改进水和环境卫生管理。

目前，我国"水十条"已涵盖 2015 年后议程中水相关目标的各方面，且更为严格、具体。如"水十条"提出，到 2020 年，全国所有县城和重点城市具备污水收集处理能力，县城、城市污水处理率分别达到 85%、95% 左右。

其次是与大气污染防治有关的目标，主要集中在气候变化相关目标中。主要包括：到 2030 年，大幅减少危险化学品以及空气、水和土壤污染导致的死亡人数和患病人数；到 2030 年，减少每个人对城市环境造成的负面影响，包括特别关注空气质量，以及城市废物和其他废物管理。可持续发展目标主要关注气候变化问题，包含了减缓气候变化的专门章节，但关于大气环境保护的相关指标较少。

第三是生态系统保护相关目标，这是其中的重要章节。主要包括涉及生态系统和服务功能、森林可持续管理和防治荒漠化、保护山区生态系统等方面。生态系统保护目标特别指出要打击偷猎和贩运野生动植物，解决野生动植物非法贸易问题。

第四是可持续生产与消费相关目标。可持续生产与消费直接与经济发展方式、发展结构、资源利用方式等相关，是实现可持续发展目标的关键领域。议程中相关目标主要包括：到 2030 年，实现自然资源的可持续管理和有效利用；到 2020 年，根据商定的国际框架，实现化学品和所有废物在整个存在周期的无害环境管理，并大大减少其散入空气以及渗漏到水和土壤中的机会；到 2030 年，通过预防、

减排、回收利用和再利用，显著减少废物的产生；到 2030 年，确保世界各国人民
对与大自然和谐相处的可持续发展和生活方式具有相关认识；根据各国具体情况，
合理调整鼓励浪费性消费的低效化石燃料补贴；支持发展中国家加强科学和技术
能力，实现更可持续的生产和消费模式。尽管我国已提出建立可持续消费模式，
但是，可持续消费战略仍未纳入国家发展计划和重要法律中，也未能系统地列入
国家政策框架内。

12.4　我国环境可持续发展的实施原则

12.4.1　成就与问题

以 1978 年党的十一届三中全会为标志，至今 30 多年来，我国实施可持续
发展取得了社会主义现代化建设的举世瞩目的巨大辉煌成就，实现了人民生活
由温饱不足向总体小康的历史性跨越，赢得了我国在国际经济社会影响力和地
位的空前提高，中国经济社会的面貌从此发生了历史性的变化。主要表现在以
下几个方面：

经济发展方面。1992 年以来，我国 GDP 以年均增长 9%以上的速度创造了世
界经济史的奇迹，2010 年我国经济总量超过 39 万亿元，超越日本成为全球第二
大经济体。2010 年我国人均 GDP 达 4412 美元。进出口贸易总额跃升至 2009 年
的 25616 亿美元，居世界第二。国家外汇储备跃升至 2011 上半年的超过 3 万亿美
元，居世界第一。2008 年实际使用外商直接投资 924 亿美元，居世界第二。人民
物质生活水平和生活质量有了较大幅度的提高，经济增长模式正在由粗放型向集
约型转变，经济结构逐步优化。

社会发展方面。覆盖城乡的社会保障制度逐步建立和完善；教育事业成效卓
著，培养了一大批德才兼备的知识分子队伍；科技事业不断取得重大成果，建成
了正负电子对撞机等重大科学工程，秦山、大亚湾核电站并网发电成功，银河系
列巨型计算机不断升级并全部研制成功，当今世界最大的水利枢纽工程——长江
三峡水利枢纽工程许多指标都突破了世界水利工程的记录，我国自主研发的"嫦
娥"一号绕月飞行成功，"神舟"系列航天飞船成功发射，"神舟"五号、六号、
七号飞船载人航天飞行圆满成功；公共卫生事业成效明显，医疗卫生体制改革进
展顺利，尤其是 2003 年以来，针对突如其来的"非典"和高致病性禽流感等重大
疫情，国家以建设全国疾病预防控制体系和突发公共卫生事业医疗救治体系为重
点，加快公共卫生体系建设，取得明显成效；文化事业得到长足发展，文化基础
设施建设得到加强，国家图书馆二期暨国家数字图书馆、国家博物馆等文化基础

设施建设进展顺利，初步形成了可以覆盖全国特别是城镇的公共文化服务体系；体育事业获得了前所未有的发展和进步。竞技体育取得历史性突破和连续跨越。

生态建设、环境保护和资源合理开发利用方面。国家用于生态建设、环境治理的投入明显增加，能源消费结构逐步优化，重点江河水域的水污染综合治理得到加强，大气污染防治有所突破，资源综合利用水平明显提高，通过开展退耕还林、还湖、还草工作，生态环境的恢复与重建取得成效。

可持续发展能力建设方面。各地区、各部门已将可持续发展战略纳入了各级各类规划和计划之中，全民可持续发展意识有了明显提高，与可持续发展相关的法律法规相继出台并正在得到不断完善和落实。但是，我国在实施可持续发展战略方面仍面临着许多矛盾和问题。制约我国可持续发展的突出矛盾主要是：经济快速增长与资源大量消耗、生态破坏之间的矛盾，经济发展水平的提高与社会发展相对滞后之间的矛盾，区域之间经济社会发展不平衡的矛盾，人口众多与资源相对短缺的矛盾，一些现行政策和法规与实施可持续发展战略的实际需求之间的矛盾等。

亟待解决的问题主要有：人口综合素质不高，人口老龄化加快，社会保障体系不健全，城乡就业压力大，经济结构不尽合理，市场经济运行机制不完善，能源结构中清洁能源比重仍然很低，基础设施建设滞后，国民经济信息化程度依然很低，自然资源开发利用中的浪费现象突出，环境污染仍较严重，生态环境恶化的趋势没有得到有效控制，资源管理和环境保护立法与实施还存在不足。

长期以来，不少地方政府形成了"以 GDP 论英雄"的倾向。在很多地方，一系列跟经济相关的量化指标，与官员的升迁奖罚紧密结合在了一起。在这种以升迁为动力的片面政绩观引导下，"以经济建设为中心"，在实际工作中往往就演变成"以 GDP 为中心"。GDP 被放在了一个至高无上的地位，以为它能解决一切问题，从而对官员的考核，也唯 GDP 是瞻，甚至不惜以牺牲资源、环境为代价追求产值，甚至弄虚作假形象工程，贪大求洋，热衷于大搞"政绩工程"、"形象工程"，歪曲和背离科学发展观的真正内涵。仅用 GDP 无法衡量出人的全面发展和社会的进步。1990 年联合国开发计划署在《1990 年人文发展报告》（以下简称《报告》）中提出了人类发展指数（Human Development Index，HDI）的概念，指出人文发展状况、人均寿命、受教育机会、生活水平、生存环境和自由程度等指标的综合发展状况是衡量一个国家综合国力的重要指标。该《报告》强调必须把人置于发展的中心位置，提出用人类发展指数（HDI）来代替 GNP 作为衡量经济发展的指标。该《报告》认为，在衡量人类发展成就方面，由按购买力平价计算的人均 GDP 收入水平、预期寿命代表的健康水平、成人识字率和毛入学率构成的教育水平组成的人类发展指数，比单纯的 GDP 指标更为全面。HDI 比 GDP 能够更加全面地衡量一个国家的文明程度和国民的生活质量，这个指标将健康长寿、经济发展、社会自由、保障人权、知识水平和生态环境等都包含在内。HDI 从 2007 年开始被联合国作为划分发达国家和发展中国家的一个最重要标准。2007 年我国 HDI 为 0.772，在 182 个国家中名列第 92 位，在发展中国家中位居"中级"档。

　　人不是经济增长的手段而是经济增长的目的。可持续发展的核心以围绕人的全面发展而制定，其中人的基本生存需求和生存空间的不断被满足，是一切发展的基石。藏富于民比藏富于国更具有重要意义。因此一定要把国家、区域的生存支持系统维持在规定水平的范围之内。通过基本资源的开发提供充分的生存保障程度；通过就业的比例和调配，达到收入、分配、储蓄等在结构上的合理性，进而共同维护全社会成员的身心健康。

12.4.2　实施原则

1. 公平性原则

　　本代人之间的公平、代际间的公平和资源分配与利用的公平；可持续发展是一种机会、利益均等的发展。它既包括同代内区际间的均衡发展，即一个地区的发展不应以损害其他地区的发展为代价；也包括代际间的均衡发展，既满足当代人的需要，又不损害后代的发展能力。该原则认为公众各代都处在同一生存空间，他们对这一空间中的自然资源和社会财富拥有同等享用权，他们应该拥有同等的生存权。因此，可持续发展把消除贫困作为重要问题提了出来，要予以优先解决，要给各国、各地区的人，世世代代的人以平等的发展权。

2. 持续性原则

　　公众经济和社会的发展不能超越资源和环境的承载能力，即在满足需要的同时必须有限制因素，即发展的概念中包含着制约的因素。在发展的概念中还包含着制约因素，因此，在满足公众需要的过程中，必然有限制因素的存在。主要限制因素有人口数量、环境、资源，以及技术状况和社会组织对环境满足眼前和将来需要能力施加的限制。最主要的限制因素是公众赖以生存的物质基础——自然资源与环境。因此，持续性原则的核心是公众的经济和社会发展不能超越资源与环境的承载能力，从而真正将公众的当前利益与长远利益有机结合。

3. 共同性原则

　　各国可持续发展的模式虽然不同，但公平性和持续性原则是共同的。地球的整体性和相互依存性决定全球必须联合起来，认知我们的家园。

可持续发展是超越文化与历史的障碍来看待全球问题的。它所讨论的问题是关系到全公众的问题，所要达到的目标是全公众的共同目标。虽然国情不同，实现可持续发展的具体模式不可能是唯一的，但是无论富国还是贫国，公平性原则、协调性原则、持续性原则是共同的，各个国家要实现可持续发展都需要适当调整其国内和国际政策。只有全公众共同努力，才能实现可持续发展的总目标，从而将公众的局部利益与整体利益结合起来。

参 考 文 献

蔡惠君. 论土壤与地下水污染整治法之中介者责任主体判断标准. 中正大学法学集刊, 2002, (7): 89-146.

董福品, 王丽萍. 可再生能源概论. 北京: 中国环境出版社, 2013.

方红. 浅谈水泥行业节能减排的技术措施. 能源与节能, 2011, (6): 32-33.

方嘉禾. 世界生物资源概况. 植物遗传资源学报, 2010, 11(2): 121-126.

傅嘉媛. 关注室内放射性环境污染保护公众健康. 四川环境, 2002, 21(3): 79-80.

高剑森. 放射性污染漫谈. 现代物理知识, 2001, 4: 12-13.

高学军. 钢铁行业节能减排的措施及发展方向研究. 低碳世界, 2014, (1): 13-14.

何亮. 新型环境污染及其防治措施初探. 大众科技, 2006, (5): 171-173.

黄慧生. 试论"节能评估"典型行业节能新技术. 应用能源技术, 2012, (4): 37-41.

黄炎平. 依据日照标准进行城市建筑布局. 气象研究与应用, 2008, 29(A01): 69.

姜永安. 王春义. 杨雪梅. 玻璃幕墙的应用及应注意的问题. 低温建筑技术, 1999, (4): 23-24.

李久生. 环境教育论纲. 南京: 江苏教育出版社, 2005.

李润东, 可欣. 能源与环境概论. 北京: 化学工业出版社, 2013.

李子建. 环境教育的理论与实践. 北京: 北京师范大学出版社, 1998.

林春腾. 对我国环境教育的反思. 环境教育, 2003, (3): 15.

刘宝珺, 廖声萍. 水资源的现状、利用与保护. 西南石油大学学报, 2007, (6): 1-11.

刘发坤. 放射性污染与防治. 中专物理教学, 1999, 7(2): 40-41.

刘南威. 自然地理学. 北京: 科学出版社, 2007.

刘招君. 中国油页岩资源现状. 吉林大学学报(地球科学版), 2006, (6): 869-876.

陆文湘, 刘富强. 玻璃幕墙光污染环境影响评价探讨. 广州环境科学, 2002, 17(1): 42-45.

米建华. 发电行业的节能与节电. 电力需求侧管理, 2006, (3): 4-7.

苗硕. 中国淡水资源现状与保护措施探讨. 现代商贸工业, 2010, 22(17): 19-21.

钱伯章. 节能减排——可持续发展路. 北京: 科学出版社, 2008.

钱丽霞. 可持续发展教育的概念演进与价值分析. 上海教育科研, 2006, (2): 27-29.

曲建翘, 薛丰松, 蒙滨. 室内空气质量检验指南. 北京: 机械工业出版社, 2002.

任京东, 林敏, 窦丽媛, 等. 我国石化行业节能减排的途径与措施分析. 现代化工, 2010, (3): 4-8.

任京东, 林敏. 我国石化行业节能减排的途径与措施分析. 现代化工, 2010, 3: 4-10.

阮均石. 气象灾害十讲. 北京: 气象出版社, 2000.

宋广生. 室内环境质量评价及检测手册. 北京: 机械工业出版社, 2003.

孙权. 我国淡水资源的现状与开发利用探析. 黑龙江科技信息, 2010, (7): 209.

谭大刚. 环境核辐射污染及防治对策. 沈阳师范学院学报, 1999, 1: 68-70.

陶黎新. 我国生物资源的可持续利用. 内蒙古科技与经济, 2004, (4): 65-66.

王冬桦. 人类与环境: 环境教育概论. 上海: 上海教育出版社, 1999.

王俊华. 居室放射性测量与防护探讨. 江苏环境科技, 2002, 15(2): 21-23.

王民. 中国中小学环境教育研究. 北京: 中国环境科学出版社, 1999.

王平译, 酉星校. 胎儿的放射线防护. 国外科技动态, 1996, (5): 21.

王善拔, 刘运江, 罗云峰. 水泥行业节能减排的技术途径. 水泥技术, 2010, (2): 21-23.

王志伟. 钢铁行业工序能耗分析及节能发展方向探讨. 科技创新导报, 2014, (16): 50-52.

王祖望, 蒋志刚. 我国生物资源现状及持续利用对策. 科技导报, 1996, (3): 42-43.

韦冉. 西部土地资源保护法律制度完善. 2006 年中国法学会环境资源法学研究会年会论文集, 2006.

温亚利. 中国生物多样性保护政策的经济分析. 北京: 北京林业大学博士学位论文, 2003.

吴滨. 中国有色金属工业节能现状及未来趋势. 资源科学, 2011, (4): 647-652.

吴德春, 董继武. 能源经济学. 北京: 中国工人出版社, 1991, 228-229.

裘著革. 室内空气污染与健康. 北京: 化学工业出版社, 2003.

夏红德. 我国工业节能潜力与对策分析. 工程热物理学报, 2011, (12): 1992-1996.

谢凝高. 保护国家风景名胜区的自然景观基础. http://www.zh5000.com/Article/p/2010-04-23/416355189608.shtml. 2010.

徐长安, 宰玉桂. 工业放射卫生防护探讨. 安装, 1994, 6: 22.

徐辉, 祝怀新. 国际环境教育的理论与实践. 北京: 人民教育出版社, 1999.

徐丽华. 微生物资源的保护. 微生物学通报, 2004, (4): 131-132.

徐琳瑜, 杨志峰, 刘静玲. 关于环境通识教育改革的探索与实践. 环境教育, 2014, (1): 101-103.

徐幼蘅. 高校环境教育的意义. 成都大学学报(自然科学版), 1991, (1): 31-34.

杨进欣. 我国有色金属行业节能降耗路在何方? 有色冶金节能, 2007, (3): 4-6.

杨柳, 张富信. 钢铁行业节能减排技术发展现状. 冶金设备, 2014, (S1): 69-71.

杨天华, 李延吉, 刘辉. 新能源概论. 北京: 化学工业出版社, 2013.

有色金属行业矿山重点节能技术. 矿产保护与利用, 2009, (1): 42.

于少娟, 刘立群, 贾燕冰. 新能源开发与应用. 北京: 电子工业出版社, 2014.

俞誉福. 环境放射性概论. 上海: 复旦大学出版社, 1993.

张国强, 喻李葵. 室内装修谨防公众健康杀手. 北京: 中国建筑工业出版社, 2003.

张新敬. 我国工业节能现状调研和对策. 中国能源, 2008, (11): 32-38.

张艳茹, 万秀兰. 美国中小学教育新举措. 浙江: 外国教育研究, 2013.

张永胜. 世界能源形势分析. 北京: 经济科学出版社, 2010.

张兆干, 赵宁曦. 自然景观鉴赏. 北京: 旅游教育出版社, 2007.

郑晓川. 美国中小学环境教育的特点及启示. 重庆教育学院学报, 2010, 23(1): 43-48.

中国钢铁工业协会节能减排课题组. 钢铁行业节能减排方向及措施. 中国钢铁业, 2008, (10): 7-12.

中国工业节能与清洁生产协会, 中国节能环保集团公司. 中国节能减排发展报告. 北京: 中国经济出版社, 2013.

中华人民共和国国家发展和改革委员会. 中国节能技术政策大纲. 资源与发展, 2007, (1): 1-14.

中华人民共和国水利部. 2013 年中国水资源公报. http://www.mwr.gov.cn. 2013.

祝怀新. 环境教育论. 北京: 中国环境科学出版社, 2002.

BP 世界能源统计年鉴. http://www.bp.com/zh_cn/china/reports-and-publications/bp_2014. html.2014.

GB/T 18091—2000. 玻璃幕墙光学性能. 北京: 中国标准出版社, 2000.

H. R. 亨格福德[美]. 中学环境教育课程模式. 翟立原等译. 北京: 中国环境科学出版社, 1991.

Houghton J. 全球变暖. 戴晓苏, 矿玉, 译. 北京: 气象出版社, 2001.

Joy A. Palmer[英]. 21 世纪的环境教育——理论、实践、进展与前景. 田青等译. 北京: 中国轻工业出版社, 2002.

Nordell B. Thermal pollution causes global warming. Global and Planetary Change, 2003, 38: 305-312.

Rachel Louise Carson. Silent Spring. Boston: Houghton Mifflin/Company, MA, USA: The Riverside Press, 1962.